无机化学探究式教学丛书

第 3 分册

元素与元素周期律

主　编　胡满成

副主编　葛红光　周春生

科学出版社

北　京

内 容 简 介

  本书是"无机化学探究式教学丛书"的第 3 分册。全书共 5 章，包括化学元素的起源和合成，化学元素概念的建立及其命名，化学元素性质的规律性，化学元素周期表的形成和发展，元素周期律的应用。编写中力图体现内容和形式的不断创新，紧跟学科前沿发展。作为基础无机化学教学的辅助用书，本书的编写宗旨是以利于促进学生科学素养发展为出发点，突出创新思维和科学研究方法，以教师好使用、学生好自学为努力方向，以提高教学质量、促进人才培养为目标。

  本书可供高等学校化学及相关专业师生、中学化学教师以及从事化学相关研究的科研人员和技术人员参考使用。

图书在版编目(CIP)数据

元素与元素周期律 / 胡满成主编. —北京：科学出版社，2022.2

  (无机化学探究式教学丛书：第 3 分册)

  ISBN 978-7-03-067822-5

  Ⅰ. ①元… Ⅱ. ①胡… Ⅲ. ①化学元素周期表－高等学校－教材 Ⅳ. ①O6-64

  中国版本图书馆 CIP 数据核字(2020)第 264756 号

责任编辑：陈雅娴 李丽娇 / 责任校对：杨 赛
责任印制：赵 博 / 封面设计：无极书装

科学出版社 出版

北京东黄城根北街 16 号
邮政编码：100717
http://www.sciencep.com

涿州市般润文化传播有限公司印刷
科学出版社发行 各地新华书店经销

*

2022 年 2 月第 一 版 开本：720 × 1000 1/16
2024 年 7 月第三次印刷 印张：15 1/4
字数：307 000

定价：128.00 元
(如有印装质量问题，我社负责调换)

"无机化学探究式教学丛书"
编写委员会

顾　问　郑兰荪　朱亚先　王颖霞　朱玉军

主　编　薛　东　高玲香

副主编　翟全国　张伟强　刘志宏

编　委（按姓名汉语拼音排序）

　　　　曹　睿　高玲香　顾　泉　简亚军　蒋育澄

　　　　焦　桓　李淑妮　刘志宏　马　艺　王红艳

　　　　魏灵灵　徐　玲　薛　东　薛东旭　翟全国

　　　　张　航　张　伟　张伟强　赵　娜　郑浩铨

策　划　胡满成　高胜利

序

　　教材是教学的基石，也是目前化学教学相对比较薄弱的环节，需要在内容上和形式上不断创新，紧跟科学前沿的发展。为此，教育部高等学校化学类专业教学指导委员会经过反复研讨，在《化学类专业教学质量国家标准》的基础上，结合化学学科的发展，撰写了《化学类专业化学理论教学建议内容》一文，发表在《大学化学》杂志上，希望能对大学化学教学、包括大学化学教材的编写起到指导作用。

　　通常在本科一年级开设的无机化学课程是化学类专业学生的第一门专业课程。课程内容既要衔接中学化学的知识，又要提供后续物理化学、结构化学、分析化学等课程的基础知识，还要教授大学本科应当学习的无机化学中"元素化学"等内容，是比较特殊的一门课程，相关教材的编写因此也是大学化学教材建设的难点和重点。陕西师范大学无机化学教研室在教学实践的基础上，在该校及其他学校化学学科前辈的指导下，编写了这套"无机化学探究式教学丛书"，尝试突破已有教材的框架，更加关注基本原理与实际应用之间的联系，以专题设置较多的科研实践内容或者学科交叉栏目，努力使教材内容贴近学科发展，涉及相当多的无机化学前沿课题，并且包含生命科学、环境科学、材料科学等相关学科内容，具有更为广泛的知识宽度。

　　与中学教学主要"照本宣科"不同，大学教学具有较大的灵活性。教师授课在保证学生掌握基本知识点的前提下，应当让学生了解国际学科发展与前沿、了解国家相关领域和行业的发展与知识需求、了解中国科学工作者对此所作的贡献，启发学生的创新思维与批判思维，促进学生的科学素养发展。因此，大学教材实际上是教师教学与学生自学的参考书，这套"无机化学探究式教学丛书"丰富的知识内容可以更好地发挥教学参考书的作用。

　　我赞赏陕西师范大学教师们在教学改革和教材建设中勇于探索的精神和做法，并希望该丛书的出版发行能够得到教师和学生的欢迎和反馈，使编者能够在应用的过程中吸取意见和建议，结合学科发展和教学实践，反复锤炼，不断修改完善，成为一部经典的基础无机化学教材。

中国科学院院士　郑兰荪

2020 年秋

丛书出版说明

本科一年级的无机化学课程是化学学科的基础和母体。作为学生从中学步入大学后的第一门化学主干课程，它在整个化学教学计划的顺利实施及培养目标的实现过程中起着承上启下的作用，其教学效果的好坏对学生今后的学习至关重要。一本好的无机化学教材对培养学生的创新意识和科学品质具有重要的作用。进一步深化和加强无机化学教材建设的需求促进了无机化学教育工作者的探索。我们希望静下心来像做科学研究那样做教学研究，研究如何编写与时俱进的基础无机化学教材，"无机化学探究式教学丛书"就是我们积极开展教学研究的一次探索。

我们首先思考，基础无机化学教学和教材的问题在哪里。在课堂上，教师经常面对学生学习兴趣不高的情况，尽管原因多样，但教材内容和教学内容陈旧是重要原因之一。山东大学张树永教授等认为：所有的创新都是在兴趣驱动下进行积极思维和创造性活动的结果，兴趣是创新的前提和基础。他们在教学中发现，学生对化学史、化学领域的新进展和新成就，对化学在高新技术领域的重大应用、重要贡献都表现出极大的兴趣和感知能力。因此，在本科教学阶段重视激发学生的求知欲、好奇心和学习兴趣是首要的。

有不少学者对国内外无机化学教材做了对比分析。我们也进行了研究，发现国内外无机化学教材有很多不同之处，概括起来主要有如下几方面：

(1) 国外无机化学教材涉及知识内容更多，不仅包含无机化合物微观结构和反应机理等，还涉及相当多的无机化学前沿课题及学科交叉的内容。国内无机化学教材知识结构较为严密、体系较为保守，不同教材的知识体系和内容基本类似。

(2) 国外无机化学教材普遍更关注基本原理与实际应用之间的联系，设置较多的科研实践内容或者学科交叉栏目，可读性强。国内无机化学教材知识专业性强但触类旁通者少，应用性相对较弱，所设应用栏目与知识内容融合性略显欠缺。

(3) 国外无机化学教材十分重视教材的"教育功能"，所有教材开篇都设有使用指导、引言等，帮助教师和学生更好地理解各种内容设置的目的和使用方法。

另外，教学辅助信息量大、图文并茂，这些都能够有效发挥引导学生自主探究的作用。国内无机化学教材普遍十分重视化学知识的准确性、专业性，知识模块的逻辑性，往往容易忽视教材本身的"教育功能"。

依据上面的调研，为适应我国高等教育事业的发展要求，陕西师范大学无机化学教研室在请教无机化学界多位前辈、同仁，以及深刻学习领会教育部高等学校化学类专业教学指导委员会制定的"高等学校化学类专业指导性专业规范"的基础上，对无机化学课堂教学进行改革，并配合教学改革提出了编写"无机化学探究式教学丛书"的设想。作为基础无机化学教学的辅助用书，其宗旨是大胆突破现有的教材框架，以利于促进学生科学素养发展为出发点，以突出创新思维和科学研究方法为导向，以利于教与学为努力方向。

1. 教学丛书的编写目标

(1) 立足于高等理工院校、师范院校化学类专业无机化学教学使用和参考，同时可供从事无机化学研究的相关人员参考。

(2) 不采取"拿来主义"，编写一套因不同而精彩的新教材，努力做到素材丰富、内容编排合理、版面布局活泼，力争达到科学性、知识性和趣味性兼而有之。

(3) 学习"无机化学丛书"的创新精神，力争使本教学丛书成为"半科研性质"的工具书，力图反映教学与科研的紧密结合，既保持教材的"六性"(思想性、科学性、创新性、启发性、先进性、可读性)，又能展示学科的进展，具备研究性和前瞻性。

2. 教学丛书的特点

(1) 教材内容"求新"。"求新"是指将新的学术思想、内容、方法及应用等及时纳入教学，以适应科学技术发展的需要，具备重基础、知识面广、可供教学选择余地大的特点。

(2) 教材内容"求精"。"求精"是指在融会贯通教学内容的基础上，首先保证以最基本的内容、方法及典型应用充实教材，实现经典理论与学科前沿的自然结合。促进学生求真学问，不满足于"碎、浅、薄"的知识学习，而追求"实、深、厚"的知识养成。

(3) 充分发挥教材的"教育功能"，通过基础课培养学生的科研素质。正确、适时地介绍无机化学与人类生活的密切联系，无机化学当前研究的发展趋势和热点领域，以及学科交叉内容，因为交叉学科往往容易产生创新火花。适当增加拓展阅读和自学内容，增设两个专题栏目：历史事件回顾，研究无机化学的物理方法介绍。

(4) 引入知名科学家的思想、智慧、信念和意志的介绍，重点突出中国科学家对科学界的贡献，以利于学生创新思维和家国情怀的培养。

3. 教学丛书的研究方法

正如前文所述，我们要像做科研那样研究教学，研究思想同样蕴藏在本套教学丛书中。

(1) 凸显文献介绍，尊重历史，还原历史。我国著名教育家、化学家傅鹰教授曾经多次指出："一门科学的历史是这门科学中最宝贵的一部分，因为科学只能给我们知识，而历史却能给我们智慧。"基础课教材适时、适当引入化学史例，有助于培养学生正确的价值观，激发学生学习化学的兴趣，培养学生献身科学的精神和严谨治学的科学态度。我们尽力查阅了一般教材和参考书籍未能提供的必要文献，并使用原始文献，以帮助学生理解和学习科学家原始创新思维和科学研究方法。对原理和历史事件，编写中力求做到尊重历史、还原历史、客观公正，对新问题和新发展做到取之有道、有根有据。希望这些内容也有助于解决青年教师备课资源匮乏的问题。

(2) 凸显学科发展前沿。教材创新要立足于真正起到导向的作用，要及时、充分反映化学的重要应用实例和化学发展中的标志性事件，凸显化学新概念、新知识、新发现和新技术，起到让学生洞察无机化学新发展、体会无机化学研究乐趣、延伸专业深度和广度的作用。例如，氢键已能利用先进科学手段可视化了，多数教材对氢键的介绍却仍停留在"它是分子间作用力的一种"的层面，本丛书则尝试从前沿的视角探索氢键。

(3) 凸显中国科学家的学术成就。中国已逐步向世界科技强国迈进，无论在理论方面，还是应用技术方面，中国科学家对世界的贡献都是巨大的。例如，唐敖庆院士、徐光宪院士、张乾二院士对簇合物的理论研究，赵忠贤院士领衔的超导研究，张青莲院士领衔的原子量测定技术，中国科学院近代物理研究所对新核素的合成技术，中国科学院大连化学物理研究所的储氢材料研究，我国矿物浮选的新方法研究等，都是走在世界前列的。这些事例是提高学生学习兴趣和激发爱国热情最好的催化剂。

(4) 凸显哲学对科学研究的推进作用。科学的最高境界应该是哲学思想的体现。哲学可为自然科学家提供研究的思维和准则，哲学促使研究者运用辩证唯物主义的世界观和方法论进行创新研究。

徐光宪院士认为，一本好的教材要能经得起时间的考验，秘诀只有一条，就是"千方百计为读者着想"[徐光宪. 大学化学, 1989, 4(6): 15]。要做到：①掌握本课程的基础知识，了解本学科的最新成就和发展趋势；②在读完这本书和做完每章的习题后，在潜移默化中学到科学的思考方法、学习方法和研究方法，能够用学到的知识分析和解决遇到的问题；③要易学、易懂、易教。朱清时院士认为最好的基础课教材应该要尽量保持系统性，即尽量保证系统、清晰、易懂。清晰、易懂就是自学的人拿来读都能够引人入胜[朱清时. 中国大学教学, 2006, (08): 4]。我们的探索就是朝这个方向努力的。

创新是必须的，也是艰难的，这套"无机化学探究式教学丛书"体现了我们改革的决心，更凝聚了前辈们和编者们的集体智慧，希望能够得到大家认可。欢迎专家和同行提出宝贵建议，我们定将努力使之不断完善，力争将其做成良心之作、创新之作、特色之作、实用之作，切实体现中国无机化学教材的民族特色。

"无机化学探究式教学丛书"编写委员会

2020 年 6 月

前　言

本书为"无机化学探究式教学丛书"第 3 分册,元素与元素周期律这部分内容是中学化学教学的一个重要组成部分,也是本科一年级无机化学中的重要内容。根据丛书的统一要求,对本分册编写特点做如下说明。

(1) 在本书的主要内容元素部分,介绍了化学元素起源的各种理论,如大爆炸理论、元素合成理论,包括核合成的基本理论、思路、方法和鉴定;介绍了从古代哲学阶段到现代科学阶段元素概念的建立、演化和发展过程。通过这部分内容,扩充学生对宇宙的认识,以及对自然科学研究方法的了解,使学生充分认识化学元素概念的形成经历了由简单到复杂、由无序到有序的漫长过程,这也是辩证唯物主义认识论的基本观点。

(2) 本书另一主要内容是元素周期律,元素周期律是自然科学的基本规律,也是无机化学的基础。1869 年门捷列夫发表了第一份元素周期律的图表,这一年是化学发展史上堪称里程碑的年份。门捷列夫曾用元素周期律预言未知元素并得到了证实,后来人们在元素周期律和周期表的指导下,对元素的性质进行系统研究,这对物质结构理论的发展起到了一定的推动作用。不仅如此,周期律和周期表为新元素的发现及预测它们的原子结构和性质提供了线索。随着科学技术的发展,元素周期表中第七周期的元素全部被发现、确认,因此本书中介绍了超重元素的合成及周期表的展望,讨论了这一重大发现的科学思想和研究方法,帮助学生充分认识元素周期律在哲学、自然科学、生产实践各方面的重要意义,这有利于培养学生的创新性。

(3) 本书力求将学科发展前沿渗透于内容讲述中。将相关内容以"历史事件回顾"和"研究无机化学的物理方法介绍"专题讲座的形式作为正文内容辅助,既有利于青年教师参考选用,又满足学生的跳跃式选读学习。第 5 章以图表等形式展示了元素周期律在材料科学、地质科学、生命科学等领域中的应用。

(4) 在教材中彰显中国科学家的研究成果以及对世界科学发展所做出的重要

贡献是本书的另一特点。这一点可极大地激发学生学习化学的热情。

(5) 编写中对原理和历史事件力求做到尊重历史、还原历史、原汁原味、客观公正，对新问题和发展做到取之有道、有根有据。本书参考文献 500 余条，2020年发表于 *Nature* 和 *Science* 期刊上的标志性进展文献在书中也做了介绍和引用。

本分册由陕西师范大学胡满成担任主编(编写第 3～5 章、习题并统稿)，陕西理工大学葛红光(编写第 1 章)和商洛学院周春生(编写第 2 章)担任副主编。

感谢本分册主审王颖霞教授对本书提出的专业性、建设性意见及给予的支持和帮助。

感谢科学出版社的支持，感谢责任编辑认真细致的编辑工作。

书中引用了较多书籍、研究论文的成果，在此对所有作者一并表示诚挚的谢意。

鉴于编者水平有限，不足之处在所难免，敬请读者批评指正。

胡满成

2020 年 6 月

目　录

学习要求

(1) 了解**化学元素起源**的各种理论，熟悉**大爆炸理论**和**恒星内元素合成理论**，扩充学生对宇宙的认识。

(2) 了解**化学元素合成**的理论，包括核合成基本理论、思路、方法和鉴定。了解**人工核反应**的一般技术。

(3) 了解从古代哲学阶段到现代科学阶段元素概念的建立、演化和发展过程。熟悉化学元素的规范命名原则，包括 **IUPAC 系统命名法**和**中文命名法**。

(4) 掌握**化学元素性质**的规律性及其产生原因。

(5) 了解**化学元素周期表**萌芽、突破、发展和展望四个阶段的历史背景，认识门捷列夫发明元素周期表的意义和应用，学习**门捷列夫的哲学思想**和**科学研究方法**。

背景问题提示

(1) 了解人类认识**化学元素起源**的简单历史后，你对化学元素的起源有什么新的认识？随着科学技术的发展，你认为人类对化学元素起源的认识还会深入吗？你会产生什么遐想？

(2) **哲学思想**和**科学研究方法**在我们的学习中到底有什么指导作用？

(3) 基于你对**化学元素周期表**历史的了解，它的发明人应归属于谁？

(4) **现代化学元素周期表**对先进材料的制备有什么指导意义？

(5) 目前大多数研究人员认为，探索已知元素的**化学性质**和**核物理性质**与**制造新元素**一样有价值。你是如何理解的？

第1章

化学元素的起源和合成

1.1 化学元素的起源——大爆炸理论

元素的起源(origin of elements)是指各种核素生成的条件、过程和场所。测定各类天体的元素丰度，研究元素的分布规律，是建立元素起源理论的依据，也是探讨天体演化的基础。因此，天文学和天体物理学的发展促进了人们对化学元素起源探索的深入研究。

1.1.1 宇宙的诞生

1. 宇宙的起点——奇点

1929 年，美国天文学家哈勃(E. Hubble，1889—1953)发现：不管往天空哪个方向看，远处的星系总是在急速地远离我们而去，即"宇宙正在不断膨胀"。既然宇宙现在正在膨胀，如果沿时间回溯，那么以前的宇宙肯定比现在小，肯定有那么一个时刻，宇宙中所有东西都聚集在一起，宇宙必然有个起点[1]。

现代宇宙学认为宇宙起始于一个非常小的点——奇点(singularity)，也称时空奇点(spacetime singularity)。奇点体(10^{-34} cm)温度极高且无限致密，今天所观测到的全部物质世界都集中在这个很小的范围内。在没有昨天的一天，这个奇点发生了一次惊天动地的"大爆炸"(the big bang)[2]：在 10^{-44} s

哈勃

之后，迅速发生膨胀，仅在最初的 10^{-34} s 之内就膨胀了 10^{100} 倍，人们称之为暴胀(inflation)。在暴胀最激烈的时候，于高能状态的伪真空发生相变，从而转化为处于低能量状态的普通真空。由于相变是发生在能量状态由高变低的过程，故相变是一个放热过程。随着暴胀的结束，宇宙所拥有的伪真空能量全部以光的形式放出，此时，宇宙成了一个大火球。这是一个由热到冷、由密到稀、体积不断膨胀的过程，经过不断地膨胀而到达今天的状态。大爆炸是描述宇宙诞生初始条件及其后续演化的宇宙学模型(图 1-1)，该模型得到了当今科学研究和观测最广泛且最精确的支持。根据 2013 年普朗克卫星所得到的最佳观测结果，宇宙大爆炸距今(137.3±1.2)亿年[3-4]。

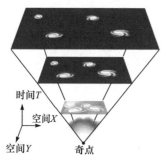

图 1-1　由奇点形成宇宙　　　　斯里弗　　　　弗里德曼　　　　勒梅特

2. 奇点的证明

大爆炸理论是通过对宇宙结构的实验观测和理论推导发展而来的。

(1) 在实验观测方面，1912 年，斯里弗(V. M. Slipher，1875—1969)首次测量到一个旋涡星云(旋涡星系的旧称，以 1000 km·s⁻¹ 速度离开地球)的多普勒频移，其后他又证实绝大多数类似的星云都在退离地球[5-6]。

(2) 1922 年，苏联宇宙学家、数学家弗里德曼(A. Friedmann，1888—1925)假设宇宙在大尺度上均匀和各向同性，利用引力场方程推导出描述空间上均一且各向同性的弗里德曼方程，这组方程中的宇宙学常数可以抵消。通过选取合适的状态方程，从弗里德曼方程得到的宇宙模型是在膨胀的[7]。

(3) 1924 年，哈勃测量了最近的旋涡星云距地球的距离，其结果证实了它们在银河系之外，本质属于其他星系。1927 年，比利时物理学家勒梅特(G. Lemaitre，1894—1966)在不了解弗里德曼工作的情况下，独立提出旋涡星云后退现象的原因是宇宙在膨胀[8]。

(4) 1931 年勒梅特进一步提出原生原子假说，认为宇宙正在进行的膨胀意味着它在时间反演上会发生坍缩，这种情形会一直发生下去直到它不能再坍缩为止，此时宇宙中的所有质量都会集中到一个几何尺寸很小的原生原子上，时间和空间的结构就是从这个原生原子产生的[9]。

(5) 1924 年起，哈勃为勒梅特的理论提供了实验条件。他在威尔逊天文台利用口径 250 cm 的胡克望远镜建造了一系列天文距离指示仪，这是宇宙距离尺度的前身。他利用这些仪器观测星系的红移量以推测星系与地球之间的距离。1929 年，他发现星系远离地球的速度同它们与地球之间的距离刚好成正比，这就是哈勃定律(Hubble's law)[1,10]。而勒梅特用理论推测，根据宇宙学原理，当观测足够大的空间时，没有特殊方向和特殊点，因此哈勃定律说明宇宙在膨胀[11]。

大爆炸理论最早也最直接的观测证据包括从星系红移观测到的哈勃膨胀[1]、对宇宙微波背景辐射的精细测量[12]、宇宙间轻元素的丰度(宇宙被观测到的元素丰度与理论数值的一致性被认为是大爆炸理论最有力的证据)[13]，而今大尺度结构(大于 10 Mpc 的结构，1 Mpc=3.08568025×10^{22} m)和星系演化也成为新的支持证据[14]。这四种观测证据有时被称为大爆炸理论的四大支柱。

更多详细内容可参考天体物理学相关书籍和文献。

3. 最新的证明——大型强子对撞机

大型强子对撞机(large hadron collider，LHC)是一座位于瑞士日内瓦近郊隶属欧洲核子研究组织(European Organization for Nuclear Research)的对撞型粒子加速器，于 2008 年 9 月 10 日开始试运转，并且成功地维持了两质子束在轨道中运行(图 1-2)。大型强子对撞机是国际高能物理学研究大科学装置，相关的国际合作计划很多，全球有 85 个国家的多所大学与研究机构的逾 8000 位物理学家参与相关工作。

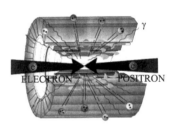

图 1-2　质子束流的对撞

物理学家希望借加速器对撞机解答下列问题：

(1) 标准模型中所流行的造成基本粒子质量的希格斯机制是真实的吗？希格斯粒子有多少种？质量又分别是多少？

(2) 为什么万有引力相对于其他作用力如此微弱？当中子的质量被更精确地测量时，标准模型是否仍然成立？

(3) 自然界中是否存在与粒子相对应的超对称粒子？

(4) 为什么"物质"与"反物质"是不对称的？

(5) 有更高维度的空间存在吗？人们可以见到启发弦论的现象吗？

(6) 宇宙有 96% 的质能是目前天文学上无法观测到的暗物质与暗能量，它们的组成到底是什么？

(7) 在标准模型中有存在于预言之外的其他夸克吗？

(8) 在早期宇宙以及如今某些紧密而奇怪物体中存在的夸克-胶子等离子体的性质和属性是怎样的？

其实，实验目的之一就是探索宇宙的起源，再现大爆炸：在大型强子对撞机实验中，重铅核子进行对撞，产生太阳中部温度 10 万倍的高温，进而形成一个大爆炸后瞬间存在的微型版的原始汤(primordial soup)。

1964 年,英国物理学家希格斯(P. W. Higgs,1929—)发表了一篇学术论文[15],提出一种粒子场的存在,预言一种能吸引其他粒子进而产生质量的玻色子[希格斯玻色子(Higgs boson),亦称上帝粒子(God particle)]的存在。他认为这种玻色子是物质的质量之源,是电子和夸克等形成质量的基础,其他粒子在玻色子形成的场中游弋并产生惯性,进而形成质量,构筑成大千世界。

2013 年 3 月 14 日,欧洲核子研究组织发布新闻稿表示,2012 年 6 月 22 日所发表的声明中关于寻找希格斯玻色子(图 1-3)的最新研究结果是正确的。上帝粒子将是人类认识宇宙的一面最直接的镜子:如果作为质量之源的它确实存在,物理学家就可能因此推测出宇宙大爆炸时的情景以及占宇宙质量 96% 的暗物质(包括暗能量)的情况。希格斯和比利时物理学家恩格勒特(F. Englert,1932—)因此获得了 2013 年诺贝尔物理学奖。

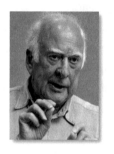

图 1-3　计算机模拟绘制的希格斯玻色子　　　　　希格斯　　　　　　恩格勒特
　　　　　出现事件

1.1.2　元素的起源

1. 恒星演化

相当多的书籍[16-21]根据已有的观测资料和理论,给元素起源初步描绘出了这样一幅轮廓:宇宙大爆炸后形成了两个丰度值最高的元素氢和氦,这些初始物质凝聚成恒星和星系,恒星演化开始了重元素的核合成,而新一代恒星又在这含有重元素的星际物质中重新凝聚而成,在恒星的生命末期又将其制造的重元素抛向星际空间,恒星似乎就是这样生生死死地繁衍着,在演化过程中其化学组成不断变化,轻元素不断合成重元素,不同质量的恒星有不同的演化过程,并产生不同类型的核合成过程[22-24]。另外,不同类型的超新星也有着不同的爆发特征,产生的化学元素也不尽相同(图 1-4)。例如,银河系呈旋涡状,直径 10^5 光年,包含 $2×10^{11}$ 个星体,诞生于 120 亿年前;太阳是 50 亿年前银河系中超新星爆炸所产生的星球,星球的寿命与它的质量有关，为 $10^7 \sim 10^{10}$ 年。太阳系继续转动，抛出一些物质形成了行星，其中之一便是地球。45 亿年前，宇宙中的一个与火星差不多大小的天体撞向地球，它的铁质核一直进入地心，与地核融合，其余的一些(15%～40%)小碎片凝聚而形成了月球。质量大的星球爆炸时，它的物质以气体的形态排放到宇宙中，而爆炸产生的震波把周围的气体压缩，使得气体的密度不均匀而开始收缩，产生高密度和高温形成新星，初生的太阳就是这样一颗新星(图 1-5)。恒星对于宇宙就像原子对于物质。

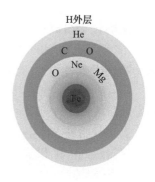

图 1-4　恒星分层结构

星云

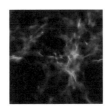

第一代恒星和星系

第二代行星

银河系

太阳

图 1-5　恒星演化

2. 元素的丰度

1) 概念

这里的元素丰度(element abundance)是指某天体区域内某种元素(严格讲应是核素)的总质量(或原子个数)在一切元素中所占的比例，即元素的宇宙丰度。通常将硅的丰度取为 10，其他元素的丰度与硅丰度相比较而赋值。元素宇宙丰度是研究元素起源的依据，也是解释各类天体演化过程的基础。因为要知道元素起源，首先要阐明各种元素的产生机制，进而推算出按这些机制产生的元素丰度。它的正确性的标志则在于理论计算的结果能否与观测结果相洽。关于元素起源问题，泰勒(R. J. Tayler，1929—1997)等对此作了很好的讨论[25]。

2) 测定

元素宇宙丰度的数据可由多种方法获得：利用化学分析、放射化学分析、仪器中子活化分析和质谱分析等技术，测定地球、月球、陨石、宇宙尘和太阳风等样品的化学组成；用核磁共振谱、固体探测器和切连科夫探测器(利用光电倍增技术)测定宇宙线的组成；用光谱和射电技术测定太阳、恒星、星际介质和星系的物质组成。

随着分析技术的进步及各种观测和探测宇宙方法的涌现，宇宙化学开始了飞速发展阶段。1957年苏联发射了世界上第一颗人造卫星，加加林成为第一位太空人，人类开始进入太空。随后，人类实现了登月飞行对月球进行取样分析，又将分析仪器送到火星和慧星表面进行直接测定(图1-6)，得到了大量宇宙物质化学组成的信息[16-21]。

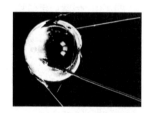  

第一颗人造卫星　　　　加加林　　　　　阿波罗11号登月舱
　　　　　　　　　　　　　　　　　　驾驶员阿姆斯特朗

"好奇号"火星探测器　　　"菲莱"登陆彗星

图1-6　人类探测宇宙

丰度的测定是十分困难的课题：一方面天体观测的难度大，另一方面自然界天体种类很多，人类可测量其化学成分的天体却不是很多。现今丰度的测量主要是对太阳系天体、银河系和邻近星系中的恒星、星际气体和星系际气体而言。各种元素丰度分配的系统结果仅源自太阳系及其邻近区域内。

1957年，苏斯(H. E. Suess)等首先综合太阳、地球、其他行星和陨石等观测资料，较详细而准确地给出了各种元素丰度的分配曲线(图1-7)[26]。此后，巴恩斯(C. A. Barnes)持续补充新的资料[27]。1989年，安德斯(E. Anders)和格雷夫斯(N. Grevesse)汇总了Cl陨石、Orguil碳质陨石、太阳光球和日冕的最新元素丰度测定结果，编制出了太阳系元素丰度图(图1-8)[28]。

从现有数据看，氢和氦是最丰富的元素，碳和氧排在氦之后，它们的总丰度约为2%；在铁系元素前，原子序数Z和原子质量数A为氦的整倍数的元素丰度较高；铁后元素的丰度明显降低，峰值出现在核中子数为幻数50、82和126处。

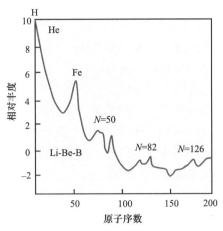

图1-7　太阳系大气中元素丰度随原子序数的变化

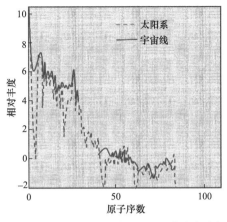

图1-8　太阳系和银河宇宙线的元素丰度分布

　　丰度的另一重要特征是它在空间分布上的不均匀性。氢因其丰度高，而有较多不同区域、不同对象的观测资料可用[29]。图 1-9 为银河系中金属丰度随银心距离的变化曲线[25]。它显示出离银心越远的区域中，金属含量越低。丰度梯度的测定一般是对氧或氮做的，但其他重元素的分布也有同样的特征。

　　3) 启示

　　除了太阳系和宇宙线的元素丰度已获得很好的观测资料外，其他天体仅在有利情况下如元素

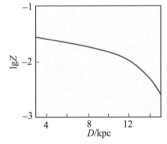

图 1-9　银河系气体星云的金属丰度 Z 随银心距离 D 的变化

或核素的特征谱线明显时才能得到较好的丰度资料。尽管观测困难，近年来测定其他天体的元素丰度仍取得重大进展，揭示了元素丰度的普遍特征和差异。在此不赘述，重要的是从中得到的启示。

　　(1) 宇宙中元素的生成机理是不同的，特别是轻元素和重元素：星系形成前的原始介质是由氢和氦构成的，星系形成时完全没有金属。最老的恒星大气中仍有近四分之一的氦是支持该想法的重要论据。20 世纪 60 年代，皮普斯(P. J. E. Peebles)[30]及瓦格纳(R. V. Wagoner)等[31]计算了宇宙年龄为几分钟时所合成的轻元素的丰度。计算得出的氢和氦的丰度与观测结果是相洽的。自 20 世纪 70 年代中期以来，更详尽的计算与观测结果的比较促进了进一步的讨论[29, 32]。

　　(2) 元素的生成和存在与恒星演化相关。今天观测到的元素丰度是星系中恒星逐代交替所造成的总结果，因此定量计算星系或星系中某区域元素丰度的分配涉及星系的演化问题。例如，把早期宇宙中的轻元素丰度与今天的观测丰度相比较涉及许多不确定因素。星系化学演化是一个正在发展的领域，人们对宇宙元素存在的观察和原始存在的计算将会越来越清楚。

3. 元素形成的机制

由上面的简述可知，宇宙元素丰度的数据促成了元素起源说的建立和恒星内元素核合成理论的发展。建立元素起源说的最初目的是解释各种化学元素的丰度。按元素生成理论的基本观点，所有重元素都是由轻元素合成的。各种恒星都是把较轻元素变成较重元素的"炼炉"。例如，太阳正不断把氢变为氦，而红巨星又把氦相继合成为碳、镁、硅直到铁为止，红巨星和超新星进而制造出比铁重的元素。整个周期表中近百种天然存在的稳定元素都是这样炼制出来的。在恒星内部进行的元素核合成是恒星演化的动力，并与恒星演化过程同时完成。

1) 氢、氦的原初核合成——αβγ 理论

1948 年，美国科学家伽莫夫(G. Gamow，1904—1968)等[33-35]提出了宇宙起源的大爆炸模型(简称αβγ 理论，作者 Alpher、Bethe 和 Gamow，取希腊字母表前三个字母α、β、γ 的双关语)。该理论认为：原始宇宙是完全由中子组成的均匀且各向同性的超高密度、超高温度($T > 10^{32}$ K)的大火球。后来发生了宇宙大爆炸，大约在膨胀进行到 10^{-37} s 时，产生了一种相变使宇宙发生暴胀，在此期间宇宙的膨胀是呈指数增长的[36]。暴胀结束后，构成宇宙的物质包括了夸克-胶子等离子体及其他所有基本粒子[37]。10^{-6} s 之后，飞来飞去的三种夸克相互吸引、结合，形成了如质子和中子的重子族，此时的宇宙仍然非常炽热。大爆炸发生的几分钟后，当温度下降到 $10^{9} \sim 10^{10}$ K 时，质子和中子结合成氘，氘又俘获质子，经过蜕变生成 ^{3}He，^{3}He 又俘获中子生成 ^{4}He，结果当时宇宙中的大多数物质就以 H 原子(89%)和 He 原子(11%)的形式存在了(图 1-10)。其反应过程如下：

$$n + p \longrightarrow {}^2H + \gamma \tag{1-1}$$

$$^2H + p \longrightarrow {}^3He + n \tag{1-2}$$

$$^3He + n \longrightarrow {}^4He + p \tag{1-3}$$

| 宇宙刚刚诞生 | 质子和中子的诞生 | 当温度下降到$10^9{\sim}10^{10}$K时，氘核、氦核和氦核生成 | 恒星内发生氦聚变生成碳等元素 |

图 1-10　原初核合成简图

2) 恒星内元素合成理论——B²FH 理论

恒星内元素合成理论(hypothesis of star elements synthesis)是 1957 年由伯比奇

夫妇(E. M. Burbidge，1919—2020 和 G. R. Burbidge，1925—2010)、福勒(W. A. Fowler，1911—1995)和霍伊尔(F. Hoyle，1915—2001)提出的，简称 B^{2}FH 理论[38-39]。该理论经特鲁兰(J. W. Truran)[40]和廷伯(V. Trimble)[41]等的不断补充和修正，可大致描绘出一幅元素起源的初步情景，能较好地解释元素的产生、演化和分布情况，是目前比较合理的科学假说。这一理论认为，氢和氦是形成一切元素的初始材料，恒星是元素合成的主要场所。当宇宙核合成事件形成大量氢和氦后，气态物质由于引力收缩形成恒星和星系，并由于自转加速，恒星的温度逐渐升高，发生一系列由轻元素转变为重元素的核反应，直到形成平均结合能最大的铁族元素为止，恒星内部温度继续升高，甚至发生爆炸而产生大量中子，已合成的各种核素进一步俘获中子而形成各种重核。B^{2}FH 理论将元素在恒星中的合成划分为氢燃烧、氦燃烧、γ 过程、α 过程、s 过程、r 过程、p 过程和x 过程 8 个过程，初步阐明了元素起源的现代理论轮廓。但有些过程或机制尚不清晰，有些过程被后来的观测事实所否定(如α过程)。这正如宇宙物理学家评论的："自从提出这一理论以来，由于观测结果的充实，恒星演化理论的大幅度进展，核反应知识的积累，以及使用大型电子计算机进行复杂的数值计算等，恒星内元素合成理论已经发展到在一定程度上可以解释观测事实的阶段。"[42]

伯比奇夫妇　　　　　　　　福勒　　　　　　　　霍伊尔

1.2　新元素的合成——人工核反应

1.2.1　形成元素的基础

1. 原子核的组成

20 世纪初，人们才认识到原子不是最基本的，元素的化学性质是由原子核决定的，而且原子核可以通过各种核合成过程相互转化。1897 年，英国物理学家汤姆孙(J. J. Thomson)发现了比原子更小的微粒——电子[43]。这一发现打开了人类通往原子科学的大门，标志着人类对物质结构的认识进入了一个新的阶段。1919 年卢瑟福(E. Rutherford)发现了质子[44]，1932 年查德威克(J. Chadwick)发现了中子[45]。从此，人们知道了原子核是由质子和中子组成的(图 1-11)，这两种粒子统称为核子(nucleon)。在放电时 H_2 能产生氢离子 H^+，此时的 H^+就是自由质子。一个自由质子不能长期存活，它很快结合一个电子变成一个氢原子。中子通常产生于核反应过程中，它们也不能长期存活，而易与其他的原子核结合。

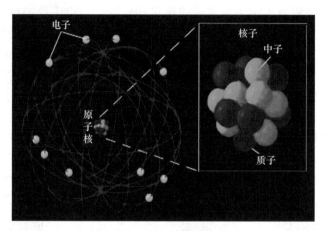

图 1-11　原子核结构模型

　　每一种特定的原子核称为一种核素(nuclide)。它表示不同元素的不同原子和同种元素不同原子两层含义。不同的核素具有不同数目的质子数(Z)和中子数(N)。核中的质子数总是等于原子序数。一个核素的质量数 A 等于质子数与中子数之和：$A = Z + N$(图 1-12)。由于质子和中子的摩尔质量均约为 $1\ g \cdot mol^{-1}$，因此 A 在数值上总是接近于该同位素的摩尔质量。例如，氟的摩尔质量为 $18.998\ g \cdot mol^{-1}$，氟的 A 值为 19。一个特定的核素表示方法为：在元素符号的左上角标示出它的 A 值，而在左下角标示出它的 Z 值，即 $_Z^A X$。例如，$_6^{12}C$、$_6^{13}C$、$_6^{14}C$ 表示碳元素的三种同位素。

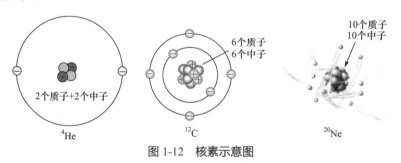

图 1-12　核素示意图

| 汤姆孙 | 卢瑟福 | 查德威克 |

从概念上讲：①核素的概念界定了一种原子；②绝大多数元素都包括多种核素，也有的天然元素仅含有一种核素；③核素的种类多于元素的种类，目前发现的 118 种元素共有 2000 多种核素。另外，应该注意到与同位素概念的区别：核素是基于原子核的层面考虑问题，不仅考虑原子核中中子数与质子数的差异，同时考虑影响核性质的另一主要因素，即核能态的不同，对原子核的性质描述更深入，涉及核力、核结构及原子核的大小、自旋、宇称、电四极矩等；同位素则主要关注同一元素不同原子的原子核组成、稳定性及质量差别等方面的问题。

2. 质子与中子比及核素稳定性

质子数 Z 与中子数 N 是核素体系的基本变量，人们在分析核素分布规律实践中发现，正确理解 Z、N 的关系才能正确理解核素本质。核素中质子和中子的比例等于 1 时，最为稳定。属于这一类的核素有：^4He、^{12}C、^{16}O、^{20}Ne、^{24}Mg、^{28}Si、^{40}Ca 和 ^{56}Fe 等。随着质量数的增大，这个比例平均后等于 0.60；最重的一个稳定核 ^{208}Pb 的比例为 0.65。把已知的原子核素或同位素(包括稳定的和不稳定的)用三维图(图 1-13)表示可以看出，随着核素的质量数的增大和这个比例的变小，核素越来越不稳定，当比例达到 0.39 时，核素就会自发地进行裂变(一个重核分裂成两个中等质量的核)。

科学家认为 Z、N 关系中核素变量坐标 $S = 2Z - N$，差 $K = S - H$ $(H = N - Z)$ 与加和 $J = S + K$ 比基本变量 Z、N 更能说明问题。核素分类问题已入选我国《21 世纪 100 个交叉科学

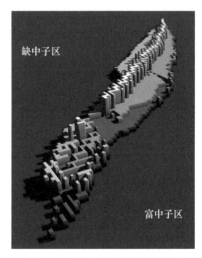

图 1-13　已知原子核素的地图

向下表示核素的质量增大，向右下为质子数增加，向左下为中子数增加；白色"主干"柱代表自然界中发现的稳定的核，如在顶部的氢和靠近中心的铀；橙色"梯田"代表放射性同位素的衰变，以及经过衰变的放射性同位素；靠近底部的黄色"山峰"表示发生自发裂变的同位素；框架底部的红色小柱代表人造元素 ^{112}Cn

难题》第 30 题[46]，核素体系由氘氚结团组成的实验证据也不断涌现[47-48]。核素分类的研究结果可加快对物质原子核本性的研究。

例题 1-1

原子核的稳定性与哪些因素有关？

【解】提示：影响原子核稳定性的因素很多，要考虑到：核内粒子间的引力和斥力大小；核的壳层结构；质子和中子的数目比，其是偶数还是奇数，是否为幻数；是否存在稳定的相邻同量异位素等因素。

---

3. 质量亏损和核结合能

1) 质量亏损

原子核是核子之间靠核力(nuclear force)结合而成的。核力是核子之间的短程强吸引力，作用范围为 2 fm。尽管原子核由质子和中子组成，但其质量总是小于组成它的全部核子的质量和。例如，氘(D)核素由两个核子即 1 个质子和 1 个中子组成，两个核子的质量和应为 2.0159413 u，而氘核的实际质量却是 2.013552 u，少了 0.0023893 u。核素质量与其组成核子质量和之差称为质量亏损(mass defect)，用Δm 表示(图 1-14)。公式 $E = mc^2$ 来自爱因斯坦(A. Einstein)的狭义相对论[49]。

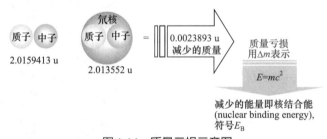

图 1-14 质量亏损示意图

例如，^{2}H 核结合能为

$$E_B(^2H) = \Delta mc^2 = 931.5 \text{ MeV} \cdot u^{-1} \times 0.0023893 \text{ u} \approx 2.2256 \text{ MeV}$$

式中，常量 931.5 MeV · u^{-1} 是与质量 1 u 对应的能量。

2) 核结合能

核结合能除以质量数称为平均结合能(average binding energy)，用 ε 表示，指核子结合为核素的过程中每个核子平均释放的能量。ε 值的大小反映了原子核的稳定性，平均结合能越大，原子核越稳定(图 1-15)。其实，任何由更小的粒子组成的系统的质量都小于组成粒子分散时的质量总和，都有相应的结合能。电子与原子核结合成原子的结合能就是原子的电离能，原子或离子结合成晶体也有结合能。

核结合能比原子结合能大得多。图 1-15 曲线最高点的质量数为 56，这个核素就是
^{56}Fe，它是铁的一种稳定同位素，同位素丰度为 91.8%。铁有 4 种稳定同位素和 6
种放射性同位素，由它们组成的元素铁是在今天地球的条件下最容易见到的。

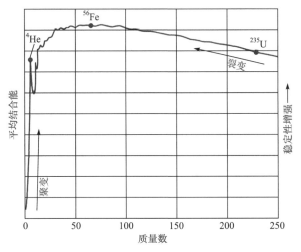

图 1-15　不同核素的平均结合能曲线

可以设想,由于重核裂变为较轻核和轻核聚变为较重核的过程都是放能反应,
这种趋势就奠定了核能利用的基础。

1.2.2　原子核反应

1. 核反应的定义

核反应(nuclear reaction)指核素自身导致或入射粒子(如中子、光子、π 介子等
或原子核)与原子核(称靶核)碰撞导致的原子核状态发生变化或形成新核的过程。
反应前后的能量、动量、角动量、质量、电荷都必须守恒。核聚变反应是宇宙中早
已普遍存在的极为重要的自然现象(图 1-16)。已知现今存在的化学元素除氢以外都
是通过天然核反应合成的,在恒星上发生的核反应是恒星辐射出巨大能量的源泉。

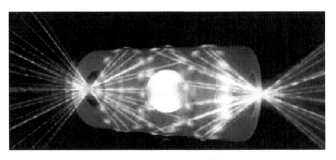

图 1-16　核聚变计算机模拟图

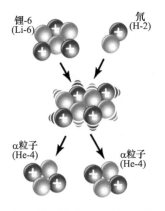

图 1-17 锂-6 和氘的核反应

原子核通过自发衰变或人工轰击而进行的核反应与化学反应有根本的不同：①化学反应涉及核外电子的变化，但核反应的结果是原子核发生了变化(图 1-17)；②化学反应不产生新的元素，但在核反应中一种元素嬗变为另一种元素；③化学反应中各同位素的反应是相似的，而核反应中各同位素的反应不同；④化学反应与化学键有关，核反应与化学键无关；⑤化学反应吸收和放出的能量为 $10 \sim 10^3 \, kJ \cdot mol^{-1}$，而核反应的能量变化为 $10^8 \sim 10^9 \, kJ \cdot mol^{-1}$；⑥在化学反应中反应物和生成物的质量守恒，但在核反应中会发生质量亏损。

核反应包括自发核反应和诱导核反应两种。

2. 自发核反应

1) 放射性衰变

自发核反应(spontaneous nuclear reaction)是指不需要外来诱导因素(如入射粒子轰击、γ 射线照射等)就能自发发生的核转变，如衰变和自发裂变。放射性衰变就是自发的核反应。自然界迄今已知的核素共有 2000 多种，大多数为不稳定核素，即放射性核素。它们的原子核是不稳定的，能自发放射质子、中子、电子和电磁辐射。这种从原子核自发地放射出射线的性质称为放射性(radioactivity)，其过程称为放射性衰变(radioactive decay)[50-51]。衰变中，原来的核素(母体)或变为另一种核素(子体)，或进入另一种能量状态。根据发射射线的性质可将最常见的衰变方式分为α衰变、β衰变和γ衰变三大类(图 1-18)。由于α衰变和β衰变过程中原子核处于激发态，因而往往伴随发射 γ 射线。人工放射性核素还可以有其他衰变方式，如正电子β⁺、中子 n、X 射线及 K 电子俘获等。

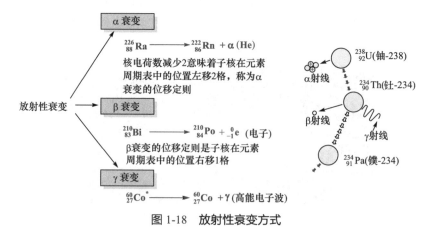

图 1-18 放射性衰变方式

不同射线在强磁场中的偏离方向不同(图 1-19)，而且穿透力不同(图 1-20)，对身体的损害也不同。α 射线的穿透力最小，一张纸即可挡住；β 射线可由铝屏蔽；γ 射线穿透力强，必须使用实质性的障碍，如一层非常厚的铅板，但仍然不能完全阻挡。辐射会使细胞的生长调节机制受到伤害，以白血细胞过度生长为特征的白血病可能是由辐射造成的。

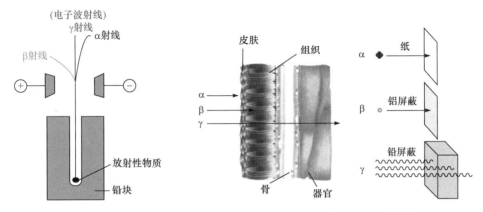

图 1-19　在强磁场中的射线　　　　　图 1-20　不同射线穿透力的比较

2) 放射系

放射系(radioactive series)即放射性衰变系列。重放射性核素的递次衰变系列包括三个天然放射系和一个人工放射系，它们彼此独立。这些重放射性核素的核电荷数 Z 都大于 81。自然界存在 3 个天然放射系，其母核半衰期都很长，和地球年龄(约 45.5 亿年)相近或大于地球年龄，因而经过漫长的地质年代后还能保存下来。

钍放射系从 ^{232}Th 开始，经过 10 次连续衰变，最后到稳定核素 ^{208}Pb。该系成员的质量数 A 都是 4 的整数倍，$A = 4n$，所以钍系也称 $4n$ 系(图 1-21)。

铀放射系从 ^{238}U 开始，经过 14 次连续衰变，最后到稳定核素 ^{206}Pb(图 1-22)。该系成员的质量数 A 都是 4 的整数倍加 2，$A = 4n + 2$，所以铀系也称 $4n + 2$ 系。从图 1-22 可以看出：指向左下方的箭头表示一次 α 衰变，指向右下方的箭头表示一次 β 衰变。铀系的母体为铀-238，最终形成稳定核素铅-206。

锕放射系从 ^{235}U 开始，经过 11 次连续衰变，最后到稳定核素 ^{207}Pb(图 1-23)。由于 ^{235}U 曾称锕铀，因而该系称为锕系。该系成员的质量数 A 都是 4 的整数倍加 3，$A = 4n + 3$，所以锕系也称 $4n + 3$ 系。

镎放射系是用核反应方法合成的一个人工放射系。从 ^{237}Np 开始经过衰变得到 ^{209}Bi(图 1-24)。在这个放射系中 ^{237}Np 的半衰期最长，为 2.20×10^6 a，所以这个系称为镎系。该系成员的质量数 A 都是 4 的整数倍加 1，$A = 4n + 1$，因此镎系也称 $4n + 1$ 系。

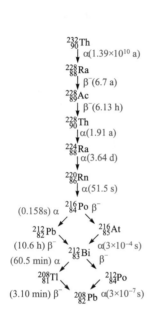

$^{232}_{90}$Th
α(1.39×10^{10} a)
$^{228}_{88}$Ra
β^{-}(6.7 a)
$^{228}_{89}$Ac
β^{-}(6.13 h)
$^{228}_{90}$Th
α(1.91 a)
$^{224}_{88}$Ra
α(3.64 d)
$^{220}_{86}$Rn
α(51.5 s)
$^{216}_{84}$Po
(0.158s) α
β^{-}
$^{212}_{82}$Pb
$^{216}_{85}$At
(10.6 h) β^{-}
α(3×10^{-4} s)
$^{212}_{83}$Bi
(60.5 min) α
β^{-}
$^{208}_{81}$Tl
$^{212}_{84}$Po
(3.10 min) β^{-}
$^{208}_{82}$Pb
α(3×10^{-7} s)

图 1-21　钍放射系

$^{238}_{92}$U
α(4.51× 10^{9} a)
$^{234}_{90}$Th
β^{-}(24.1 d)
$^{234}_{91}$Pa
β^{-}(1.17 min)
$^{234}_{92}$U
α(2.52× 10^{5} a)
$^{230}_{90}$Th
α(8.0× 10^{4} a)
$^{226}_{88}$Ra
α(1662 a)
$^{222}_{86}$Rn
α(3.825 d)
$^{218}_{84}$Po
(3.05 min) α
β^{-}
$^{214}_{82}$Pb
$^{218}_{85}$At
(26.8 min)β^{-}
α(1.35 s)
$^{214}_{83}$Bi
(19.7 min) α
β^{-}
$^{210}_{81}$Tl
$^{214}_{84}$Po
(1.3 min)β^{-}
$^{210}_{82}$Pb
α(1.64× 10^{-4} s)
β^{-}(21 a)
$^{210}_{83}$Bi
(5.0 d) α
β^{-}
$^{206}_{81}$Tl
$^{210}_{84}$Po
(4.20 min)β^{-}
$^{206}_{82}$Pb
α(138.4 d)

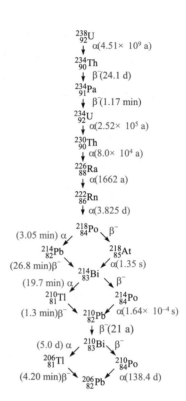

图 1-22　铀放射系

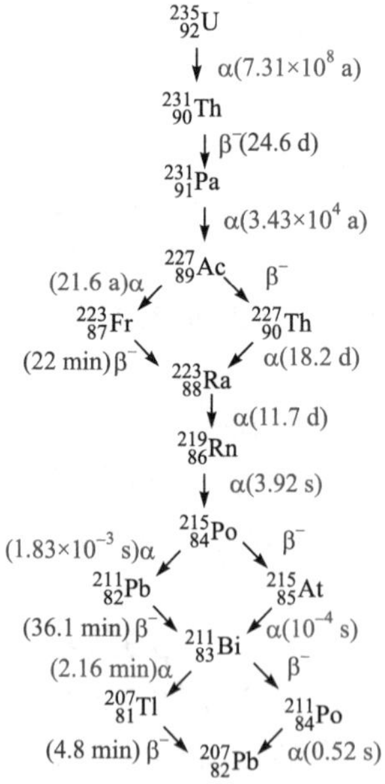

$^{235}_{92}$U
α(7.31×10^{8} a)
$^{231}_{90}$Th
β^{-}(24.6 d)
$^{231}_{91}$Pa
α(3.43×10^{4} a)
$^{227}_{89}$Ac
(21.6 a)α
β^{-}
$^{223}_{87}$Fr
$^{227}_{90}$Th
(22 min)β^{-}
α(18.2 d)
$^{223}_{88}$Ra
α(11.7 d)
$^{219}_{86}$Rn
α(3.92 s)
$^{215}_{84}$Po
(1.83×10^{-3} s)α
β^{-}
$^{211}_{82}$Pb
$^{215}_{85}$At
(36.1 min) β^{-}
α(10^{-4} s)
$^{211}_{83}$Bi
(2.16 min)α
β^{-}
$^{207}_{81}$Tl
$^{211}_{84}$Po
(4.8 min) β^{-}
$^{207}_{82}$Pb
α(0.52 s)

图 1-23　锕放射系

$^{237}_{93}$Np
α(2.20×10^{6} a)
$^{233}_{91}$Pa
β^{-}(27.4 d)
$^{233}_{92}$U
α(1.62×10^{5} a)
$^{229}_{90}$Th
α(7340 a)
$^{225}_{88}$Ra
β^{-}(14.8 d)
$^{225}_{89}$Ac
α(10.0 d)
$^{221}_{87}$Fr
α(4.8 min)
$^{217}_{85}$At
α(0.018 s)
$^{213}_{83}$Bi
(47 min)α
β^{-}
$^{209}_{81}$Tl
$^{213}_{84}$Po
(2.2 min)β^{-}
$^{209}_{82}$Pb
α(4.2×10^{-6} s)
β^{-}(3.3 h)
$^{209}_{83}$Bi

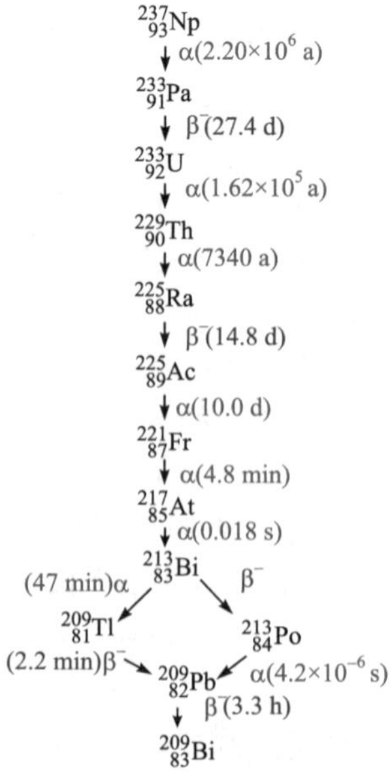

图 1-24　镎放射系

1-1 为什么化学方法可以使有毒的化学制剂分解为无毒物质,但对放射性造成的毒性却无可奈何?

3) 半衰期

放射性半衰期(radioactive half-time)指放射性原子核素衰变掉一半所需要的时间。放射性核素的半衰期短至 10^{-6} s，长至 10^{15} a，是放射性核素的固有特性，不会随外部因素(温度、压力等)或该核素化合状态不同而改变。放射性物质的衰变速率与样品的原子数目成正比:

$$-\mathrm{d}N/\mathrm{d}t = \lambda N \tag{1-4}$$

式中，N 为放射性核素的数目；λ 为速率常数，也称衰变常数，它表示放射性元素在单位时间内的衰变分数。λ 不同，核的稳定程度不同。积分式(1-4)得

$$\ln N = -\lambda t + \alpha \tag{1-5}$$

式中，α 为积分常数。在开始时 $t = 0$，$N = N_0$，代入式(1-5)求出

$$\alpha = \ln N_0 \tag{1-6}$$

再代回式(1-5)

$$\ln N = -\lambda t + \ln N_0 \tag{1-7}$$

即

$$\ln(N/N_0) = -\lambda t \tag{1-8}$$

$$N = N_0 \mathrm{e}^{-\lambda t} \tag{1-9}$$

式(1-9)表明任何时间 t 时，剩下的放射性核素的数目 N。它是放射性基本定律的数学表达式。更常用的形式是用半衰期 $T_{1/2}$ 来描述放射性的强度，一般用 τ 表示，即 $t = T_{1/2}$ 或 $t = \tau$。将 $N = N_0/2$ 代入式(1-8)得

$$\ln(1/2) = -\lambda t \tag{1-10}$$

$$\lambda \tau = \ln 2 \tag{1-11}$$

$$\tau = 0.693/\lambda \tag{1-12}$$

可见半衰期 τ 和 λ 成反比。元素的放射性越强，就是它的衰变常数 λ 越大，它的半衰期就越短。例如，锶-90 发生 β 衰变，衰变反应的半衰期为 29 a。如果将 10.0 g 锶-90 同位素放置 29 a，其质量就是 5.0 g；再放置 29 a，就余下 2.5 g 了。其质量随时间的变化曲线见图 1-25。

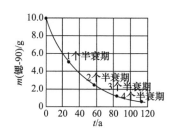

图1-25　10.0 g 锶-90($T_{1/2} = 29$ a)
样品的衰变

4) 核化学方程

上面用于表示各种核变化过程的方程与化学反应方程不同，称为核化学方程(nuclear chemical equation)。核素的符号之后不需表明状态。书写核化学方程需要遵循两条规则：方程两端的质量数之和相等，方程两端的原子序数之和相等。例如，氯-35 被中子轰击，碰撞产生硫-35 核和质子$_1^1\mathrm{p}$(或$_1^1\mathrm{H}$)：

$$_{17}^{35}\mathrm{Cl} + {_0^1}\mathrm{n} \longrightarrow {_{16}^{35}}\mathrm{S} + {_1^1}\mathrm{H} \tag{1-13}$$

3. 诱导核反应

相对于自发核反应，人们把核素获得入射粒子(如中子、光子、π介子等或原子核)碰撞引起的核反应称为诱导核反应(induced nuclear reaction)。严格讲，诱导核反应还包括后面要讲的核裂变与核聚变。

1) 中子俘获反应和其他双核反应

中子俘获(neutron capture)是一种原子核与一个或者多个中子撞击形成重核的核反应。由于中子不带电荷，它们能够比带一个正电荷的质子更加容易进入原子核[52]。在宇宙形成过程中，中子俘获在一些质量数较大元素的核合成过程中起重要作用。前面讲过中子俘获在恒星里以快(r 过程)、慢(s 过程)两种形式发生。质量数大于 56 的核素不能够通过热核反应(核聚变)产生，但是可以通过中子俘获产生。地球的大气层暴露在太阳的辐射中，中子就是太阳辐射的组成粒子，大气中最丰富的核素 $^{14}\mathrm{N}$ 俘获一个中子生成一个不稳定的核素 $^{15}\mathrm{N}$，该核很快发射一个质子生成 $^{14}\mathrm{C}$：

$$_{7}^{14}\mathrm{N} + {_0^1}\mathrm{n} \longrightarrow ({_7^{15}}\mathrm{N}) \longrightarrow {_6^{14}}\mathrm{C} + {_1^1}\mathrm{p} \tag{1-14}$$

当 $^{14}\mathrm{N}$ 俘获一个高能量的中子时，便裂解成 $^{12}\mathrm{C}$ 和 $^3\mathrm{H}$：

$$_{7}^{14}\mathrm{N} + {_0^1}\mathrm{n} \longrightarrow ({_7^{15}}\mathrm{N}) \longrightarrow {_6^{12}}\mathrm{C} + {_1^3}\mathrm{H} \tag{1-15}$$

中子俘获反应的进行取决于核素的一个原子核对中子发生俘获反应的概率，在核物理中称为中子微观俘获截面。物质是由一种或多种元素的巨大数量的原子所构成的。在核物理中，还有一个描述单位体积物质对中子的总俘获截面的参数，这就是物质的中子宏观俘获截面，即 $1~\mathrm{cm}^3$ 均匀物质所含全部原子的中子微观俘获截面的总和(图 1-26)。

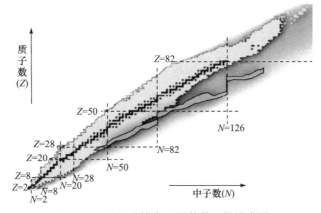

图 1-26　显示出热中子俘获截面的核素图

虽然中子容易诱发核反应，但它们总产生高 N/Z 值的核素。为了产生低 N/Z 值的不稳定核素，必须向原子核中加入质子。但是质子是带正电荷的，这就要求作为轰击粒子的质子必须有很高的动能，才能克服两个带正电荷粒子之间的排斥作用：

$$\ce{^{14}_{7}N + ^{4}_{2}He} \longrightarrow (\ce{^{18}_{9}F}) \longrightarrow \ce{^{17}_{8}O + ^{1}_{1}H} \tag{1-16}$$

这类核反应称为双核反应(dinuclear reaction)。

2) 人工核反应

人工核反应(artificial nuclear reaction)是指通过人为的方式利用射线(通常用高速 α 粒子)轰击某些元素的原子核，使之发生核反应。最早的人工核反应当属 1919 年卢瑟福用 ^{214}Po 释放的 α 粒子轰击 ^{14}N 的反应[式(1-16)]。1919～1932 年，人们用天然放射性核素释放的 α 粒子轰击 B、C、O、F、Na、Al、P 等，实现了一系列人工核反应，并得到了许多自然界没有的放射性核素，也称人造同位素。在这些人工核反应中，特别值得一提的是 1930 年用 α 粒子轰击铍-9 的反应，该核反应的实施导致了中子的发现：

$$\ce{^{9}_{4}Be + ^{4}_{2}He} \longrightarrow \ce{^{12}_{6}C + ^{1}_{0}n} \tag{1-17}$$

1934 年，居里夫妇用 α 粒子轰击 ^{27}Al 得到了自然界不存在的同位素 ^{30}P，开创了人造核素的先河：

$$\ce{^{27}_{13}Al + ^{4}_{2}He} \longrightarrow \ce{^{30}_{15}P + ^{1}_{0}n} \tag{1-18}$$

这也是第一次由人造核素获得放射性，后称这种现象为人工放射性(artificial radioactivity)。

例题 1-2

配平下列方程式。

(1) $^{253}_{98}\text{Cf} + ^{10}_{5}\text{B} \longrightarrow 3^1_0\text{n} + ?$ (2) $^{122}_{53}\text{I} \longrightarrow ^{122}_{54}\text{Xe} + ?$

(3) $^{59}_{26}\text{Fe} \longrightarrow ^0_{-1}\text{e} + ?$

【解】(1) $^{253}_{98}\text{Cf} + ^{10}_{5}\text{B} \longrightarrow 3^1_0\text{n} + ^{260}_{103}\text{Lr}$ (2) $^{122}_{53}\text{I} \longrightarrow ^{122}_{54}\text{Xe} + ^0_{-1}\text{e}$

(3) $^{59}_{26}\text{Fe} \longrightarrow ^0_{-1}\text{e} + ^{59}_{27}\text{Co}$

3) 核裂变与核聚变

核裂变(nuclear fission)又称核分裂，是大核分裂为小核的过程，即核裂变时一个重原子核分裂成为两个或更多个中等质量的碎片。按分裂方式不同，核裂变可分为自发核裂变和感生核裂变。自发核裂变是没有外部作用时的裂变，类似于放射性衰变，是重核不稳定性的一种表现。感生核裂变是在外来粒子(最常见的是中子)轰击下产生的裂变。核裂变是由迈特纳(L. Meitner，1878—1968)、哈恩(O. Hahn，1879—1968)及弗里施(O. R. Frisch，1904—1979)等科学家在 1938 年发现的。核裂变会将一种化学元素变成另一种化学元素，所形成的两个原子的质量会有差异，以常见的可裂变物质同位素而言，形成的两个原子的质量比约为 3∶2[53]。只有一些质量非常大的原子核如铀(U)、钍(Th)等才能发生核裂变。质量大的原子核吸收一个中子后发生核裂变，同时放出 2 个或 3 个中子和很大的能量，又能使其他原子核继续发生核裂变……使过程持续进行下去，这种反应称为链式反应(chain reaction)。原子核在发生核裂变时释放出的巨大能量称为原子核能，俗称原子能。1 t U-235 的全部核的裂变将产生 20000 MW·h 的能量(足以让 20 MW 的发电站运转 1000 h)，与燃烧 300 万吨煤释放的能量一样多。铀裂变在核电厂最常见，加热后铀原子放出 2~4 个中子，中子再撞击其他原子，形成链式反应而发生自发裂变(图 1-27)。撞击时除放出中子外还会放出热，热量加速撞击，但如果温度太高，反应炉会熔掉，而引发反应炉熔毁严重事故，因此通常放置控制棒(由硼制成)吸收中子以降低裂变速度。

U-235 的裂变反应在一定条件下会以链式反应的方式呈现。发生链式裂变反应的条件有两个：一是 U-235 的浓度足够大；二是总质量足够大。为了满足这两个条件，必须从天然铀中分离或浓缩 U-235，得到纯 U-235 或浓缩铀(U-235 占 3%以上)。另外，发生裂变的样品总质量必须达到临界质量(critical mass，U-235 的临界质量约为 1 kg)，以使 U-235 裂变产生的中子不能飞离样品。若样品是达到临界质量的纯铀，链式反应迅速延续，在几微秒时间内放出大量能量，发生爆炸，即原子弹的爆炸原理。

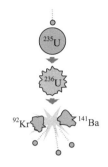

图 1-27　铀的裂变　　　　　　迈特纳　　　　　　　哈恩　　　　　　　　弗里施

任何有核反应堆的国家都不难得到爆炸级的裂变材料，原子弹的基本设计(图 1-28)又如此简单，这为防止核武器扩散带来了困难。1964 年 10 月 16 日 15 时，我国在西部地区爆炸了一颗原子弹(图 1-29)，成为继美国、苏联、英国、法国之后，世界第五个拥有核武器的国家。

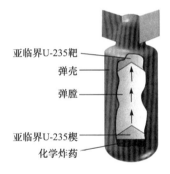

亚临界U-235靶
弹壳
弹膛
亚临界U-235楔
化学炸药

图 1-28　原子弹装置示意图

图 1-29　1964 年中国爆炸第一颗原子弹当天的"号外"

不得不提的人间悲剧：1945 年 8 月 6 日上午 9 时多，一架美国空军 B-29 重型轰炸机向日本广岛投下一颗原子弹"小男孩"。45 s 后，它在离地 600 m 的空中爆炸，一团巨大的蘑菇云徐徐腾飞。于是，广岛成了"地狱"。据估计，在广岛约有 7 万人立即因核爆炸所致的 3500℃高温而熔化，包括时任广岛市市长的粟屋仙吉。到 1945 年年底，因烧伤、辐射和相关疾病影响的死亡人数有 9 万～14 万。1950 年年底，由于癌症和其他的长期并发症，共有 20 万人死亡[54]。1945 年 8 月 9 日 10 时多，两架美国空军 B-29 重型轰炸机自日本熊本县天草方向北进，经岛原半岛西部橘湾上空进入长崎市上空，11 时 2 分投下另一颗原子弹"胖子"，导致大量人员伤亡、建筑物被毁，但较之广岛被害程度轻。几十年后，许多日本人仍然生活在原子弹的阴影之下(图 1-30)。

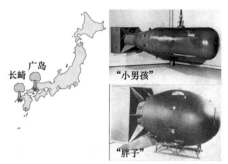

图 1-30　1945 年美国在日本广岛和长崎投了两颗原子弹

　　这正应了美国应用数学家、控制论之父维纳(N. Wiener，1894—1964)指出的技术之于人所具有的"利弊共存性"名言。他说："新工业革命是一把双刃刀(剑)，它可以用来为人类造福……也可以毁灭人类。"[55]

　　自在日本广岛和长崎使用核武器以来，世界进入了核时代。一场核战争会使全人类遭受浩劫，因而需要竭尽全力避免发生这种战争的危险并采取措施以保障各国人民的安全。扩散核武器将使发生核战争的危险增加，防止此类转用的问题就成为关于和平利用核能的中心议题。1968 年 7 月 1 日，英国、美国、苏联等 59 个国家分别在伦敦、华盛顿和莫斯科缔结签署了一项国际条约，即《不扩散核武器条约》(Treaty on the Non-Proliferation of Nuclear Weapons，NPT)，又称《防止核扩散条约》或《核不扩散条约》。该条约共 11 项条款，其宗旨是防止核扩散，推动核裁军和促进和平利用核能的国际合作。该条约于 1970 年 3 月正式生效。截至 2019 年 4 月，条约缔约国共有 191 个。中国于 1991 年 12 月 28 日决定加入该公约，1992 年 3 月 9 日递交加入书，同时对中国生效。

　　核聚变(nuclear fusion)又称核融合、融合反应或聚变反应，是使两个较轻的核在一定条件(如超高温和高压)下发生原子核互相聚合作用，生成新的质量更大的原子核并伴随着巨大的能量释放的一种核反应形式(图 1-31)。核聚变是给活跃的或"主序的"恒星提供能量的过程。核聚变时轻核需要能量克服库仑势垒，当该能量来自高温状态下的热运动时，聚变反应又称热核反应。该反应在 $4 \times 10^7 ℃$ 条件下即可进行，原子弹爆炸可以提供这样的高温。氢弹就是利用装在其内部的一个小型铀原子弹爆炸产生的高温引爆的(图 1-32)。核聚变于 1932 年由澳大利亚物理学家欧力峰(M. Oliphant，1901—2000)所发现。

$${}^{2}_{1}\text{H} \qquad {}^{3}_{1}\text{H} \qquad\qquad {}^{4}_{2}\text{He} \qquad {}^{1}_{0}\text{n}$$

图 1-31　氘、氚核聚变示意图

维纳　　　　　　　欧力峰　　　　　　图 1-32　氢弹装置示意图

　　热核反应或原子核的聚变反应是当前很有前途的新能源。相较于核裂变发电，核聚变发电具有明显的优势：① 核聚变释放的能量比核裂变更大；② 核废料不对环境造成大的污染；③ 燃料供应充足，地球上重氢有 10^{13} 吨(每升海水中含 30 mg 氘，而 30 mg 氘聚变产生的能量相当于 300 L 汽油)。

　　目前人类已经可以实现不受控制的核聚变，如氢弹的爆炸，也可以触发可控制核聚变，只是输入的能量大于输出或发生时间极短。要实现能量可被人类有效利用，必须能够合理控制核聚变的速度和规模，实现持续、平稳的能量输出，触发核聚变反应必须消耗能量(温度达到上亿摄氏度)，因此人工核聚变所产生的能量与触发核聚变的能量要达到一定的比例才能有经济效益。科学家正努力研究如何控制核聚变，但是还有很长的路要走。目前主要的几种可控制核聚变的方式有：超声波核聚变、激光约束(惯性约束)核聚变、磁约束核聚变(托卡马克、仿星器、磁镜、反向场、球形环等)。2010 年 2 月 6 日，美国利用高能激光实现核聚变点火所需条件。

　　2014 年 2 月 12 日 *Nature* 报道，美国能源部所属国家研究机构劳伦斯利福摩尔国家实验室(Lawrence Livermore National Laboratory，LLNL)的研究团队首次确认，使用高功率激光进行核聚变实验，从燃料释放出来的能量超出投入的能量。

研究无机化学的物理方法介绍

1　人工核反应技术简介

　　欲合成新的核素必须进行人工核反应。科学家利用加速器和原子核反应堆已经实现了上万种核反应，由此获得了千余种放射性同位素和各种介子、超子、反质子、反中子等粒子。这样才使得元素周期表呈现七个周期排满的状况。人工核反应技术大体可分为以下 4 种方式。

一、粒子加速器

自卢瑟福 1919 年用天然放射性元素放射出来的 α 射线轰击氮原子首次实现元素的人工转变以后，物理学家就认识到，要想认识原子核，必须同步研究粒子。研究粒子物理需要高能加速器作为实验手段，能量正常高达 1 GeV(10^9 eV)及以上，原子核的尺度约为 10^{-15} m，而高能物理研究的微观尺度可以达到 10^{-18} m。粒子加速器(particle accelerator)是用人工方法产生高速粒子的装置[56]，是探索原子核和粒子的性质、内部结构和相互作用的重要工具。

粒子加速器发展大体经历了 5 个阶段：静电加速器→直线加速器→回旋加速器→同步加速器→粒子对撞机。

(一) 粒子加速器的结构

粒子加速器分为回旋粒子加速器和直线粒子加速器两种(图 1-33)，一般包括 3 个主要部分：① 粒子源，用以提供所需加速的粒子，如电子、正电子、质子、反质子以及重离子等；② 真空加速系统，其中置有一定形态的加速电场，使粒子不受空气中的分子散射而加速，整个系统真空度极高；③ 导引、聚焦系统，用一定形态的电磁场引导并约束被加速的粒子束，使之沿预定轨道运动并在电场作用下加速。

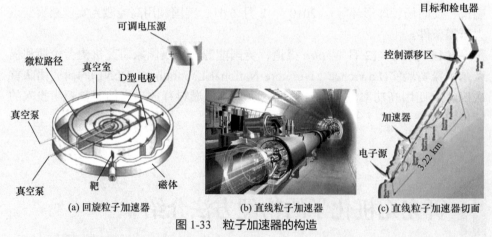

图 1-33　粒子加速器的构造

加速器的效能指标是粒子所能达到的能量和粒子流的强度。按照粒子能量的大小，加速器可分为低能加速器(能量小于 10^8 eV)、中能加速器(能量为 $10^8\sim 10^9$ eV)、高能加速器(能量为 $10^9\sim10^{12}$ eV)和超高能加速器(能量在 10^{12} eV 以上)。

(二) 粒子加速器的发展历程

粒子加速器最初是作为人们探索原子核的重要手段而发展起来的。其发展历史概括如下：① 1919 年，卢瑟福用天然放射源实现了历史上第一个人工核反应，激发了人们用快速粒子束改变原子核的强烈愿望。② 1928 年，伽莫夫关于量子隧道效应的计算表明，能量远低于天然射线的 α 粒子也有可能透入原子核内，该研究结果进一步增强了人们研制人造快速粒子源的兴趣和决心。③ 1930 年，劳伦斯 (E. O. Lawrence) 制作了第一台回旋加速器 (图 1-34)，这台加速器的直径只有 10 cm。随后，劳伦斯指导他的研究生利文斯顿 (M. S. Livingston) 用黄铜和封蜡作真空室，建造了一台直径 25 cm 的较大回旋加速器，其被加速粒子的能量可达到 1 MeV。几年后，他们用由回旋加速器获得的 4.8 MeV 氢离子和氘束轰击靶核产生了高强度的中子束，还首次得到了 ^{24}Na、^{32}P 和 ^{131}I 等人工放射性核素。④ 1932 年，科克罗浮特 (J. D. Cockroft) 和瓦尔顿 (E. T. S. Walton) 在英国的卡文迪许实验室开发制造了 700 kV 高压倍加速器，即 Cockroft-Walton 加速器，实现了第一个由人工加速的粒子引起的 Li(p，α)He 核反应。由多级电压分配器 (multi-step voltage divider) 产生恒定的梯度直流电压，使离子进行直线加速。⑤ 1940 年，克斯特 (D. W. Kerst) 利用电磁感应产生的涡旋电场发明了新型的电子感应加速器 (betatron)。它是加速电子的圆形加速器，与回旋加速器的不同之处是，通过增加穿过电子轨道的磁通量 (magnetic flux) 完成对电子的加速作用，电子在固定的轨道中运行，其最大能量限制在几百兆电子伏特。⑥ 1945 年，麦克米伦 (E. M. Mc-Millan) 等提出谐振加速中的自动稳相原理，从理论上提出了突破回旋加速器能量上限的方法，从而推动了新一代中高能回旋谐振式加速器 (如电子同步加速器、同步回旋加速器和质子同步加速器等) 的建造和发展。图 1-35 为美国费米国家实验室的加速器。

图 1-34　劳伦斯制作的第一台回旋加速器

图 1-35　美国费米国家实验室的加速器

我国粒子加速器的发展始于 20 世纪 50 年代末期，先后研制和生产了高压倍加速器、静电加速器、电子感应加速器、电子和质子直线加速器、回旋加速器等，80 年代以来陆续建设了三大高能物理研究装置——北京正负电子对撞机、兰州重离子加速器和合肥同步辐射装置(图 1-36)。2000 年以后，我国兴建了大科学装置——上海同步辐射光源。

图 1-36　我国的各种粒子加速器

二、粒子对撞机

爱因斯坦的质能公式 $E = mc^2$ 告诉人们，能量和质量是可以相互转化的。利用加速器加速高能粒子并相撞，可以"无中生有"地创造出新的粒子，从而研究它们的性质。粒子对撞机(particle collider)是在高能同步加速器基础上发展起来的一种装置，它综合运用回旋加速器和同步加速器的原理，主要作用是积累并加速相继由前级加速器注入的两束粒子流到一定强度及能量后使其进行对撞，以产生足够高的反应能量。这就好比用一个运动的玻璃小球去撞一个静止的玻璃小球，运动球的能量一部分转化为静止球的动能，余下的能量才导致球的破坏。如果两球以相同能量对撞，造成破坏的有效能量就大大提高了。对撞机就是为了提高粒子加速器产生的粒子撞击有效能量而建造的，它可以看作实现高能粒子对撞的加速器。

(一) 粒子对撞机的原理

用高能粒子轰击静止靶(粒子)时，只有质心系中的能量才是粒子相互作用的有效能量，它只占实验室系中粒子总能量的一部分。著名的意大利物理学家费米(E. Fermi)在 1954 年曾提出质心系能量 $E_{cm} = 3$ TeV 的加速器设想(图 1-37)，那时还没有对撞机的概念[57]。而为了得到 $E_{cm} = 3$ TeV，需要用 $E = 5000$ TeV 的束流与静止靶中的质子相互作用，如采用 2 T 的主导磁场，5000 TeV 同步加速器的偏转半径约为 8000 km，比地球半径还要大。当时估算这台地球加速器的造价为 1700 亿美元，需要 40 年才能建成。显然，这只能是一个梦想。

1961 年，世界上第一台正负电子对撞机 AdA(图 1-38)由意大利科学家 Bruno Touschek 提出并在意大利的 INFN 国家实验室建造完成，后运往法国国家科研中心(CNRS)直线加速器研究所(LAL，Osary)由直线加速器注入并成功对撞[3]。AdA 的直径仅约 1 m，但可将正、负电子加速到 250 MeV，对撞质心能量达到 500 MeV，成功地完成了对撞机原理的验证。

费米

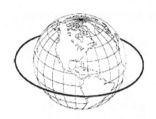

图 1-37　费米构想的地球加速器

图 1-38　第一台正负电子对撞机 AdA

对撞机能实现"费米之梦"：在打静止靶的情况下，有效作用能 $E_{cm} \approx \sqrt{2E_0 E}$ ，即大部分能量浪费在对撞粒子及其产物的动能上，其中 E_0 为粒子的静止能量。对撞机可使束流的能量得以充分利用($E_{cm} = 2E$)。在高能加速器中，E 远大于 E_0，因此对撞机可以大大提高有效作用能量。美国费米国家实验室的 Tevatron 已实现了 0.9 TeV 质子和 0.9 TeV 反质子的对撞，把质心系能量推进到 1.8 TeV，离"费米之梦"的 3 TeV 已近在咫尺。而欧洲核子研究组织建造的大型强子对撞机把质子加速到了 7 TeV 并进行对撞，质心系能量达 14 TeV，对撞机周长 27 km，远小于地球加速器的周长。对撞机"开足马力"后，能把数以百万计的粒子加速至将近每秒 3×10^8 m，相当于光速的 99.9999991%。粒子流每秒可在周长为 26.659 km 的隧道内狂飙 11245 圈。单束粒子流能量可达 7×10^{12} eV，相当于质子静止质量所含能量的 7000 倍。运行方向相反的两束高速粒子流一旦对撞，碰撞点将产生极端高温，最高相当于太阳中心温度的 10^5 倍。

(二) 对撞机的种类

按照对撞粒子的种类，对撞机可分为电子对撞机(e^+e^-、e^-e^- 或 $e^+e^\pm$)、质子-质子(pp)对撞机、电子-质子对撞机(ep)和重离子对撞机等；按照对撞机的形状，又有环形(单环或双环)与线形之分(表 1-1)[58]。从能量和规模看，第一台对撞机 AdA 质心系能量为 15 GeV、周长约 4 m，只有桌面大小，而现代大型加速器的质心系能量最高为 14 TeV、周长 27 km，整个设施犹如一座小城镇，造价高达 30 亿美元以上。

表1-1　一些国家和组织的对撞机种类

国家或组织	名称	类型	质心系能量/GeV	建成年份
美国	CBX	e^+e^-, 双环	1.0	1963
	CEA	e^+e^-, 单环	6.0	1971
	SPEAR	e^+e^-, 单环	5.0	1972
	CESR	e^+e^-, 单环	12	1979
	PEP	e^+e^-, 单环	30	1980
	Tev at ron	pp, 双环	1800	1987
	SLC	e^+e^-, 直线	100	1989
	PEP-Ⅱ	e^+e^-, 双环	10.6	1999
	RHIC	重离子, 双环	200	1999
苏联	VER-1	e^+e^-, 单环	0.26	1963
	VEPP-2	e^+e^-, 单环	1.4	1973
	VEPP-4	e^+e^-, 单环	14	1979
欧洲核子研究组织	ISR	pp, 双环	63	1971
	SppS	pp, 单环	630	1981
	LEP	e^+e^-, 单环	200	1989
	LHC	pp, 双环	14000	2007
德国	DORIS	e^+e^-, 双环	6.0	1974
	PETRA	e^+e^-, 单环	38	1978
	HERA	e^-p, 双环	160	1992
意大利	AdA	e^+e^-, 单环	0.5	1962
	ADONE	e^+e^-, 单环	3.0	1969
	DAFNE	e^+e^-, 双环	1.02	1997
法国	ACO	e^+e^-, 单环	1.0	1966
	DCI	$e^{\pm}e^{\pm}$, 双环	3.6	1976
日本	Tristan	e^+e^-, 单环	60	1986
	KEKB	e^+e^-, 双环	10.6	1999
中国	BEPC	e^+e^-, 单环	5.0	1988

三、核反应堆

第二次世界大战结束后，科学家迅速将原子能的利用转向和平用途。

(一) 核反应堆原理

核反应堆(nuclear reactor)又称为原子能反应堆或反应堆，是能维持可控自持链式核裂变反应，以实现核能利用的装置。核反应堆通过合理布置核燃料，在无需补加中子源的条件下能在其中发生自持链式核裂变过程。严格来说，反应堆应包括裂变堆、聚变堆、裂变聚变混合堆，但一般情况下仅指裂变堆。相对于核武器爆炸瞬间所发生的失控链式反应，反应堆中核变的速率可以得到精确控制，其能量能够以较慢的速度向外释放，供人们利用。和传统的热电站一样，核电站也是通过蒸汽机驱动发电机发电。但是在核电站里，热能是由核裂变碎片的反冲能转化而来的。图 1-39 为其工作原理示意图。

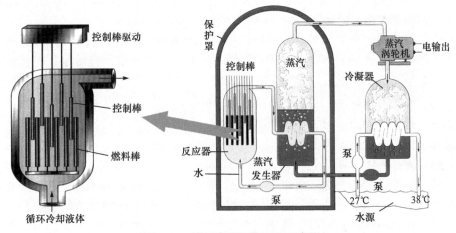

图 1-39　核反应堆工作原理示意图

核反应堆有许多用途，当前最重要的用途是产生热能，用以代替其他燃料或驱动航空母舰等设施运转。核反应堆的热能主要有以下几个来源：① 反应碎片通过和周围原子的碰撞，把自身的动能传递给周围的原子；② 裂变反应产生的 γ 射线被反应堆吸收，转化为热能；③ 反应堆的一些材料在中子的照射下被活化，产生一些放射性的元素，这些元素的衰变能转化为热能。这种衰变热会在反应堆关闭后仍然存在一段时间。

(二) 核反应堆类型

1. 按用途分类

核反应堆根据不同用途，大体可分为以下 6 类：① 将中子束用于实验或利用中子束的核反应，包括研究堆、材料实验等；② 生产放射性同位素的核反应堆；③ 生产核裂变物质的核反应堆，称为生产堆；④ 提供取暖、海水淡化、化工等用的热量的核反应堆，如多目的堆；⑤ 用于发电的核反应堆，称为核发电堆(图 1-40)；

⑥ 用于推进船舶(图 1-41)、飞机、火箭等的核反应堆，称为动力堆。

图 1-40　核发电堆

图 1-41　核潜艇

2. 按燃料类型等分类

核反应堆根据燃料类型分为天然铀堆、浓缩铀堆、钍堆；根据中子能量分为快中子堆和热中子堆；根据冷却剂(载热剂)材料分为水冷堆、气冷堆、有机液冷堆、液态金属冷堆；根据慢化剂分为石墨堆、水冷堆、有机堆、熔盐堆、钠冷堆；根据中子通量分为高通量堆和一般能量堆；根据热工状态分为沸腾堆、非沸腾堆、压水堆；根据运行方式分为脉冲堆和稳态堆；等等。核反应堆概念上可有 900 多种设计，但实际上非常有限。

3. 按冷却方式分类

核反应堆按照冷却方式可以分为：① 气冷快堆(gas-cooled fast reactor，GFR)系统是快中子谱氦冷反应堆，采用闭式燃料循环，燃料可选择复合陶瓷燃料。它采用直接循环氦气轮机发电，或采用其工艺热进行氢的热化学生产。通过综合利用快中子谱与锕系元素的完全再循环，GFR 能将长寿命放射性废物的产生量降到最低。此外，其快中子谱还能利用现有的裂变材料和可转换材料(包括贫铀)。参考反应堆是 288 MW 的氦冷系统，出口温度为 850℃。② 液态金属冷却快堆，又分为铅合金液态金属冷却快堆(lead-cooled fast reactor，LFR)和液态钠冷却快堆(sodium-cooled fast reactor，SFR)。前者是快中子谱铅(铅/铋共晶)液态金属冷却堆，采用闭式燃料循环，以实现可转换铀的有效转化，并控制锕系元素，燃料是含有可转换铀和超铀元素的金属或氮化物。后者是快中子谱钠冷堆，采用可有效控制锕系元素及可转换铀的转化闭式燃料循环。SFR 系统主要用于管理高放射性废弃物，尤其在管理钚和其他锕系元素方面。该系统有两个主要方案：中等规模核电站，即功率为 150～500 MW，用铀-钚-次锕系元素-锆合金燃料；中到大规模核电站，即功率为 500～1500 MW，用铀-钚氧化物燃料。③ 熔盐反应堆(molten salt reactor，MSR)系统是超热中子谱堆，燃料是钠、锆和氟化铀的循环液体混合物。熔盐燃料流过堆芯石墨通道，产生超热中子谱。MSR 系统的液体燃料不需要制造燃料元件，并允许添加钚这样的锕系元素。锕系元素和大多数裂变产物在液态冷却剂中会形成氟化物。熔融的氟盐具有很好的传热特性，可降低压力容器和管道的压力。参考电站的功率水平为 1000 MW，冷却剂出口温度 700～800℃，热效率高。④ 超高温气冷堆(very high temperature gas-cooled reactor，VHTGCR)系统是一次通过式铀燃料循环的石墨慢化氦冷堆。该反应堆堆芯可以是棱柱块状堆芯(如日本的高温工程试验反应器 HTTR)，也可以是球床堆芯(如中国的高温气冷试验堆 HTR-10)。超高温气冷堆系统提供热量，堆芯出口温度为 1000℃，可为石油化工或其他行业生产氢或工艺热。该系统中也可加入发电设备，以满足热电联供的需要。⑤ 超临界水冷堆(super-critical water-cooled reactor，SCWR)系统是高温高压水冷堆，在水的热力学临界点(374℃，22.1 MPa)以上运行。超临界水冷却剂能使热效率提高到轻水堆的约 1.3 倍。该系统的特点是，冷却剂在反应堆中不改变状态，直接与能量转换设备相连接，因此可大大简化电厂配套设备。燃料为铀氧化物。堆芯设计有两个方案，即热中子谱和快中子谱。参考系统功率为 1700 MW，运行压力是 25 MPa，反应堆出口温度为 510～550℃。

(三) 核反应堆简要发展历程

人类历史上公认的第一个核反应堆是由费米于 1942 年在芝加哥大学建造的第一个核子反应炉 Chicago Pile-1，属于曼哈顿计划的一部分，输出功率仅为 0.5 W。1954 年，苏联建了世界上第一座纯民用的奥布宁斯克原子能发电站，装机容量为 5 MW。1960 年，美国制造了 8 座输出达 2 MW 的携带型核子反应堆 Alco PM-2A 供其陆军在格陵兰的 Camp Century 计划使用。1972 年，法国工人们在非洲加蓬的奥克洛地区发现了输出达 100 kW 的 20 亿年前天然核反应堆。截至 2017 年 8 月，全世界拥有 447 个核电机组，总装机容量超过 390 GW，另有超过 60 个核电机组正在建设中，计划建造的则超过 160 个[59]。

为了改变地区能源分布不平衡的状况和改善商品能源的总体结构，我国于 1982 年决定采取稳妥、积极发展核电的方针。自 2002 年以来，中国已建成并投入运行的新核电机组超过 30 个，并且有 20 多个新机组在建，其中包括世界首批 4 台西屋 AP1000 机组以及 1 个高温气冷堆示范电厂。

(四) 核反应堆安全问题

随着石油和煤炭资源日渐稀缺，核能发电受到各国政府的普遍重视。与此同时，处理核能发电产生的放射性废物、高昂的建造及安全成本成为核能发展的障碍，它们被称为发展核反应堆的三只"拦路虎"。而担忧切尔诺贝利事件[60]和日本福岛第一核电站事故[61]再次发生则是最主要的心理及社会障碍。

1. 安全性

其实核反应堆本身是不会爆炸的，原因至少有三条：① 原子弹使用的核燃料中 90% 以上是易裂变的铀-235，而发电用反应堆使用的核燃料中只有 2%～4% 是易裂变的铀-235；② 反应堆内装有由易吸收中子的材料制成的控制棒，通过调节控制棒的位置可控制核裂变反应的速度；③ 冷却剂不断地把反应堆内核裂变反应产生的巨大热量带出，使反应堆内的温度控制在所需范围内。

但是，核反应堆毕竟是个危险而高级的装置，严格的技术操作和严密的管理是必需的。可能有人要问为什么一些国家不轻易转让原子能发电技术呢？这是因为反应堆用于发电的同时，在反应堆内还产生一定量的钚-239。反应堆内大部分中子轰击铀-235 原子核使其发生裂变，还有一部分中子被铀-238 原子核俘获，使铀-238 变成钚-239。在反应堆内生成的钚-239 中，有 50% 以上再被中子轰击发生裂变，释放出能量，使核燃料增殖；其余不到 50% 的钚-239 留在反应堆内，经后处理后可被提取，用于制造原子弹。重水堆产生的钚-239 约为压水堆的两倍。

2. 切尔诺贝利核泄漏事件

1986 年 4 月 26 日，位于乌克兰基辅市郊的切尔诺贝利核电站由于管理不善和操作失误，四号反应堆爆炸起火(图 1-42)，致使大量放射性物质泄漏。西欧各国及世界大部分地区都测到了核电站泄漏出的放射性物质。之后的 15 年内有 6 万～8 万人死亡，13.4 万人遭受各种程度的辐射疾病折磨(图 1-43)，方圆 30 km 的 11.5 万多民众被迫疏散。减产 2000 万吨粮食，距电站 7 km 内的树木全部死亡。此后半个世纪内，事发地 10 km 内不能耕作放牧，100 km 内不能生产牛奶。核污染飘尘给邻国也带来严重灾难。这是世界上最严重的一次核污染。切尔诺贝利因此被称为"鬼城"[62]。

图 1-42　燃烧着的四号机组

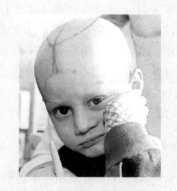
图 1-43　核泄漏 25 年后的儿童

3. 日本福岛第一核电站事故

2011 年 3 月 11 日，日本当地时间 14 时 46 分，日本东北部海域发生里氏 9.0

级地震并引发海啸,造成福岛第一核电站 1~4
号机组发生核泄漏事故(图 1-44)[63]。根据日本
经济产业省原子能安全保安院估算,福岛第一
核电站发生事故后,1~3 号机组释放的铯-137
放射性活度达到 $1.5×10^{16}$ Bq,相当于广岛原子
弹爆炸铯-137 释放量的 168 倍。由于铯-137 的
半衰期长达约 30 年,原子能安全保安院担心
会产生长期影响。

图 1-44　福岛第一核电站核泄漏

四、快中子增殖反应堆

快中子增殖反应堆(fast neutron breeder reactor,FBR)或称快中子滋生反应堆、
快滋生反应堆、快堆等,是一种核子反应器,利用快中子被增殖性材料吸收而变
成可裂变物质,而产生自行制造核燃料的效果,制造燃料多于消耗燃料的就称为
快滋生反应器。例如,一种以快中子引起易裂变核铀-235 或钚-239 等裂变链式反
应的堆型。快堆的重要特点是:运行时一方面消耗裂变燃料(铀-235 或钚-239 等),
同时生产出裂变燃料(钚-239 等),而且产大于耗,真正消耗的是在热中子反应堆中
不大能利用的且在天然铀中占 99.2%以上的铀-238,铀-238 吸收中子后变成钚-239。
在快堆中,裂变燃料越烧越多,得到增殖,故快堆的全名为快中子增殖反应堆。
快堆是当今唯一现实的增殖堆型。

如果把快堆发展起来,将压水堆运行后产生的工业钚和未烧尽的铀-238 作为
快堆的燃料也进行如上的多次循环,由于它是增殖堆,裂变燃料实际不消耗,
真正消耗的是铀-238,因此只有铀-238 消耗完了才不能继续循环。理论上,发
展快堆能将铀资源的利用率提高到 100%,但考虑到加工、处理中的损耗,一般
可以达到 60%~70%的利用率,是压水堆燃料一次通过利用率的 130~160 倍。
利用率提高了,贫铀矿也有开采价值,从世界范围讲铀资源的可采量将提高上
千倍。

1986 年,我国将快堆技术开发纳入国家高技术研究发展计划(863 计划),开
始了以 $6.5×10^4$ kW 热功率实验快堆为工程目标的应用基础研究。研究重点是快堆
设计研究、燃料和材料、钠工艺、快堆安全等。至 1993 年总共建成 20 多台(套)
有一定规模的实验装置和钠回路,为中国实验快堆的设计奠定了基础。2010 年 7
月 22 日,中国核工业集团宣布,中国原子能科学研究院自主研发的中国第一座快
中子反应堆——中国实验快堆(CEFR)达到首次临界(图 1-45),这意味着我国第四
代先进核能系统技术实现重大突破。

由于快中子增殖反应堆中的核反应会产生核武器的重要原料钚-239,因而有

较大的核武器扩散风险。

图 1-45　中国实验快堆外景

思考题

1-2　在了解了原子核反应原理和人工核反应技术后,你对人工合成新元素是否有些设想呢?

1.2.3　地球上新元素的合成

1. 铀及铀前元素

由前面的讲述可知：①元素起源的研究建立在可靠的理论基础上[33-35,38]；

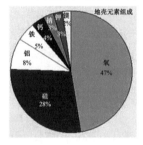

图 1-46　地壳的元素分布

② 太阳系元素丰度与元素宇宙丰度非常相近[26-28]；③ 地球也是一个天体,它的形成和演化与太阳系有密切关系,那么地球形成之初应按太阳系元素丰度(或元素的宇宙丰度)形成,现在的地球元素丰度值应是地球演化的结果,即研究地球的元素丰度是从元素的宇宙丰度做起[64]。那么,地球上的化学元素应存在 92 种,即从氢到铀。这就是为什么查阅地球上化学元素丰度时只到铀的原因[65]。铀及铀前元素在地壳的元素分布见图 1-46。

2. 铀后新元素的合成

1940 年以前,铀元素始终处于周期系的末端。以往人们用超铀元素(transuranic element)笼统指原子序数在 92(铀)以上的重元素。实际分两个方面[66]：锕系超铀元素和超重元素。已知地球上的化学元素应存在 92 种——从氢至铀,第一个方面的研究称为锕系超铀元素(actinide transuranic element)较为合理,它包括从镎(93

号元素)到铹(103 号元素)的 11 种元素。超重元素(superheavy element)又称超锕元素(transactinide element)或铹后元素(translawrencium element)，指原子序数在 104～118 号的 15 种元素，即从𬬻到𬌗。

本书讲述锕系超铀元素和超重元素两类新元素的合成方法及后者的鉴定方法。其具体合成过程和性质等信息将放在本丛书其他相应分册讲述。

1) 合成新元素的几个重要研究机构

目前有能力进行新元素合成特别是能够登陆稳定岛(stable island)(质子数为 106～118)的主要研究机构是俄罗斯杜布纳联合核子研究所(Joint Institute for Nuclear Research in Dubna)、美国劳伦斯伯克利国家实验室(Lawrence Berkeley National Laboratory)和德国达姆施塔特重离子研究所(Gesellschaft für Schwerionenforschung, GSI)。三家机构均在元素周期表上占据一席之地。

20 世纪 50 年代，当时社会主义阵营的各国代表于 1956 年 3 月在莫斯科签署协议，组建联合核子研究所，主要目的是研究如何和平利用原子能。当时的计划是：① 为协议所属成员国的科学家在理论和实验核物理方面的研究提供保证；② 通过在成员国之间交流理论和实验研究的成果、经验，促进核物理学的发展；③ 与世界核物理研究机构保持联系，以便寻找核能利用的新途径；④ 为天才科学家的成长创造条件；⑤ 促进核能的和平利用，造福人类。

杜布纳联合核子研究所成立于 1956 年秋天,位于俄罗斯莫斯科州最北端的国际科学城。它曾在一段时期内是世界最优秀的核物理研究所，并拥有当时世界上功率最强大的 3 m 回旋加速器，拥有获得当时最重的离子射线的能力，在合成新的人造元素方面取得了举世瞩目的成绩。自从合成新元素的方式由中子照射(92～100 号元素)转为离子轰击(100 号元素以后)以来的 50 多年间，几乎所有合成的新元素都是由杜布纳联合核子研究所或其与其他试验室合作完成的。特别是 1956～1976 年间，更是取得了空前的成绩，102～107 号元素全部是由杜布纳联合核子研究所初次合成的，远超美、德、法等国的著名实验室。今天的杜布纳联合核子研究所已经具备了将大多数元素的离子进行加速的能力，并与美国、德国的著名实验室合作，成功合成了众多 110 号以后的元素。

美国劳伦斯伯克利国家实验室简称伯克利国家实验室，是隶属于美国能源部的国家实验室，从事非绝密级的科学性研究。它坐落在加利福尼亚大学伯克利分校的中心校园内。该实验室现由美国能源部委托加利福尼亚大学代为管理。劳伦斯伯克利国家实验室由诺贝尔物理学奖得主劳伦斯于 1931 年建立，最初主要用于物理学中的粒子回旋加速研究。实验室研究领域非常广泛，下设 18 个研究所和研究中心，涵盖了高能物理、地球科学、环境科学、计算机科学、能源科学、材料科学等多个学科，特别是在建筑节能相关技术、政策等方面做出卓有成效的研究，在该领域是美国也是全世界首屈一指的研究机构。劳伦斯伯克利国家实验室建立以来，一共培养了 5 位诺贝尔物理学奖得主和 4 位诺贝尔化学奖得主。目前，实验室科研人员达到 4200 余人，有 13 位诺贝尔奖获得者、57 位国家科学院院士、13 位获得国家科学奖的科学家、18 位国家工程院院士，其中的 3 位是医学院院士。从其官方网站上看出，2011 年的研究经费是 7.35 亿美元，还有额外的 1.01 亿美元基金的支持，总计 8.36 亿美元的科研经费。庞大的资金资助、人才济济使劳伦斯伯克利国家实验室硕果累累。该实验室发现了 16 种元素。

德国达姆施塔特重离子研究所位于德国最杰出的理工大学之一达姆施塔特工业大学所在地黑森州达姆施塔特市，该研究所因为发现许多人造元素而闻名于世。原子序数为 110 的鿏(darmstadtium)是根据该市名称所命名的，这使得达姆施塔特成为世界上仅有的八座依据其城市名称命名元素的城市之一。而在该市发现的 108 号元素𬭳(hassium)则是以德国联邦州黑森州命名的。

重离子研究所建于 1969 年，是致力于核物理、原子物理、辐射生物学和其他一些学科研究的国家级重离子研究实验室。该实验室的基本设备是 UNILAC (universal linear accelerator)。它能加速从碳到铀的全部离子，最大能量可达 20 MeV/u，强度为 10^{12} 粒子/s。目前，另一台重离子同步加速器 SIS(sehwer ionen synehroiron)也已建成，将来 UNILAC 就作为它的注入器，将它们串联成一个加速系统后能加速从氢到铀的所有离子，最大能量可达 2 GeV/u，强度为 $10^9 \sim 10^{11}$ 粒子/s。除了用作核物理、原子物理和辐射生物等方面的基础研究外，加速器还将用于辐射治疗。

日本理化学研究所(Institute of Physical and Chemical Research, RIKEN)创立于 1917 年，是日本最大的综合性研究所。第二次世界大战期间曾为日本核研究的研究机构。

RIKEN 是日本唯一的自然科学研究所，其研究领域包括物理、化学、工学、医学、生命科学、材料科学、信息科学等，从基础研究到应用开发十分广泛。RIKEN 的重离子加速器系统由直线加速器(RILAC, 1980 建成)、回旋加速器组成。RIKEN 成立使命为：开展最尖端的自然科学研究，通过不同学科的战略性综合开发拓展新的前沿研究领域；给科学界构建最高水平的基础研究设施，并提供充分使用这些设施的机会；设立新的科学技术研究体制，推动科学技术研究，培养年轻的研究人员；将科学研究成果造福社会，为提高人民生活水平以及文化和教育水平做出贡献。RIKEN 有约 3000 名研究人员，每年的预算约 62 亿元人民币，大部分研究经费来自政府。1982 年，RIKEN 与中国科学院缔结了多方位的研究合作协议，很多中国研究人员在 RIKEN 从事研究工作，为中国科学技术的发展做出了贡献。

中国科学院近代物理研究所创建于 1957 年，是一个依托大科学装置，主要从事重离子物理基础和重离子束应用研究、相应发展先进粒子加速器及核技术的基地型研究所。经过半个多世纪的发展，该研究所已经成为在国际上有重要影响的重离子科学研究中心。

60 多年来，在重离子物理基础和应用研究方面，世界上共合成了 25 种新核素。2000 年通过 ^{241}Am(^{22}Ne，4～5n)^{258,259}Db 反应首次成功合成和鉴别了我国的第一个超重新核素 ^{259}Db[67]，这是我国实验核物理学家第一次进入超重领域，且该实验结果后来得到了美国劳伦斯伯克利国家实验室的验证。2003 年，他们在兰州的重离子加速器上通过核反应 ^{243}Am(^{26}Mg，4n)合成了 107 号元素的一个同位素 ^{265}Bh[68]。超重核素 ^{259}Db 和 ^{265}Bh 的合成与鉴别为我国开展超重元素的化学性质研究提供了良好的基础。自 2001 年起，中国科学院近代物理研究所核化学课题组参加由德国 GSI 和慕尼黑理工大学、瑞士保罗谢勒研究所(PSI)、美国劳伦斯伯克利国家实验室、俄罗斯 FLNR 和日本原子力研究机构(JAEA)的核化学家组成的国际合作小组，开展有关超重元素 108、112 和 114 号元素化学性质的实验研究。中国科学家已经跻身于国际超重元素及其化学性质研究的行列当中。更为详细的资料参考文献[69]中后记"中国新核素研究概况"。

2) 锕系超铀元素的合成

锕系超铀元素大多是不稳定的人造元素，半衰期很短，这给人工合成带来困难。它们合成的大致方法是：较轻的超铀元素(从 $Z = 93$ 的镎到 $Z = 100$ 的镄)可以用中子俘获法(反应堆稳定中子流或核爆炸)获得(图 1-47，图 1-48)。$Z > 100$ 的元素要用耗费巨大的加速器重离子轰击(如直线加速器使重粒子束最大能量达到每个核子 10.3 MeV，回旋加速器为 8.5 MeV)制备。经过许多天的辐照，每次只能获得几个甚至 1 个原子。利用快中子引发或加速器嬗变使超铀元素镎、镅和镄裂变成为短寿命核素以消除长寿命超铀元素[37,40-41,43,70-71]。

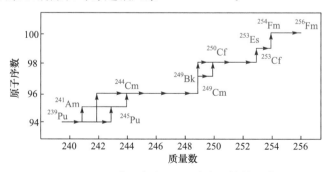

图 1-47　用中子轰击 ^{239}Pu 生产重核的反应

3) 超重元素的合成[72-80]

过去一度认为周期表的边界为 $Z = 105$[80]，因为 Z 进一步增大时，核内质子间的排斥力将超过核子间的结合力，由此引起核分裂。后来发现，原子核满壳层

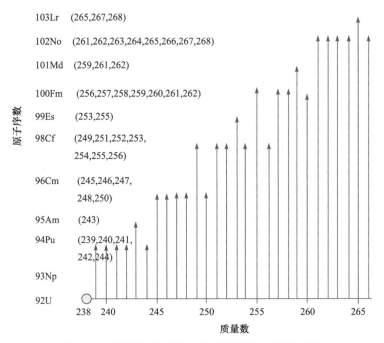

图 1-48　核爆炸时可能生成的锕系超铀元素的核素

效应可为核粒子提供外加的结合能和稳定性,使周期表的边界可望向 105 后延伸。用微观-宏观方法校正谐振子势[81],推测出超重元素可能存在于自然界中。尼克斯(J. R. Nix)用扩散表面单粒子势对超重核素的性质做了更精确的计算[82],得到了所谓的核素稳定性图(图 1-49),即稳定岛。

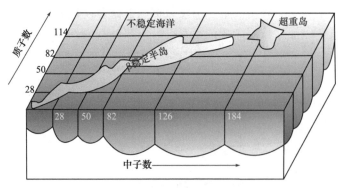

图 1-49　核素稳定性图
已知元素的半岛和预言的核素(以 $Z=114$ 和 $N=184$ 为中心)的稳定岛

1979 年,美国的西博格(G. T. Seaborg)小组和苏联的弗廖洛夫(Г. Н. Флеров)小组都根据自己的研究勾画出了自己的稳定岛(图 1-50)。

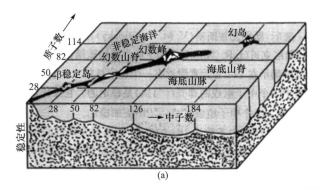

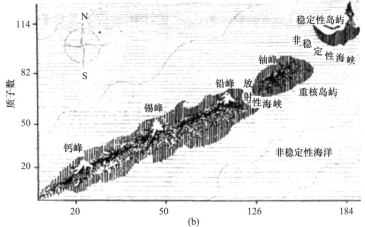

图 1-50　西博格小组(a)和弗廖洛夫小组(b)分别绘制的稳定岛

　　图 1-51 表示超重核素的自发裂变
(S.F.)、α 衰变、β 衰变和电子俘获，以
及总衰变的半衰期[83]。稳定岛可以分为
四个区域(图 1-51 右下图)：顶部以 α 衰
变为主，底部以 β 衰变为主，两边的两
个区域以自发裂变为主。岛中最长寿命
的核素是 $_{184}^{298}110$ 。

西博格　　　　　　　弗廖洛夫

　　合成超重元素的最佳途径是在加
速器上通过重离子熔合蒸发反应人工合成[37,40-41]，并在反冲余核的飞行过程中利
用电磁等相关技术进行分离，分离后的余核被具有单原子衰变测量能力的探测系
统进行测量与鉴别。所谓重离子熔合反应是指利用高速重离子轰击合适的靶原子，
使靶核和重离子炮弹熔合成一个具有一定激发能的复合核，复合核的质子数为靶
核与重离子的质子数之和。由于形成的复合核具有较高的激发能，因此不稳定，

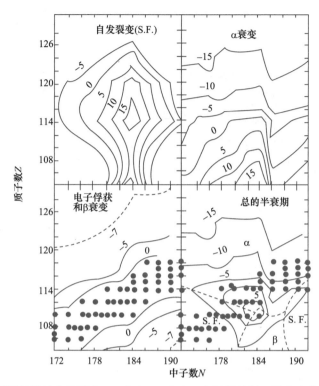

图 1-51　偶超重核素的自发裂变、α 衰变、β 衰变、电子俘获以及总衰变半衰期的等值图

半衰期(年)用以 10 为底的对数表示；图中蓝点表示计算的 β 稳定核素

会通过蒸发中子的形式放出多余的能量，退激到稳定状态。人们根据重离子熔合时形成的复合核的激发能不同，又将其分类为热熔合、冷熔合和温熔合三种方法。也有人认为星球的固定等离子体电磁场对天然同位素的加速作用，可使其能量足以达到和其他核素发生熔合反应形成超重核素[84]。

　　第一种方法：热熔合[85]。

　　热熔合反应最先是由美国劳伦斯伯克利国家实验室的西博格小组提出的，是一种传统的通过重离子熔合反应合成超重元素的方法。一般是以较轻的重离子(如 ^{18}O、^{22}Ne、^{26}Mg)轰击锕系元素靶(如 ^{232}Th、^{238}U、^{244}Pu、^{248}Cm 及 ^{249}Bk 等)的重离子熔合过程。一般形成的复合核的激发能在 40～50 MeV，通过蒸发 4 个以上中子的过程退激发。例如，美国劳伦斯伯克利国家实验室和俄罗斯杜布纳联合核子研究所利用重离子诱发的热熔合反应合成了 104、105 和 106 号三种元素的几个同位素(图 1-52)。通过热熔合反应可合成寿命为数十秒的较丰中子的超重核，从而用于超重元素的化学实验研究。

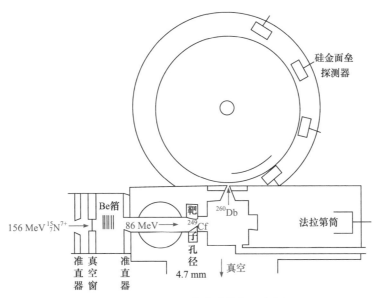

图 1-52　105 号元素合成装置示意图

第二种方法：冷熔合[86]。

在利用热熔合反应合成 106 号元素后，人们发现热熔合反应生成更重元素的截面非常小，在当时的技术条件下几乎不可能鉴别出目标核。于是俄罗斯核物理学家奥加涅相(Y. T. Oganessian)在 1974 年提出，在质量数 $A>40$ 的丰中子弹核(如 ^{58}Fe、^{62,64}Ni、^{68,70}Zn 等)与幻数靶核 ^{208}Pb 和 ^{209}Bi 的熔合反应中，利用靶核大的质量亏损可形成较低激发能的复合核。这样生成的复合核蒸发余核的存活概率与热熔合反应相比，可以高出数倍至 1 个数量级。这就是所谓的冷熔合反应，所形成的复合核的激发能一般在 10~15 MeV，通过蒸发 1 或 2 个中子的过程退激发。而冷熔合指的不是在室温下发生的核聚变。德国达姆施塔特重离子研究所利用冷熔合反应在新元素合成中取得了巨大成功，他们利用强流 ^{54}Cr、^{58}Fe、^{62,64}Ni 和 ^{70}Zn 轰击 ^{208}Pb 和 ^{209}Bi 靶，先后合成了 107~112 号共 6 种新元素(图 1-53)。另外，日

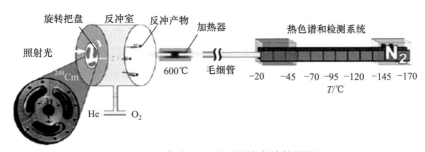

图 1-53　合成 108 号元素的实验装置图

本理化学研究所的科学家也成功地通过冷熔合反应对 110、111 和 112 号元素的合成进行了验证。冷熔合反应的优点是可以得到较高的反应截面，但是它的反应产物通常是缺中子的核素，大部分核素的半衰期在 ms 甚至 μs 量级，这一时间长度对于现有的化学实验技术来说都太短，对于研究超重元素的化学性质是非常困难的。

第三种方法：温熔合。

俄罗斯杜布纳联合核子研究所的科学家考虑到冷熔合反应产生的截面较小，从而选择了以双幻核 ^{48}Ca 为束流轰击丰中子锕系靶，通过所谓的温熔合来产生接近理论预言的球形超重稳定岛的长寿命核。一般是以双幻核 ^{48}Ca 为炮弹轰击锕系元素靶(如 ^{238}U、^{242,244}Pu、^{243}Am、^{248}Cm、^{249}Cf 等)的重离子熔合过程，所形成复合核的激发能在 20～30 MeV，介于冷熔合和热熔合之间，复合核通过蒸发 3 或 4 个中子退激发。通过温熔合反应，人们在原子序数越来越大的超重元素的合成方面取得了很好的成果，俄罗斯杜布纳联合核子研究所基于 ^{48}Ca 的温熔合反应已经合成了 112 号、114～118 号元素。通过温熔合反应可以产生寿命相对较长的超重核素，且反应截面比较大，产额较高，已经用于化学性质的研究中。虽然超重核合成的研究已经取得了长足的发展，但发现的超重核素都还没有达到理论预言的超重核稳定岛上。要登上超重核稳定岛，还存在很大的困难，需要核物理学家和核化学家不断地探索。

目前，有人提出了合成接近超重稳定岛中心原子核的两种新途径：一是利用丰中子锕系核素，如 ^{238}U、^{244}Pu 或 ^{248}Cm 作为靶子，利用 ^{48}Ca 双幻核作为"炮弹"生成丰中子超重核；二是利用较重的极丰中子放射性核，如 S、Ar、Ca、Ti(对于以 ^{248}Cm 为靶材料的情况)或 Ni、Zn、Ge、Se、Kr(对于以 ^{208}Pb/^{209}Bi 为靶材料的情况)作为"炮弹"，轰击极丰中子的稳定原子核来合成超重元素。

阎坤还完成了合成超重核素的趋势方程及其核素分布实验数据点与趋势方程曲线之间的比较结果图(图 1-54) [87]。

4) 重离子反应机制[73]

西博格曾于 1978 年 5 月 2 日在中国科学院原子能研究所就寻找、合成超重元素做了相关重离子反应机制的学术报告。他认为用重离子(如 Kr、Xe、U)轰击重靶(如 U)，然后用化学方法分离反应产物，通过测定 γ 射线可以从反应产物的质量分布研究反应机制并鉴定反应产物，从而寻找超重元素。两个很重的原子核碰撞(如 Kr+U、Xe+U、U+U 等)从反应机制来分有下列三类。

第一类：准弹性转移，即当重离子的能量比较低时，两个重离子做擦边碰撞，同时有少数几个核子转移。当入射粒子及靶都比较重时，转移反应形成的残核有较大的概率发生裂变，裂变产物的质量分布是双峰的。

第二类：全熔合，即当两个重原子核碰撞且能量很大时，可以形成一个大的原子核。熔合成的新核通常有很高的激发能，可以通过发射中子或裂变使原子核达到基态，这时可能得到很重的原子核，即超重元素。

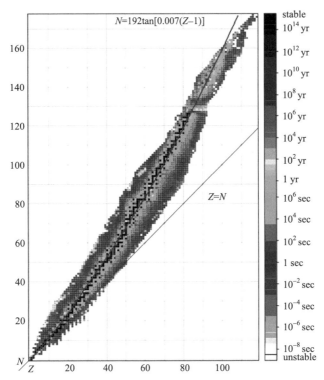

图 1-54　稳定 185 的核素分布实验数据点和趋势方程曲线之间的比较结果图
—— 趋势方程曲线；•稳定核数据

　　第三类：深度非弹性转移，即当重离子的能量还不足以使两个原子核全熔合，而只能不完全熔合时，两个原子核粘在一起作为一个整体旋转一段时间，然后分开。这种现象称为深度非弹性转移。

　　5) 鉴定方法[79,88]

　　从超铀元素到超重元素的合成中，除了有合适的反应机制以产生目标核外，对合成核的鉴别是最重要的问题之一。每个新元素的合成都不是一帆风顺的，所发现的新核素的实验验证则更难。因为在核反应产物中，目标物仅是其中极少的一部分，常需要几天或几十天才能产生一个目标核。要将这样一个被数量为几十万倍的炮弹核及其他不需要的产物核包围着的目标核挑选出来并测量其衰变性质，确定其质子数和中子数，工作量是不可想象的。一种新元素的基本证明，最应确定的是它的原子序数，而不一定要确定它的质量数。为新元素提供确凿的证明，必须具备下列三点之一：① 化学鉴定是最理想的证明，所采用的化学手段要对单个原子是有效的，如离子交换、吸附流洗、液相间分布等(图 1-55)；② X 射线的鉴定是令人满意的，但应与 γ 射线区别；③ α衰变关系以及已知质量数的子核的证明也是可以接受的(图 1-56)。衰变性质和半衰期需要大量的物理和化学实

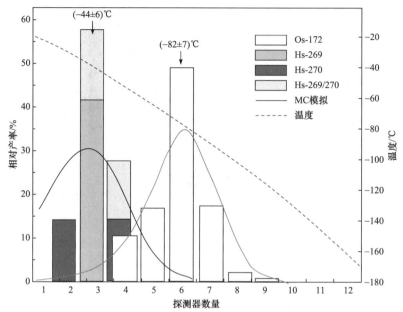

图 1-55　实验中观察到 HsO_4 和 OsO_4 的热色谱结果

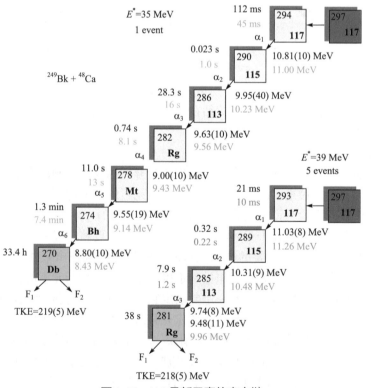

图 1-56　117 号新元素的衰变链

验验证，才能够被人们认可。一个很好的例证是，杜布纳联合核子研究所弗廖洛夫等科学家于 1964 年宣布首次发现钅卢。研究人员以氖-22 离子撞击钚-242 目标 (图 1-57)，把产物与四氯化锆($ZrCl_4$)反应后将其转变为氯化物，再用温度梯度色谱法把钅卢从产物中分离出来。图 1-58 为 104 号元素首次化学鉴定实验示意图。该团队在一种具挥发性的氯化物中探测到自发裂变事件，该氯化物具有类似于铪的较重同系物的化学属性。其半衰期数值最初并没有被准确测出，但后来的计算则指出衰变产物最可能为钅卢-259[89-91]：

$$\_{94}^{242}Pu + \_{10}^{22}Ne \longrightarrow \_{104}^{264-x}Rf \longrightarrow \_{104}^{264-x}RfCl_4 \tag{1-19}$$

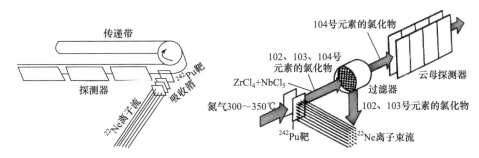

图 1-57　104 号元素合成装置示意图　　　图 1-58　104 号元素首次化学鉴定实验示意图

1969 年，美国加州大学伯克利分校以碳-12 离子撞击锎，确定性地合成了钅卢，并测量了 ^{257}Rf 的 α 衰变[92]：

$$\_{98}^{249}Cf + \_{6}^{12}C \longrightarrow \_{104}^{257}Rf + 4\_{0}^{1}n \tag{1-20}$$

1973 年，在美国进行的实验得到独立的证实，其中通过观测 ^{257}Rf 衰变产物锘-253 的 K_α X 射线，确实了钅卢为母衰变体[93]。图 1-59 为目前提出的 ^{257}Rf g, m 的衰变阶段光谱图[94]。

近年来，核物理学家和核化学家在超重元素的合成及其化学性质实验的研究方面取得了突破性的进展[95-106]，将元素周期表从 92 号扩展至 118 号元素，合成了周期表上第七周期的所有元素；利用熔合反应合成了逾百个超重核素(图 1-60)[107]；已知的最丰中子核素 ^{293}Lv 和 ^{294}Ts 距离稳定岛中心尚差 7 个中子(7n)。现有实验数据显示，对于 $Z = 110\sim118$ 同位素链，随着中子数增加，原子核寿命逐渐变长，衰变能逐渐减小，预示着超重核稳定岛是存在的。

2010 年 10 月中国科学院近代物理研究所设计建造了充气反冲核谱仪(图 1-61)、丰中子核素分离器以及相关的实验测量装置。从超导直线加速器引出能量精确可调的强流重离子束流，利用熔合反应和多核子转移反应产生超重新元素和丰中子超重新核素。

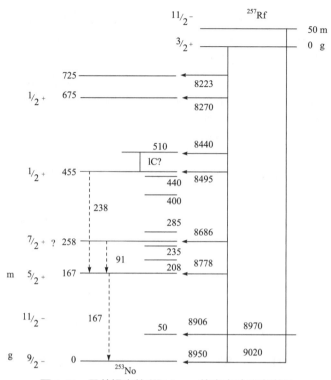

图 1-59　目前提出的 ^{257}Rf g, m 的衰变阶段光谱图

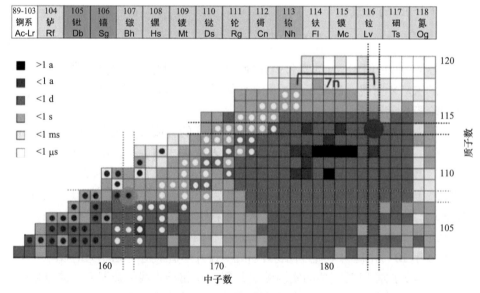

图 1-60　超重核区核素图

渐变灰色表示理论计算的超重核寿命，颜色越深表示寿命越长；图中黄色和紫色小圆点分别标记利用 ^{48}Ca 束流和冷熔合成的超重核素；红色和蓝色虚线标记核幻数；红色圆点是超重核稳定岛中心位置；蓝色圆点是形变双幻数核

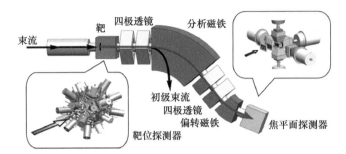

图 1-61　中国制造的充气反冲核谱仪示意图

参 考 文 献

[1] Hubble E. Proc Natl Acad Sci USA, 1929, 15(3): 168.

[2] 肯·克罗斯韦尔. 银河系: 银河系的起源和演化. 黄磷, 译. 海口: 海南出版社, 三环出版社, 1999.

[3] Komatsu E, Dunkley J, Nolta M R, et al. Astrophys J Suppl, 2009, 180(2): 330.

[4] Menegoni E, Galli S, Bartlett J G, et al. Phys Rev D, 2009, 80(8): 264.

[5] Slipher V M. Lowell Obs Bull, 1913, 2(159): 56.

[6] Slipher V M. Popular Astron, 1915, 23(23): 21.

[7] Friedmann A. Z Phys, 1922, 10: 377.

[8] Lemaitre G. Ann Soc Sci Bruxelles, 1927, 47: 49.

[9] Lemaitre G. Nature, 1931, 128(3234): 704.

[10] Christianson G E. Edwin Hubble: Mariner of the Nebulae. Chicago: University of Chicago Press, 1996.

[11] Peebles P J E, Ratra B. Rev Mod Phys, 2003, 75(2): 559.

[12] Penzias A A, Wilson R W. Astrophys J, 1965, 142: 419.

[13] Bludman S A. Astrophys J, 1998, 508(2): 535.

[14] Gladders M D, Yee H, Majumdar S, et al. Astrophys J, 2007, 655(1): 128.

[15] Higgs P W. Phys Rev Lett, 1964, 13(16): 508.

[16] 欧阳自远. 天体化学. 北京: 科学出版社, 1988.

[17] 赵南生. 宇宙化学. 北京: 科学出版社, 1985.

[18] 徐光宪. 物质结构. 北京: 人民教育出版社, 1978.

[19] 大卫·E 牛顿. 太空化学. 王潇, 等译. 上海: 上海科学技术文献出版社, 2008.

[20] 卡尔·萨根. 宇宙. 周秋麟, 吴依俤, 等译. 长春: 吉林人民出版社, 2011.

[21] 希尔克, 邹振隆. 宇宙的起源与演化: 大爆炸. 北京: 科学普及出版社, 1988.

[22] 李虎侯. 第四纪研究, 2000, 20(1): 30.

[23] 徐兰平. 天文学进展, 1987, (1): 56.

[24] 郭正谊. 化学通报, 1979, (1): 64.

[25] Tayler R J. Proc Roy Soc Lond A, 1984, 396(1810): 21.

[26] Suess H E, Urey H C. Rev Mod Phys, 1956, 28(1): 53.

[27] Schramm D N, Barnes C A, Clayton D D, et al. Essays in Nuclear Astrophysics. Cambridge:

Cambridge University Press, 1982.

[28] Anders E, Grevesse N. Geochim Cosmochim Acta, 1989, 53(1): 197.

[29] Yang J, Turner M S, Steigman G, et al. Astrophys J, 1984, 281: 493.

[30] Peebles P J E. Astrophys J, 1966, 146: 542.

[31] Wagoner R V, Fowler W A, Hoyle F. Astrophys J, 1967, 148: 3.

[32] Olive K A, Schramm D N, Turner M, et al. Astrophys J, 1981, 246: 557.

[33] Alpher R A, Bethe H, Gamow G. Phys Rev, 1948, 73(7): 803.

[34] Alpher R A, Herman R. Nature, 1948, 162(4124): 774.

[35] Alpher R A, Herman R C. Phys Rev, 1949, 75(7): 1089.

[36] Ryden B. Introduction to Cosmology. Cambridge: Cambridge University Press, 2003.

[37] Guth A H. The Inflationary Universe: The Quest for A New Theory of Cosmic Origins. New York: Random House, 1998.

[38] Burbidge E M, Burbidge G R, Fowler W A, et al. Rev Mod Phys, 1957, 29(4): 547.

[39] Fowler W A. Rev Mod Phys, 1984, 56(2): 149.

[40] Truran J W. Astron Astrophys, 1981, 97: 391.

[41] Trimble V. Rev Mod Phys, 1975, 47(4): 877.

[42] 林忠四郎, 早川幸男. 宇宙物理学. 师华, 译. 北京: 科学出版社, 1981.

[43] Thomson J J. London, Edinburgh Dublin Philos Mag J Sci, 1897, 44(269): 293.

[44] Rutherford E. Nature, 1919, 92(2302): 423.

[45] Chadwick J. Proc Roy Soc Lond A, 1933, 142(846): 1.

[46] 李喜先. 21 世纪 100 个交叉科学难题. 北京: 科学出版社, 2005.

[47] Akimune H, Yamagata T, Nakayama S, et al. Phys Rev C, 2003, 67(5): 051302.

[48] Giot L, Roussel-Chomaz P, Demonchy C, et al. Phys Rev C, 2005, 71(6): 064311.

[49] Einstein A. Ann Phys Berlin, 1905, 322(10): 891.

[50] Kónya J, Nagy N M. Nuclear and Radiochemistry. Philadelphia: Elsevier-Health Sciences Division, 2012.

[51] Barabash A. Phys Atom Nucl, 2011, 74(4): 603.

[52] 彭秋和. 天文学进展, 1985, (2): 38.

[53] Saha G B. Fundamentals of Nuclear Pharmacy. New York: Springer-Verlag New York Inc., 2004.

[54] Frank R B. Downfall: The End of the Imperial Japanese Empire. New York: Random House USA Inc., 1999.

[55] 维纳 N. 人有人的用处: 控制论和社会. 陈步, 译. 北京: 商务印书馆, 1978.

[56] 赵籍九, 尹兆升. 粒子加速器技术. 北京: 高等教育出版社, 2006.

[57] Zinn W H. Rev Mod Phys, 1955, 27(3): 263.

[58] 张闯. 现代物理知识, 2007, 19(2): 24.

[59] 宋翔宇. 中国核电, 2017, 10(3): 439.

[60] Novikov A P, Kalmykov S N, Satoshi U, et al. Science, 2006, 314(5799): 638.

[61] Tanabe F. J Nucl Sci Technol, 2011, 48(8): 1135.

[62] 周舟. 中国报道, 2011, (4): 40.

[63]　孟晶. 电力与能源, 2011, 32(2): 19.

[64]　喻传赞, 陈国标. 云南大学学报(自然科学版), 1984, (4): 63.

[65]　迟清华, 鄢明才. 应用地球化学元素丰度数据手册. 北京: 地质出版社, 2007.

[66]　宇元化. 化学通报, 1976, (2): 52.

[67]　Gan Z G, Qin Z, Fan H M, et al. J Eur Ceram Soc, 2001, 10(1): 21.

[68]　Gan Z, Guo J, Wu X, et al. Eur Phys J A, 2004, 20(3): 385.

[69]　蔡善钰. 人造元素. 上海: 科学普及出版社, 2006.

[70]　Mohaupt T. Fortschr Phys, 2008, 56(4-5): 480.

[71]　Rutherford E, Compton A H. Nature, 1919, 104(2617): 412.

[72]　Seaborg G T. 人造超铀元素. 魏明通, 译. 台北: 台湾中华书局, 1973.

[73]　西博格 G T. 化学通报, 1978, (5): 23.

[74]　Seaborg G T. Contemp Phys, 1987, 28(1): 33.

[75]　克勒尔 C. 超铀元素化学. 北京: 原子能出版社, 1977.

[76]　戈尔丹斯基 В И, 波利卡诺夫 С М. 超铀元素. 北京: 科学出版社, 1984.

[77]　唐任寰, 刘元方, 张青莲, 等. 锕系 锕系后元素. 北京: 科学出版社, 1990.

[78]　秦芝, 范芳丽, 吴晓蕾, 等. 化学进展, 2011, 23(7): 1507.

[79]　靳根明. 科学, 2004, 56(1): 12.

[80]　Chadwick J. Proc Roy Soc London A, 1933, 142(846): 1.

[81]　Thompson S G, Tsang C. Science, 1972, 178(4065): 1047.

[82]　Nilsson S G, Tsang C F, Sobiczewski A, et al. Nucl Phys, 1969, 131(1): 1.

[83]　Nix J R. Annu Rev Nucl Sci, 1972, 22(1): 65.

[84]　Heiserman D. Exploring Chemical Elements and Their Compounds. New York: McGraw-Hill, 1991.

[85]　Barber R C, Gäggeler H W, Karol P J, et al. Pure Appl Chem, 2009, 81(7): 1331.

[86]　Ghiorso A, Nurmia M, Eskola K, et al. Phys Lett B, 1970, 32(2): 95.

[87]　阎坤. 地球物理学进展, 2006, 21(1): 38.

[88]　Oganessian Y T, Abdullin F S, Bailey P, et al. Phys Rev Lett, 2010, 104(14): 142502.

[89]　Zvara I, Chuburkov Y T, Caletka R, et al. Radiokhimiya, 1969, (11): 163.

[90]　Zvara I, Chuburkov Y T, Belov V, et al. J Inorg Nucl Chem, 1970, 32(6): 1885.

[91]　Wilkinson D H, Wapstra A, Ulehla I, et al. Pure Appl Chem, 1993, 65(8): 1757.

[92]　Ghiorso A, Nurmia M, Harris J, et al. Phys Rev Lett, 1969, 22(24): 1317.

[93]　Bemis Jr C, Silva R, Hensley D, et al. Phys Rev Lett, 1973, 31(10): 647.

[94]　Streicher B, Heßberger F, Antalic S, et al. Eur Phys J A, 2010, 45(3): 275.

[95]　Schädel M. Angew Chem Int Ed, 2006, 45(3): 368.

[96]　Gäggeler H. Eur Phys J A, 2005, 25(1): 583.

[97]　Schädel M. Eur Phys J D, 2007, 45(1): 67.

[98]　Guseva L I. Russ Chem Rev, 2005, 74(5): 443.

[99]　Nagame Y, Haba H, Tsukada K, et al. Nucl Phys A, 2004, 734: 124.

[100]　Schädel M. J Nucl Radiochem Sci, 2002, 3(1): 113.

[101]　Backe H, Heßberger F, Sewtz M, et al. Eur Phys J D, 2007, 45(1): 3.

[102] Ackermann D. Nucl Instrum Methods Phys Res A, 2010, 613(3): 371.

[103] Morita K. Prog Part Nucl Phys, 2009, 62(2): 325.

[104] Hofmann S. Prog Part Nucl Phys, 2009, 62(2): 337.

[105] Morita K. Nucl Phys A, 2010, 834(1-4): 338c.

[106] Oganessian Y. J Phys G, 2007, 34(4): R165.

[107] Jordan T H. Pro National Acad Sci, 1979, 76(9): 4192.

第2章

化学元素概念的建立及其命名

2.1 化学元素概念的建立、演化和发展

俄国化学家门捷列夫(D. I. Mendeleev，1834—1907)曾精辟地指出："化学理论学说的全部实质就在于抽象的元素概念。"[1]因此，从某种意义上可以说，化学元素概念的建立、演化和发展是一个极其艰难、缓慢的过程，基本能反映出化学学科基本理论发展的历史[2-4]。纵观化学发展史，元素概念的建立、演化和发展过程主要经历了四个阶段：① 古代哲学阶段；② 经验分析阶段；③ 近代科学阶段；④ 现代科学阶段。这四个里程碑深刻地反映了人类思维变化的基本规律，缺少任何一个环节都不可能形成现代科学的元素概念。这是一个从哲学到科学的演变过程。

2.1.1 古代哲学阶段的元素概念

古代自然哲学家为了合理地解释物质世界的多样性和运动的永恒性，对宇宙本原提出了多种不同的看法。古人不再借助于神或其他超自然的力量去认识自然，而是力图从物质世界本身来解释物质的组成，于是出现了最早的元素概念。这种建立在笼统观察和思辨基础上的见解，只不过是古代哲学家的自然哲学的直觉臆测，根本不能和现代元素概念相提并论。但毫无疑问，古代朴素的元素概念是人类认识世界的先导。

1. 中国古代的元素概念

公元前 900 年前后，我国的《易经》中有这样几句话："易有太极，是生两仪，两仪生四象，四象生八卦。"这是一个以"太极"为中心的世界创造说。公元前 403～

公元前 221 年，我国又出现一些万物本源的论说。例如，《道德经》中写道："道生一，一生二，二生三，三生万物。"又如，《管子·水地》中写道："水者，何也？万物之本源也。"

图 2-1 发端于中国的五行说

我国古代的五行说出现在《尚书》中(图 2-1)："五行：一曰水，二曰火，三曰木，四曰金，五曰土。水曰润下，火曰炎上，木曰曲直，金曰从革，土爱(曰)稼穑。"在《国语》中，五行较明显地表示了万物原始的概念。

2. 古印度的元素概念

在古印度哲学家的思想中也有和我国五行说相似的学说，即公元前 7 世纪～公元前 6 世纪古印度唯物主义学派遮缚迦派的四大种学说。他们从世界的物质性出发，认为世界的一切都是由地、水、火、风四大元素构成。该派有一句格言"生命产生于物质"。

3. 古希腊的元素概念

古希腊自然哲学提出了著名的四元素说。其实四元素说在古希腊的传统民间信仰中即存在，但相对来说不具有坚实的理论体系支持。古希腊的哲学家是"借用"这些元素的概念作为本质。不同阶段的四元素说内涵不同。

1) 前苏格拉底哲学

四元素说是古希腊关于世界的物质组成的学说。这四种元素是土、气、水、火。这种观点在相当长的一段时间内影响着人类科学的发展。米利都学派哲学家泰勒斯(B. C. Thales)主张万物的本质是水，而且唯有水才是本质，土和气这两种元素则是水的凝聚或稀薄。阿那克西曼德(B. C. Anaximenes)则将本质改为一种原始物质，称为无限者或无定者，同时加上第四元素火。

2) 柏拉图的正多面体元素定义

元素(拉丁文 stoicheia)一词在公元前 360 年被古希腊哲学家柏拉图(B. C. Plato，公元前 427—公元前 347)首先使用，在他的语录《蒂迈欧篇》中讨论了一些有机和无机的物质，这可算是最早期的化学著作。柏拉图假设一些细微物质具有特别的几何结构(图 2-2)：正四面体(火)、正八面体(风)、正二十面体(水)及正六面体(地)。他随后不明确地提及了第五种立体[5]，在更早的《斐多》中提到过正十二面体[6]。柏拉图使用正多面体来定义四元素的内涵见于《蒂迈欧篇》[7]。

正四面体(火)　　　正八面体(风)　　　正二十面体(水)　　　正六面体(地)　　　正十二面体

图 2-2　柏拉图假设一些细微物质具有特别的几何结构

3) 亚里士多德的哲学元素观

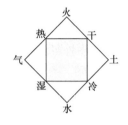

四元素说是亚里士多德(B. C. Aristotle，公元前 384—公元前 322)提出的[8]，他的理论中不包含恩培多克勒学说中的爱和恨这两种抽象元素，而是认为这四种元素具有可被人感觉的两两对立的性质。进而推论世界万物的本原是四种原始性质：冷、热、干、湿(图 2-3)，而元素则由这些原始性质依不同比例组合而成。

图 2-3　亚里士多德的四元素说

亚里士多德对元素的论述含有元素概念和元素体系两部分内容，散见于他的《形而上学》《论生成和消灭》《物理学》《天象学》《论宇宙》《论天》等著作中[9]。由于这些论述不够集中，难以给人整体建树的印象，因此人们通常只注重它的元素体系部分，而忽视了它的元素概念部分。学者们通常评论后世如何起初沿袭和最后推翻亚里士多德的元素体系[10]，却没有理会近代化学如何继承他的元素概念，以致在 300 多年来的哲学史和科学史上，在以很大篇幅论述各种自然哲学流派的本原学说或元素学说的同时，却忽略了论述亚里士多德的元素概念[11]。

2.1.2　经验分析阶段的元素概念

经验分析阶段的元素概念并不能真正反映化学元素的客观本质，而是根据人们分解物质的能力来定义元素的，因此具有历史局限性。化学经历了古代实用化学、炼金术、医药化学和工艺学时期，已经有了很大发展。欧洲文艺复兴以后，自然科学挣脱了宗教神学的束缚，开始了大踏步前进。化学正是在这种新的形势下逐渐端正了研究方向。大量炼金、医药化学和工艺学的成就使人们对元素的某些性质有了初步认识。这一时期积累了许多物质间的化学变化，为化学的进一步发展准备了丰富的素材。欧洲文艺复兴时期出版了一些有关化学的书籍，第一次有了"化学"这个名词。英语的 chemistry 起源于 alchemy，即炼金术。

1. 炼金术时期的元素概念

炼金术是当代化学的雏形，其目标是通过化学方法将一些基本金属转变为黄金，制造万灵药及长生不老药。炼金术在一个复杂网络之下跨越至少 2500 年，曾存在于美索不达米亚、古埃及、波斯、印度、中国、日本、朝鲜、古希腊和罗马，然后在欧洲存在直至 19 世纪。现在的科学表明这种方法是行不通的，但是在 19 世纪之前，炼金术尚未被科学证据所否定，包括牛顿在内的一些著名科学家都曾进行过炼金术尝试，现代化学的出现才使人们对炼金术的可能性产生了怀疑。作为现代化学的先驱，炼金术在化学发展史上有一定积极作用。通过炼金术，人们积累了化学实验的经验，发明了多种实验器具，认识了许多天然矿物。在欧洲，炼金术成为现代化学产生和发展的基础。美国作家、哲学家爱默生(R. W. Emerson，1803—1882)曾说过："最初化学想把贱金属变为黄金，虽然它没有实现这个目标，却完成了更伟大的工作。"

1) 炼金术的诞生

公元 1 世纪时，位于尼罗河口欧、亚、非三大洲交汇处的亚历山大里亚城是后希腊时期的文化和学术中心。古希腊亚里士多德的古典哲学、东方神秘主义和埃及化学工艺三大潮流汇合在此，诞生了炼金术。

2) 硫汞二元论

公元 7 世纪后，东西方炼金术在阿拉伯世界发生碰撞和融合，形成了阿拉伯的炼金术。著名的炼金术家扎比尔(H. Jabiribo，721—815)综合了来自这两种炼金术体系的对立面学说，对亚里士多德元素论作出第一次修正。中国古代炼丹术的秘要就在于"燮理阴阳，运用五行"[12]。我国炼丹术最著名的人物为葛洪(约284—约363)。唐代的阴阳学说在炼丹术中已形成了一个比较完整的理论体系。它认为化学变化是一个阴阳交媾的过程，以水银(阴)配合硫磺(阳)生成硫化汞的反应就是一个典型的阴阳相交的过程。

3) 三本原与医药学

13～14 世纪，西方的炼金术士对亚里士多德提出的元素又作了补充，增加了 3 种元素：水银、硫磺和盐，这就是炼金术士所称的三本原。但是，他们所说的水银、硫磺、盐只是表现着物质的性质：水银——金属性质的体现物，硫磺——可燃性和非金属性质的体现物，盐——溶解性的体现物。

到 16 世纪文艺复兴运动后期，欧洲爆发了一场科学革命，瑞士医生帕拉塞尔苏斯(Paracelsus，1493—1541)在这场革命中创立了化学论哲学[13]：把炼金术士们的三本原应用到医学中。他提出三要素说：物质是由 3 种元素——盐(肉体)、水银(灵魂)和硫磺(精神)按不同比例组成的，疾病产生的原因是有机体中缺少上述 3 种元素之一。

总之，亚里士多德的元素体系在 16～17 世纪受到了严重冲击。

2. 机械论化学时期的元素概念

1) 背景

在 16～17 世纪科学革命的早期，与化学论哲学一起出现的还有机械论哲学。这两支新哲学流派都激烈抨击当时在大学占统治地位的亚里士多德哲学，同时它们之间也在互相激烈抨击。17 世纪中叶，机械论战胜了化学论而成为新科学的基础，它用机械原子论(机械微粒学说)将炼金术改造成为机械论化学，从而引导化学进入了机械论科学俱乐部[14]。其最重要的人物是波义耳(R. Boyle)，他提出了全新的完整的机械微粒学说，并企图以此从根本上取代元素学说。波义耳在他的名著《怀疑的化学家》(1661 年)正文前针锋相对地加入了标题为 "涉及惯常被用于表明结合物的逍遥学派四种元素或三种化学要素的各种实验的自然哲学思考" 的前言[15]。他指出，亚里士多德逍遥派的四元素说是按照演绎的逻辑建立起来的，而不是按照实验的要求建立起来的。他们也做实验，但是 "他们是想用实验来说明而不是证明他们的学说"。帕拉塞尔苏斯对三要素的证明则带有许多隐晦的色彩和一些不易被人识别的神秘工序，"任何一个严肃的人要弄懂他们的意思，就好比找出他们的万能酊剂一样，简直比登天还难"。因此，上述元素体系建立的基础是不可靠的。

2) 波义耳的元素概念

《怀疑的化学家》中写道："现在我把元素理解为原始的和简单的或者完全未混合的物质。这些物质不是由其他物质所构成，也不是相互形成的，而是直接构成物体的组成成分，而它们进入物体后最终也会分解。"这样，元素的概念就表现为组成物体的原始的和简单的物质。

这段文字就是人们所说的波义耳元素定义。很多学者根据这个定义认为波义耳第一次提出了科学的元素概念[16-19]。对此，恩格斯也评价："波义耳把化学确立为科学。"

3) 对波义耳元素概念的评价

波义耳关于元素的定义可以看作元素经验分析概念的起点，然而他本人对元素的认识仍然是很模糊的，甚至怀疑元素概念存在的必要性[20]。他曾写道，"我不明白为什么我们一定要相信存在任何原始的和简单的物质，大自然必须由它们(即先存的元素)构成所有其他的物质"，"造物主没有必要总是先有元素，再用这些元素造成我们所谓混合物的物质"。如此看来，人们过去对波义耳元素定义的理解是错误的。波义耳不但没有提出科学的元素概念，相反他认为最好完全取消元素这个概念。也有人鉴于波义耳没有把任何物质当作元素，正如《怀疑的化学家》一书的书名所示，他并没有提出新理论去代替所摈弃的旧理论，因而觉得波义耳在科学上只不过是一位彻底的怀疑论者[10]。从认识论角度分析，在当时历史条件下，波义耳不可能既相信元素说，又坚持微粒说。在那时元素是一个无法实用的定义，波义耳本人也无法利用它确定任何一种物质是元素。但他力图用微粒说解释各种化学反应，摈弃一切超自然的形式和质料，力求恢复化学的真正面目，建立了化学研究的一般原理和方法，大大推进了人们对物质组成的认识，为近代经验分析的元素概念的建立铺平了道路。

2.1.3 近代科学阶段的元素概念

18 世纪，唯物主义经验论的影响和化学家们长期实践经验为近代元素概念的诞生提供了必要条件。拉瓦锡(A. L. de Lavoisier，1743—1794)在前人实验的基础上，证明了水是氢、氧两种元素的化合物，而不是元素。至此，传统的四元素说和三要素说才彻底宣告失败，近代元素概念应运而生。然而真正的近代元素概念的系统化源于 1803 年道尔顿创立的原子论，它开辟了化学发展的新纪元，第一次揭示了元素和原子的内在联系，揭示了元素就是同一类原子，有多少种原子就有多少种元素，元素就是对原子的分类，原子量成为区分元素的重要标志。

1. 燃素说

从 17 世纪末至 1774 年，在法国化学家拉瓦锡提出燃烧的氧化学说大约一百年间，欧洲曾流传着一种燃素说(phlogiston theory)，其在当时占统治地位。1669 年德国贝歇尔(J. J. Becher，1635—1682)发表了《土质物理》(*Physiea Subterranea*)，书中对燃烧作用有很多论述：认为可燃物能够燃烧是因为它含有燃素，燃烧的过程是可燃物中燃素放出的过程，可燃物放出燃素后成为灰烬(图 2-4)。这些论述被化学界认为是燃素说的雏形。后来美因茨大学医学教授施塔尔(G. E. Stahl, 1660—1734)发展了贝歇尔的理论，他正式使用"燃素"这个名称。他们的理论可以用下面两个简单的式子代表：

可燃物 – 燃素 = 灰烬

金属 – 燃素 = 锻灰

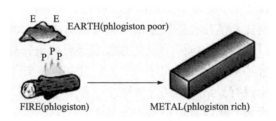

图 2-4　燃素学说示意图

他们认为火是由无数细小而活泼的微粒构成的物质实体。这种火的微粒既能同其他元素结合而形成化合物，也能以游离方式存在。大量游离的火微粒聚集在一起就形成明显的火焰，它弥散于大气之中便给人以热的感觉，由这种火微粒构成的火的元素就是燃素。到 1740 年，燃素说在法国被普遍接受；十年之后，这种观点成为化学界的公认理论。近代化学的第一个系统理论就这样建立起来了。

燃素说实际是一种错误和受局限的科学理论，但是风行了一百多年，也积聚了很多实验结果。恩格斯在《自然辩证法》中指出：化学借燃素说从炼金术中解放出来。

拉瓦锡　　　　　　　贝歇尔　　　　　　　施塔尔　　　　　　　恩格斯

2. 近代化学元素概念的由来

近代化学元素概念的建立不完全是某位化学家个人的功绩，而是 18 世纪化学家受唯物主义经验论的影响和化学家特别是矿物化学家、冶金化学家及气体化学家的实践活动的结果。

1) 哲学对科学的促进

18 世纪，欧洲尤其是法国哲学界唯物主义经验论非常流行，涌现了很多著名的哲学家，如伏尔泰(Voltaire，1694—1778)、孔狄亚克(E. B. de Condillae，1715—1780)、拉美特利(J. O. LaMettrie，1709—1751)、爱尔维修(C. A. Helvetius，1715—1771)、狄德罗(D. Diderot，1713—1784)、霍尔巴赫(P. H. D. Holbach，1723—1789)等，他们都继承和发展了洛克(J. Locke，1632—1704)的唯物主义经验论原则，认为一切观念都来自感觉经验，一切感觉都具有客观性和可靠性。一些哲学家不再像 17 世纪的唯物论者把千差万别的自然现象仅归结为量的差别，而是相信存在质的多样性。例如，狄德罗在 1753 年发表的《论解释自然》中写道："在我看来，自然界的一切事物绝不可能是由一种完全同质的物质产生出来的，正如绝不可能单单用一种同样的颜色表现出一切事物一样。我甚至臆测到现象的纷纭只能是物质的某种异质性所造成的结果。因此，我将把产生一切自然现象所必需的那些不同的异质物质称为元素。"[21]

受唯物主义经验论的影响，18 世纪化学家大多喜欢在化学研究中采取经验主义原则。按照他们的观点，元素应该是在实验室操作中可以直接感知的东西，元素概念必须建立在经验分析的基础上，因为所有不是直接从感觉经验中得出的东西都是不可靠的。这就形成了元素的操作定义(operational definition)。按照该定义，一种物质能否称为元素完全取决于人们的分析能力。如果这种物质利用现有的最强有力的分解手段都不能被分解，那么它就可以被称为元素。至于它将来能否被分解，则无需考虑，因为它已超越了人们所能直接感觉到的经验范围。

| 伏尔泰 | 孔狄亚克 | 拉美特利 | 爱尔维修 |

| 狄德罗 | 霍尔巴赫 | 洛克 |

2) 简单物质概念

在近代化学元素概念的形成过程中，首先出现的是简单物质的概念，其次才在此基础上形成近代化学元素概念。文艺复兴时期，欧洲一些国家出现了资本主义生产方式，工业迅速发展，冶金业和采矿业初具规模。矿工和试金工匠通常并不相信贱金属能够变成贵重金属，他们并不很关心炼金术的任何理论，而仅以实验为目的。他们通过分析发现了钴、铋等金属，发现不是只有炼金术士所认为的与七大行星相对应的七种金属。更为重要的是，长期的实践活动使他们认识到这些金属是简单物质，因为无论采用什么办法都不能将它们进一步分解。这与当时德国、瑞典等国政府重视冶金学和矿物学的研究及其教育的结果有极大关系。

3) 气体化学的研究

气体化学的发展推翻了空气是元素的观点，并陆续发现了 H_2、N_2、Cl_2、O_2 等多种气体单质。

1787 年，拉瓦锡在一篇题为《论改革和完善化学革命的必要性》的论文中给元素下了一个清晰明确的操作定义：元素是任何方法都不能分解的物质。他于 1789 年发表的《化学基础论》一书中列出了历史上第一张包括 33 种元素的列表：

属于气态的简单物质可以认为是元素：光、热、氧气、氮气、氢气。

能氧化和成酸的简单非金属物质：硫、磷、碳、盐酸基、氢氟酸基、硼酸基。

能氧化和成盐的简单金属物质：锑、砷、银、钴、铜、锡、铁、锰、汞、钼、金、铂、铅、钨、锌、铋、镍。

能成盐的简单土质：石灰、苦土、重土、矾土、硅土。

同过去的传统元素概念相比，拉瓦锡的元素定义具有明确的科学性：① 元素的性质和数目只有通过实验确定，因而它是建立在科学实验的基础上，而不再是笼统的凭空猜想；② 他通过实验抓住了一般元素在通常情况下不能分解的客观性质，把分析的极限作为判别元素的标准；③ 根据这个定义，元素是具有确定性质、可操作、可直接感受的具体物质。随着分析手段的不断提高，人们发现元素的数目越来越多。近代元素概念的建立结束了自古以来关于元素概念的混乱状态，完成了人类元素认识史上一次质的飞跃。由于新元素概念的明确性、可操作性和可感知性，大大激发了化学家探索新元素的热情，对以后整个 19 世纪化学的发展起到了极大的推动作用。正如日本著名科学史学家汤浅光朝所说[22]："在几乎全世界所有的化学家都信奉燃素说的时候，拉瓦锡提出把燃烧现象看作氧化过程的新理论，大约用了 10 年，从对氧气的单质性的认识出发，确立了新元素观——这是化学革命的总决战。"

但拉瓦锡的元素定义只是一个经验分析的定义，是根据可感知到的元素外部特征或外在联系定义元素，在很长一段时期里，元素被认为是用化学方法不能再分的简单物质。这就把元素和单质两个概念混淆或等同起来了。对物质的分类不是根据元素所固有的结构属性，而是完全依赖于人的主观能力和分解物质的手段。因此，元素定义的内涵和外延都不符合实际的界限。

4) 近代化学元素概念的建立

拉瓦锡《化学纲要》(Traité Élémentaire de Chimie)的问世结束了 17 世纪以来元素观念的混乱，宣告了旧元素概念的终结，标志着近代化学元素概念的确立。随着《化学纲要》的广泛传播，近代化学元素概念迅速为化学界所接受，并激起了科学家寻找新元素的热情。这对于整个化学的发展和未来周期律的发现无疑是个很好的前奏，组成化合物的元素间的定量关系很快被揭示出来。例如，1791 年德意志化学家里希特(J. B. Richter，1762—1807)发现当量定律，1799 年法国化学家普鲁斯特(J. L. Proust，1754—1826)发现定比定律，1803 年英国化学家和物理学家道尔顿(J. Dalton，1766—1844)发现倍比定律等化学经验定律，为科学原子论的创立打下了牢固的实验基础。

里希特　　　　　　普鲁斯特　　　　　　道尔顿　　　　　　贝采利乌斯

1803 年，道尔顿在继承古希腊朴素原子论和牛顿微粒说的基础上提出原子论，其要点为：

(1) 化学元素由不可分的微粒原子构成，它在一切化学变化中是不可再分的最小单位。

(2) 同种元素的原子性质和质量都相同，不同元素原子的性质和质量各不相同，原子质量是元素基本特征之一。

(3) 不同元素化合时，原子以简单整数比结合。如果化合物中一种元素的质量固定，那么该化合物中另一种元素与这种元素的质量一定成简单整数比。

同时，道尔顿最先从事了测定原子量的工作，提出用相对比较的办法求取各元素的原子量，并发表了第一张原子量表，为后来测定元素原子量的工作奠定了基础。因此，化学史学家也把这一阶段称为原子理论的元素概念阶段[2, 20]。恩格斯评价"化学的新世纪开始于原子学说"。

原子论的元素定义显然比经验分析定义更富有内容，深刻地揭示了元素的一些固有特性，明确了元素和原子的内在联系。但化学家对元素的认识仍带有机械论和形而上学的特点。元素绝对不变和原子不可再分的观念已经形成一种规范。原子论的元素定义沿袭了经验分析定义的缺点，因而也带有明显的主观主义色彩。它只不过是建立在经验分析基础上的一种理论分析概念，因此原子论的元素定义的提出并没有给经验分析概念构成威胁。实际上，元素的经验分析定义在整个 19 世纪一直保持成立，新元素的发现和鉴别仍然离不开经验分析的原则和方法。1810 年，道尔顿在其《化学哲学的新体系》第二部分中写道："我们所说的元素或简单物质，指的是尚未被分解但能与其他物质发生化合的物质。虽然我们并不知道任何一种被称为元素的物质是绝对不可分解的，但是在我们能够对它进行分解以前，就应该把它称为简单物质。"[23] 这与拉瓦锡对元素的认识是一致的，而且元素和单质仍然被看成是同义词[24]。

1841 年，瑞典化学家贝采利乌斯(J. J. Berzelius，1779—1848)根据已经发现的一些元素(如硫、磷)能以不同的形式存在的事实(硫有菱形硫、单斜硫，磷有白磷和红磷)，创立了同(元)素异形体的概念，即相同的元素能形成不同的单质。这就表明元素和单质的概念是有区别的，是不相同的。

19 世纪是资本主义高度发展的世纪，经济上的发展和技术上的进步为新元素的发现提供了条件，特别是电化学的兴起和分光镜的使用，为人们发现活泼元素和稀有元素提供了强有力的实验工具。一大批新元素的发现扩大了元素概念的外延。门捷列夫在 1869 年发现了周期律，他在同代人探索的基础上，把自然界所有的元素(当时已发现了 63 种元素)纳入了一个严谨统一的体系。元素被认为是性质的总和，化合价和原子量一样成为元素的重要特征。性质总和又决定了元素在周期表中的位置特征。正是根据元素位置特征，周期律的确立大大丰富和加深了元素的内涵，而内涵的深化又必然导致外延的扩大，周期律成了人们探索新元素的指南。元素外延的扩大又必然引起元素内涵的再一次深化。这就是科学概念发展演化的辩证逻辑。

但是，门捷列夫对元素的认识是建立在原子论基础上的，他对元素的位置特征的本质不清楚，所以他的化学元素概念并不像凯德洛夫所说的是属于现代元素概念的范畴[3]，而仍然是道尔顿原子论的化学元素概念。

2.1.4　现代科学阶段的元素概念

现代科学阶段的元素概念的建立是与 19 世纪末 20 世纪初发生的自然科学革命紧密联系在一起的。这场大革命使人类的认识从宏观领域到微观领域，正是原子结构的复杂性，导致了元素观念的根本变革。

1. 现代自然科学革命

人们常说每一次物理学上的进步都会自然而然地推动化学理论的发展。化学元素概念的深化也依靠着物理学上的发现和进步。

19 世纪末，物理学上的三大发现 X 射线、放射性和电子被称为打开原子大门的钥匙[25]。1902 年，新西兰著名物理学家卢瑟福(E. Rutherford，1871—1937)和英国物理学家、化学家索迪(F. Soddy，1877—1956)通过天然放射性研究，提出了具有革命意义的元素蜕变学说。1910 年，索迪基于对大量实验事实的分析提出了同位素(isotope)假说，并很快得到了证实[26-27]，否定了自道尔顿以来的一种元素是一种原子的观点。同位素是具有相同原子序数的同一化学元素的两种或多种原子，它们在元素周期表上占有同一位置，化学性质几乎相同(氕、氘和氚的性质有微差异)，但原子质量或质量数不同，从而其质谱性质、放射性转变和物理性质(如在气态下的扩散)有所差异。同位素可以分为稳定性同位素和放射性同位素。1913 年，汤姆孙(J. J. Thomson)首次发现稳定元素同位素的证据(图 2-5)[28-29]。

1913 年，英国物理学家莫塞莱(H. G. J. Moseley，1887—1915)在 X 射线研究中发现，原子序数的实质是核电荷数，揭示了周期律的实质，揭开了元素在周期

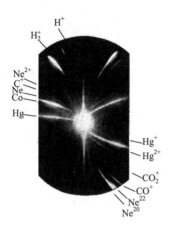

图 2-5　氖-20 和氖-22 的汤姆孙摄影板标记

表中的位置之谜，使人们对元素本质的认识产生了一次质的飞跃。他对化学元素周期律及周期表的实质性内容的研究颇有贡献。

1919 年，卢瑟福第一次实现了人工核反应，即用人工方法使一种元素变成另一种元素。人工放射性和重核裂变的事实再一次证明，无论是天然的还是人工的方法都可以实现元素的分解和转化。

一系列发现终于导致了元素思想史上的革命——旧的元素概念已经彻底行不通了，元素应该是核电荷数(核内质子数)相同的一类原子的总称。

2. 现代化学元素概念

1923 年，国际原子量委员会(International Committee on Atomic Weights, ICAW)给出元素的定义：化学元素是根据原子核电荷的多少对原子进行分类的一种方法，把核电荷数相同的一类原子称为一种元素。到 2012 年为止，共有 118 种元素被发现，其中地球上有 92 种。原子序数大于 83 的元素(铋之后的元素)没有稳定的同位素，会进行放射性衰变。另外，第 43 种元素(锝)和第 61 种元素(钷)没有稳定的同位素，会进行衰变。原子序数大于 92 的元素(铀之后的元素)虽然没有稳定的同位素，有些仍存在于自然界中，如铀、钍、钚等天然放射性核素[30]。随着人工核反应的发展，会发现更多的新元素。

卢瑟福

索迪

莫塞莱

2.2　化学元素的命名和符号

现有的 118 种化学元素全部有英文和中文命名。每种元素命名的背后都有一些有趣的故事，值得人们回味。

2.2.1 化学元素命名的原则

1. 古已用之

这类元素或随地球生成而存在，或因人类初始用火而被认识利用，是人类古代最早发现的元素。它们的元素符号均来自拉丁原名。

1) 金(gold)

金在自然界中通常以其单质形式出现，天然金会以片状、粒状或块状的形式出现，它们由岩石中侵蚀出来，最后形成冲积矿床的砂砾，称为砂矿或冲积金。

金在史前时期已经被认知，可能是人类最早使用的金属。早在公元前 2600 年的埃及象形文字中已经有金的描述，米坦尼国王图什拉塔(Tushratta)称金在埃及"比泥土还多"[31]。埃及及努比亚等国家和地区拥有的资源令它们在大部分历史中成为主要的黄金产地。已知的最早的地图是在公元前 1320 年的杜林纸草地图(Turin Papyrus Map，图 2-6)，该图上显示了金矿在努比亚的分布及当地地质的标示。

金的英文名"gold"和很多日耳曼语族的相应单词同源，意为"闪耀、闪光，呈黄色或绿色"。元素符号为 Au，来自金的拉丁文名(aurum)，而 aurum 来自 aurora 一词，是"灿烂的黎明"的意思。

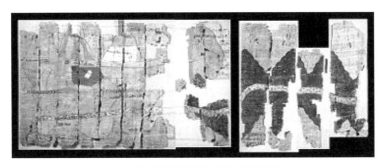

图 2-6　显示矿藏位置的杜林纸草地图

2) 银(silver)

银在自然界中很少量以游离态单质存在，主要以含银化合物矿石存在。因为银的活泼性低，其元素形态易被发现也易提取。在古时的中国和西方国家，银分别被认定为五金和炼金术七金之二，仅位于金之后一名。古代西方的炼金术和占星术也有将银与七曜中的月联结，为金和日之后一名。

银的命名来自拉丁文 argentum，arg-是印欧语系的词根，代表灰色及闪，英文名为 silver。银易提取，人类在使用火后，一些惰性元素的化合物(大多是简单的矿物)便很容易被还原为单质(图 2-7)，其中包括下面要讲的铜、铁、锡、铅和汞元素。

3) 铜(copper)

铜是古代就已知的金属之一。一般认为人类知道的第一种金属是金，其次是

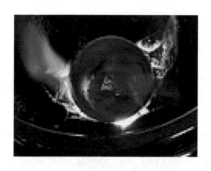

图 2-7 碳氧焰烧成的熔融银

铜。铜在自然界储量非常丰富,并且加工方便。铜是人类用于生产的第一种金属,最初人们使用的只是存在于自然界中的天然单质铜,用石斧把它砍下来,便可以锤打成器物。生产的发展促使人们找到了从铜矿中取得铜的方法。从氧化铜还原得到金属铜的温度要比从氧化铁还原得到金属铁的温度低得多。只要把铜矿石在空气中焙烧后形成氧化铜,再用碳还原,就得到金属铜。

中国最早的铜器是在仰韶文化时期,距今已有 6000 余年。铜的命名来自拉丁文 cuprum,指来自塞浦路斯岛上的矿石,英文为 copper。

4) 铁(iron)

铁是宇宙中第六丰富的元素,也是最常见的耐火元素[32]。它是大质量恒星的硅燃烧过程在恒星核合成的最后放热阶段形成的,是地球外核及内核的主要成分,是地壳上丰度第四高的元素,约占地壳质量的 5.1%。在自然界,游离态的铁只能从陨石中找到,分布在地壳中的铁都以化合物的状态存在。在流星体及低氧的环境下,铁也会以元素态存在。

铁是古代就已知的金属之一。虽然铁在自然界中分布极为广泛,但人类发现和利用铁相比黄金和铜要迟。由于天然的单质状态的铁在地球上非常稀少,它容易氧化,熔点(1812 K)比铜(1356 K)高得多,因此比铜难于熔炼。在熔融铁矿石的方法尚未问世前,人们无法大量获得生铁时,铁一直被视为一种神秘、珍贵的金属。铁的发现和大规模使用是人类发展史上一个光辉的里程碑,它把人类从石器时代、青铜器时代带到了铁器时代,推动了人类文明的发展。

中国在春秋晚期,铁器制作就极其繁荣兴盛,到了战国末年,已经进入炼铁和铁器制造的黄金时代。铁的命名来自拉丁文 ferrum,表示坚强之意,古英文 iron 早已应用。

历史事件回顾

1 陨石简介

陨石(meteorite)与地球演变和古生物灭绝息息相关[33-37]。

一、什么是陨石

陨石也称陨星，是地球以外脱离原有运行轨道的宇宙流星或尘碎块飞快散落到地球或其他行星表面的未燃尽的石质、铁质或石铁混合质的物质。

大多数陨石来自于火星和木星间的小行星带，小部分来自月球和火星(图 2-8)。陨石大致可分为石质陨石、铁质陨石，石铁混合陨石。石质陨石的平均密度为 3～3.5 g·cm^{-3}，主要成分是硅酸盐。铁质陨石密度为 7.5～8.0 g·cm^{-3}，主要由铁、镍组成。石铁混合陨石成分介于石质陨石和铁质陨石之间，密度为 5.5～6.0 g·cm^{-3}，主要由铁和硅酸盐混合物组成。

目前全世界已收集到 4 万多块陨石样品，其种类和形状各异，最大的石陨石是重 1770 kg 的吉林 1 号陨石，最大的铁陨石是纳米比亚的戈巴陨铁，重约 60 t。中国陨铁石之冠是新疆青河县发现的"银骆驼"，约重 28 t。

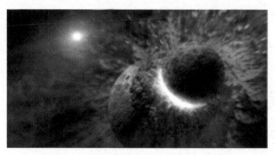

图 2-8　陨石撞击地球的计算机模拟图

二、陨石的特征

陨石在大气层中燃烧磨蚀后，形态多浑圆而无棱无角，并有许多特征表现：①熔坑：陨石表面都布有大小不一、深浅不等的凹坑，即熔蚀坑。不少陨石还具有浅而长条形气印，可能是低熔点矿物脱落留下的。②熔壳：陨石在经过大气层时，极高的温度导致其表面熔融，产生的一层微米至毫米级别的玻璃质层。当陨石在地表存在较长时间后，其熔壳易被风化而消失。③相对密度：陨石因为含铁、镍而相对密度较大，铁陨石相对密度可达 8，石陨石也因常含 20%的铁和镍而比一般岩石相对密度大。但是，存在极少量的石质陨石(如碳质球粒陨石等)因不含或金属含量极低，其相对密度与一般地球岩石相似。④磁性：各种陨石因含有铁而具有强度不等的磁性。经风化的陨石没有磁性，因而也就不算陨石了。⑤条痕：陨石在无釉瓷板上摩擦一般没有条痕或仅有浅灰色条痕，而铁矿石的条痕则为黑色或棕红色，以此加以区别。

三、陨石中的主要矿物

陨石中含有多种矿物，有些是与地球共有的。

(一) 硫化物、类似化合物类

(1) 硫铬矿(brezinaite)，化学式 Cr_3S_4，单斜晶系，颜色灰褐，密度 4.12 g·cm^{-3}，产于铁陨石中。

(2) 硫镁矿(niningerite)，化学式(Mg,Fe,Mn)S，等轴晶系，形态粒状，颜色灰，产于球粒陨石中，与镍铁矿、陨硫铁矿共生。

(3) 硫钛铁矿(heideite)，化学式$(Fe,Cr^{3+})_{1+x}(Ti,Fe^{2+})_2S_4$，单斜晶系，形态粒状，颜色灰白，密度 4.1 g·cm^{-3}，产于顽火辉石、无球粒陨石中。

(4) 陨硫钙石(oldhamite)，化学式 CaS，等轴晶系，形态小球粒，颜色浅褐，密度 2.58 g·cm^{-3}，产于陨石中。

(5) 陨硫铬铁矿(daubreelite)，化学式 $FeCr_2S_4$，等轴晶系，形态块状集合体，颜色黑，密度 3.81 g·cm^{-3}，产于陨石中，与陨硫铁矿共生。

(二) 氧化物类

(1) 镁铁钛矿(armalcolite)，化学式(Mg,Fe,Ti)TiO_5，斜方晶系，形态为块状集合体，密度 4.64 g·cm^{-3}，产于月岩(玻基玄武岩)中，与钛铁矿共生。

(2) 氧氮硅石(sinoite)，化学式 SiN_2O，斜方晶系，形态粒状集合体，颜色浅灰，密度 2.84 g·cm^{-3}，产于顽火辉石、球粒陨石中，与镍铁、斜长石、陨硫铁、陨硫钙石、易变辉石、铁锰硫矿共生。

(三) 硅酸盐类

(1) 硅铬镁石(krinovite)，化学式 $NaMg_2CrSi_2O_{10}$，单斜晶系，形态半自形粒，颜色翠绿，密度 3.38 g·cm^{-3}，产于陨石中，与锐钛矿、石墨共生。

(2) 碱硅镁石(roedderite)，化学式$(Na,K)_2Mg_2(Mg,Fe)_3[Si_{12}O_{30}]$，六方晶系，颜色无色，密度 2.60～2.63 g·cm^{-3}，产于顽火辉石、球粒陨石、铁陨石中。

(3) 镁铁榴石(majorite)，化学式 $Mg_3(Fe,Al,Si)_2[SiO_4]_3$，等轴晶系，形态细粒，颜色紫，密度 4 g·$cm^{-3}$，产于陨石中，与陨尖晶石、橄榄石、针铁矿、铁纹石共生。

(4) 镍纤蛇纹石(pecoraite)，化学式 $Ni_6Si_4O_{10}(OH)_8$，形态细粒、片状，颜色绿，密度 2.3～2.8 g·cm^{-3}，产于陨石中，与石英、磷镁钙镍矿、莱水碳镍矿共生。

(5) 宁静石(tranquillityite)，化学式 $Fe_8(Zn,Y)_2Ti_3Si_3O_{24}$，六方晶系，形态片状，颜色褐红，密度 4.7 g·cm^{-3}，产于月岩(玄武岩)中，与陨硫铁、三斜铁辉石、方英石、碱性长石共生。

(6) 尖晶橄榄石(ringwoodite)，化学式(Mg,Fe)$[SiO_4]$，等轴晶系，形态圆细粒，颜色紫、浅蓝，密度 3.90 g·cm^{-3}，产于球粒陨石中。

(7) 三斜铁辉石(pyroxferroite)，化学式 $Ca_4Fe_3[Si_7O_{21}]$，三斜晶系，形态细粒，颜色黄，密度 $3.68 \sim 3.76 \ g \cdot cm^{-3}$，产于月岩(辉长岩、辉绿岩)中，与单斜辉石、斜长石、钛铁矿共生。

(8) 陨铁大隅石(merrihueite)，化学式 $(K,Na)_2Fe_2(Fe,Mg)_3[Si_{12}O_{30}]$，六方晶系，形态细粒，颜色浅蓝绿，密度 $2.87 \ g \cdot cm^{-3}$，产于球粒陨石中。

(9) 陨钠镁大隅石(yagiite)，化学式 $NaMg_2Al_3[Al_2Si_{10}O_{30}]$，六方晶系，形态块状，颜色无色，密度 $2.70 \ g \cdot cm^{-3}$，产于铁陨石中。

(四) 磷酸盐类

(1) 磷镁石(farringtonite)，化学式 $Mg_2[PO_4]_2$，单斜晶系，颜色无～白，密度 $2.80 \ g \cdot cm^{-3}$，产于石铁陨石(橄榄陨铁)中。

(2) 磷镁钠石(panethite)，化学式 $(Na,Ca,K)_2(Mg,Fe,Mn)_2[PO_4]_2$，单斜晶系，形态粒状、块状，颜色黄，密度 $2.9 \sim 3.0 \ g \cdot cm^{-3}$，产于石陨石中，与锐钛矿、白磷钙石、镁磷钙钠石、钠长石共生。

(3) 磷钠钙石(buchwaldite)，化学式 $NaCa[PO_4]$，斜方晶系，形态针状、结核状，颜色白，密度 $3.21 \ g \cdot cm^{-3}$，产于石铁陨石中，与陨硫铁共生。

(4) 磷镁钙钠石(brianite)，化学式 $Na_2CaMg[PO_4]_2$，斜方晶系，形态粒状，颜色无色，密度 $3.1 \ g \cdot cm^{-3}$，产于石陨石中，与锐钛矿、白磷钙石、镁磷钙钠石、钠长石共生。

(5) 磷镁钙矿(stanfieldite)，化学式 $Ca_4(Mg,Fe)_5[PO_4]_6$，单斜晶系，形态块状，颜色浅红～黄，密度 $3.15 \ g \cdot cm^{-3}$，产于铁陨石中，与橄榄石共生。

(五) 陨石与地球共有的主要矿物

这类矿物有：① 辉石类，如斜方铁辉石(orthoferrosilite)，化学式 $(MgFe)_2[Si_2O_6]$，斜方晶系，形态柱状，颜色绿、暗绿，密度 $3.87 \sim 3.95 \ g \cdot cm^{-3}$ 等；② 橄榄石类，如橄榄石(olivine)，化学式 $(MgFe)SiO_4$，斜方晶系，形态柱状，颜色褐、绿、灰，密度 $3.78 \sim 4.10 \ g \cdot cm^{-3}$ 等；③ 斜长石类，如原始钙长石(primitive anorthite)，化学式 $Ca[Al_2Si_2O_8]$，三斜晶系，形态板状，颜色无、白、灰、微红，密度 $2.74 \sim 2.76 \ g \cdot cm^{-3}$ 等；④ 碱性长石类，如歪长石(anorthoclase)，化学式 $(NaK)[AlSi_3O_8]$，三斜晶系，形态板状，颜色灰、白，密度 $2.55 \sim 2.62 \ g \cdot cm^{-3}$ 等；⑤其他矿物，如陨尖晶石(spinel)，化学式 $(MgFe)Al_2O_4$，等轴晶系，形态八面体，颜色灰、白、浅绿、蓝、黄、褐，密度 $3.55 \ g \cdot cm^{-3}(Mg)$、$4.39 \ g \cdot cm^{-3}(Fe)$等。

5) 锡(tin)

锡是人类知道最早的金属之一，从古代开始它就是青铜的组成部分之一。我

国的一些古墓中常发掘到锡壶、锡烛台等锡器。据考证，我国周朝时锡器的使用
已十分普遍了。在埃及的古墓中也发现有锡制的日常用品。纯铜制成的器物太软，
易弯曲。把锡掺到铜中硬化铜，可以制成铜锡合金——青铜。青铜比纯铜坚硬，
用其制成的劳动工具和武器的性能有了很大改进。相传无锡于战国时期盛产锡，
到了锡矿用尽之时，人们就以无锡来命名这个地方。现在锡也被用在没有锡或只
有很少锡的物体上，如许多锡纸实际上是铝纸，大多数锡罐实际上是钢罐，上面
涂有一层非常薄的锡。云南省红河州个旧以盛产锡而闻名于世，是全国有色金属工
业基地之一，素有"锡都"之称(图 2-9)，已被收入《大不列颠百科辞典》。

　　锡的命名来自拉丁文 stannum，表示坚硬之意，古英文 tin 早已应用。

6) 铅(lead)

图 2-9　美丽的"锡都"个旧市

　　早在 7000 年前人类就已经认识了铅。铅
分布广、易提取、易加工，既有很好的延展
性，又很柔软，且熔点低。在《圣经·出埃及
记》中就已经提到了铅。古罗马使用铅非常
多。有人甚至认为罗马入侵不列颠的原因之
一是康沃尔地区拥有当时所知的最大的铅
矿。甚至在格陵兰岛上钻出来的冰心中可以
测量到从公元前 5 世纪到公元前 3 世纪地球
大气层中铅的含量增高。人们认为这个增幅是罗马人造成的。炼金术士以为铅是
最古老的金属并将它与土星联系在一起。人类历史上广泛应用铅。中国二里头文
化的青铜器即发现有加入铅作为合金元素，并且铅在整个青铜器时代与锡一起，
构成了中国古代青铜器最主要的合金元素。在日本江户时代，人们也用铅制造子
弹、钱币及屋瓦等。

　　铅的命名来自拉丁文 plumbum，表示坚硬之意。

7) 锑(antimony)

　　目前已知锑化合物在古代就用作化妆
品[38]，金属锑在古代也有记载，但那时被误
认为是铅。大约 17 世纪时，人们知道了锑是
一种化学元素。在埃及发现了公元前 2500 年
至公元前 2200 年间的镀锑的铜器。地壳中自
然存在的纯锑最早是由瑞典科学家和矿区工
程师斯瓦伯(A. von Siwabo)于 1783 年记载
的，品种样本采集自瑞典西曼兰省萨拉市的

图 2-10　"世界锑都"锡矿山乡

萨拉银矿。湖南冷水江市锡矿山乡素有"世界锑都"的美称(图 2-10)。这一地区锑
矿资源现保有储量达 30 万吨，占全球 30%的比例。

锑的命名来自拉丁文 stibium，是辉锑矿(stibnite)的名称，英文来自 anti(不能)+monos(单独)，即它在自然界中不能单独出现。

8) 碳(carbon)

碳是少数几个自远古就被发现的元素之一。中国早在公元前 2500 年就发现了钻石。古罗马时代就开始通过在无氧环境下加热木材制造木炭。

碳的命名来自拉丁文 carbo，即煤炭和木炭。中文的"碳"字为形声字，以"石"部表示固体非金属，并以"炭"旁表示碳元素源自木炭或煤炭等物质。

9) 硫(sulfur)

硫在远古时代就被人们所知晓。大约在 4000 年前，埃及人已经会用硫燃烧所形成的二氧化硫来漂白布匹，古希腊和古罗马人也能熟练地使用二氧化硫来熏蒸消毒和漂白。公元前 9 世纪，古罗马著名诗人荷马在他的著作里讲述了硫燃烧时有消毒和漂白的作用。中国发明的火药是硝酸钾、碳和硫的混合物。1770 年拉瓦锡证明硫是一种元素。单质形态的硫出现在火山喷发形成的沉积物中。火山喷发过程中，地下硫化物与高温水蒸气作用生成 H_2S，H_2S 再与 SO_2 或 O_2 反应生成单质硫(图 2-11)。

$$2H_2S(g) + 3O_2(g) == 2SO_2(g) + 2H_2O(g) \qquad (2\text{-}1)$$

$$2H_2S(g) + SO_2(g) == 3S(s) + 2H_2O(g) \qquad (2\text{-}2)$$

图 2-11　火山喷发(左)和天然硫单质矿(右)

硫的命名起源于远古时代，中国《本草纲目》中称"石硫黄"，拉丁文称"sulfur"，在英国写作"sulphur"。欧洲中世纪炼金术士曾用"w"符号表示硫。

10) 汞(mercury)

汞在自然界中分布量极小，被认为是稀有金属，室温下为液态，但是人们很早就发现了水银。天然的硫化汞称为朱砂，由于具有鲜红的色泽，因而很早就被人们用作红色颜料。殷墟出土的甲骨文上涂有丹砂，可以证明中国在史前就使用了天然的硫化汞。根据西方化学史的资料，曾在埃及古墓中发现一小管水银，据历史考证是公元前 16 世纪～公元前 15 世纪的产物。中国古代汉族劳动人民早就制得了大量水银。据《史记》记载，秦始皇的陵墓中以汞为水，流动在他统治的土地的模型中(图2-12)[39]。秦始皇死于服用炼金术士配制的汞和玉石粉末的混合物，汞和玉石粉导致了肝衰竭、汞中毒和脑损害，而它们本来是为了让秦始皇获得永生的。

汞的命名来自拉丁文 hydrargyrum，传说来自印度的梵文 sulvere，原义是 hydro(水)+argyrum(银)，像水一样流动的银。中文"银"古已用之，因常温下是液态，不加"钅"，常以水银称之。

图 2-12 秦始皇皇陵(左)及地宫(右)想象图

2. 约定俗成

自然科学进步引起的几次化学大革命，物理学、地质学等学科迅速发展对化学的影响以及化学理论本身的发展，使化学元素的发现和合成的数目越来越多。对于新化学元素的命名，过去的习惯是首先发现某种元素的科学家有权对该元素提出命名，如果后期其发现过程被证实，IUPAC 即予承认，并列入原子量表内，予以通用。

在目前已命名的 118 种元素中，元素名称的由来多种多样，除了上述 10 种元素直接采用了古人对它们的称谓外，大多数元素的命名都有一定背景，有的来源于星体、国家、地名、人物、矿石、神话传说，有的因元素单质或其化合物的性质而得名，有的因其制备方法特殊而得名，有的因与其他元素的关系而得名，还有用形容词来命名的。元素命名和符号五花八门，犹如中国的"百家姓"。

3. 贝采里乌斯的改革

由于历史原因，化学元素的名称很乱：有希腊文、阿拉伯文、印度文、波斯文、拉丁文和斯拉夫文的字根，又有神、行星和其他星体名称，还有地方、国家和人的名字。这些命名大多数没有准则，而且缺乏深刻的意义。再加上中国自古以来元素名称：金、银、铜、铁、锡、铅、汞、硫、碳等，更显得杂乱。19 世纪初，随着越来越多的化学元素的发现和各国间科学文化交流的日益增进，化学家们开始意识到有必要统一化学元素的命名。瑞典化学家贝采里乌斯首先提出了废弃化学术语建立在任一民族语言上的原则。他采用欧洲通用的拉丁文构成化学术语，把相应的前缀、后缀和词尾用于一定类别的物质。这些名称就是当今通用的元素名称。因为科学名称都来源于新拉丁文，所以大部分元素名结尾是"-ium"。

4. IUPAC 元素系统命名法

1) 起因

IUPAC 元素系统命名法将未发现的化学元素和已发现但尚未正式命名的元素取一个临时的名称，并规定一个代用元素符号。此规则简单易懂且使用方便，使新元素的命名有了依据。然而，IUPAC 规定并无法律效力。1994 年 12 月，IUPAC 无机化学命名委员会正式发表了 101～109 号元素的命名[40]，解决了一些发现者在新发现元素命名上的分歧[41]，突破了该委员会原订立的"不应该以在世的人的名字给元素命名"的规定。西博格在听到以他的名字命名 106 号元素时说："这是我的非凡荣誉。"

2) 命名法的基本规则

原则上，只有 IUPAC 拥有对新元素命名的权利，而且当新元素获得了正式名称以后，它的临时名称和符号就不再继续使用了。例如第 109 号元素，它的临时元素名称为 unnilennium，元素符号为 Une，正式命名后，它的元素名称为䥑(meitnerium)，元素符号为 Mt[3]。IUPAC 元素系统命名法是一种序数命名法。这种命名法采用连接词根的方法为新元素命名，每个词根代表一个数字。这些词根来源于拉丁文和希腊文中数字的写法。具体方法参照表 2-1，假如新发现的是元素周期表中的第 217 号元素，其名称按规则应是 2-1-7(bi-un-sept)，再加上词尾-ium，所以第 217 号元素的名称是 biunseptium，元素符号是"2-1-7"三个词根的首字母缩写，即 Bus。

表 2-1　IUPAC 元素序数命名法

数字	词根	词根来源	符号缩写
0	nil	拉丁文	n
1	un	拉丁文	u
2	b(i)	拉丁文	b
3	tr(i)	两者皆可	t
4	quad	拉丁文	q
5	pent	希腊文	p
6	hex	希腊文	h
7	sept	拉丁文	s
8	oct	两者皆可	o
9	en(n)	希腊文	e

使用时要注意：

(1) 词尾-ium 代表"元素"，用 IUPAC 元素系统命名法命名的元素都无一例外地要加这个词根，以表示它是一种元素。

(2) 当尾数是 2(-bi)或 3(-tri)的时候，因词根尾部的字母"i"与-ium 最前方的"i"重复，故其中的"i"应省略不写。例如第 173 号元素，它的名称按规则应是 1-7-3(un-sept-tri)加-ium，即 un-sept-tri-ium，而实际上应省略为 un-sept-tri-um，即 unsepttrium，元素符号为 Ust。

(3) 当 9(-enn)后面接的是 0(-nil)时，应省略三个 n 中的一个，只写两个，即写作-ennil，而不应写作-ennnil。

对现有的 118 号元素，该命名法已不适用了，因为 101～109 号元素已有其中文和英文名称[42-46]。现实中最大的用途是为第 8 周期元素和其他比第 8 周期更重元素的命名。

3) IUPAC 机构简介

IUPAC 全称 International Union of Pure and Applied Chemistry (国际纯粹与应用化学联合会)，又译为国际理论(化学)与应用化学联合会。1911 年，在英国伦敦成立了国际化学会联盟(International Association of Chemistry Societies)，它实际上是欧洲几个已成立的联盟组织。1919 年，国际化学会联盟在法国巴黎改组为国际纯粹与应用化学联合会，简称 IUPAC。1930 年，国际纯粹与应用化学联合会缩简为国际化学联合会(International Union of Chemistry)，1951 年又恢复全称。法定永久地址和总部设在瑞士苏黎世，依照瑞士法律登记注册。IUPAC 为非政府、非营利、代表各国化学工作者组织的联合会，其宗旨是促进会员国化学家之间的持续合作；研究和推荐纯粹和应用化学的国际重要课题所需的规范、标准或法规汇编；与其他涉及化学本性课题研究的国际组织合作；对促进纯粹和应用化学全部有关方面的发展做出贡献。在实现上述宗旨过程中，尊重非政治歧视原则，维护各国化学工作者参加国际学术活动的权力，不得因种族、宗教或政治信仰而歧视。

中国为 IUPAC 会员国，2018～2020 年中国科学院院士周其凤任 IUPAC 主席一职。这是自 1919 年国际纯粹与应用化学联合会在法国成立以来，中国化学家首次在该组织担任主席一职。

2.2.2 化学元素的中文命名法

1. 发展简史

中国古代对部分元素有特别名称，如铁、金等早已被命名。19 世纪 50 年代开始，西方化学传入中国，中国开始对其他元素命名。清末时，中国有至少两套元素命名方法, 分别由同文馆(清代最早培养译员的洋务学堂和从事翻译出版的机构)和徐寿(1818—1884, 中国近代化学的启蒙者)提出。辛亥革命后, 中国开始着手统一和改革元素名称, 如 21 号元素由铜改为钪。这部分的详细史实可参考李海撰写的《化学元素的中文名词是怎样制定的》一文[47]。

1949 年后, 我国不同地区对元素的命名有些不同, 如 95 号元素, 中国内地和香港命名为镅, 台湾命名为鋂。

1955 年我国制定的《化学命名原则》包括了 102 个元素名称, 1980 年重新制定后包括 105 个元素名称。该命名原则由全国科学技术名词审定委员会依据惯例并尊重 IUPAC 命名法的基础上制定。例如, 1998 确定了 101～109 号元素的名称[42]。随后在 2004、2006、2011 和 2013 年分别确定了 110[48]、111[44]、112[45]、114 和 116[46]号元素的名称。2017 年 5 月 9 日, 中国科学院、国家语言文字工作委员会、全国科学技术名词审定委员会在北京联合举行新闻发布会, 正式向社会发布 113 号、115 号、117 号、118 号元素中文名称[49]。

了解中国近代化学的启蒙者徐寿对中国化学的贡献是必要的。徐寿一生先后在安庆、南京军械所主持蒸汽轮船的设计研制。清同治六年(1867 年)受曾国藩派遣, 携子徐建寅到上海, 襄办江南机器制造局, 从事蒸汽轮船研制。他积极倡议设立翻译馆, 并于同治七年正式成立翻译馆(图 2-13)。在与英国传教士伟烈亚力、傅兰雅等合作下, 翻译出版科技著作 13 部, 其中西方近代化学著作 6 部 63 卷, 有《化学鉴原》《化学鉴原续编》《化学鉴原补编》《化学考质》《化学求数》《物体通热改易论》等, 将西方近代化学知识系统介绍进中国。他所创造的钠、钙、镍、锌、锰、钴、镁等中文译名一直沿用至今[50]。

图 2-13　徐寿在江南制造局翻译处

2. 中文命名法

在元素中文命名法中, 每个化学元素用一个汉字命名, 并用该字部首表示此元素常温(25℃或 77°F 或 298 K)时的物态:

固态的金属元素使用金字旁, 如铜、铑;

固态的非金属元素使用石字旁, 如硅、碳;

气态的非金属元素使用气字头, 如氧、氟;

液态元素使用水字旁(在左偏旁时作三点水), 如汞、溴。

1) 传统字

金、银、铜、铁、铂、锡、硫、碳(炭)、硼、汞、铅是我国古代早已发现并应用的元素，这些元素的名称屡见于古籍之中，在命名时就不再造字，而直接使用固有汉字。这些字在当初是以拉丁文意而来：

金——拉丁文意是"灿烂"；

银——拉丁文意是"明亮"；

锡——拉丁文意是"坚硬"；

硫——拉丁文意是"鲜黄色"；

硼——拉丁文意是"焊剂"等。

还有一些是借用古字，例如：

镍——拉丁文意是"最初的钢"，而"镍"在古汉语中指未经炼制的铜铁；

铍——拉丁文意是"甜"，而"铍"在古汉语中指两刃小刀或长矛；

铬——拉丁文意是"颜色"，而"铬"在古汉语中指兵器或剃发；

钴——拉丁文意是"妖魔"，而"钴"在古汉语中指熨斗；

镉——拉丁文意是一种含镉矿物的名称，而"镉"在古汉语中指一种圆口三足的炊器；

铋——拉丁文意是"白色物质"，而"铋"在古汉语中指矛柄。

2) 新字

元素的名称是 19、20 世纪创造的，由部首和表示读音的部分组成，即沿袭固有汉字的造字方法采用"左形右声"的左右结构的合体形声字。在这些大量新造汉字中，大致又可分为谐声造字和会意造字两类。

(1) 谐声造字。

镁——拉丁文意是"美格里西亚"，为希腊城市名；

钪——拉丁文意是"斯堪的纳维亚"；

锶——拉丁文意为"思特朗提安"，为苏格兰地名；

镓——拉丁文意是"高卢"，为法国古称；

铪——拉丁文意是"哈夫尼亚"，为哥本哈根古称；

铼——拉丁文意是"莱茵"，欧洲著名的河流；

镅——拉丁文意是"美洲"；

钫——拉丁文意是"法兰西"；

钐——拉丁文意是"杉马尔斯基"，俄国矿物学家；

锿——拉丁文意是"爱因斯坦"；

镄——拉丁文意是"费米"，美国物理学家；

钔——拉丁文意是"门捷列夫"；

锘——拉丁文意是"诺贝尔"；

锇——拉丁文意是"劳伦斯"，回旋加速器的发明人；

锔——拉丁文意是"居里夫妇"；

钒——拉丁文意是"凡娜迪丝"，希腊神话中的女神；

铍——拉丁文意是"普罗米修斯"，希腊神话中偷火种的英雄；

钍——拉丁文意是"索尔"，北欧神话中的雷神；

钽——拉丁文意是"坦塔罗斯"，希腊神话中的英雄；

铌——拉丁文意是"尼俄伯"，即坦塔罗斯的女儿；

钯——拉丁文意是"巴拉斯"，希腊神话中的智慧女神。

有趣的是钽、铌两种元素性质相似，在自然界是往往共生在一起，而铌元素也正是从含钽的矿石中被分离发现的。从这个角度来看，分别用父、女的名字来命名它们，的确是很合适的。

(2) 会意造字。

音译：读音部分儿乎来自欧洲和北美洲现代或中占时期的化学家名或地名的第一个音节。例如：

Er(erbium)=金+耳→铒

Nd(neodymium)=金+女→钕

Eu(europium)=金+有→铕

K(kalium)=金+甲→钾

Na(natrium)=金+内→钠

Sb(stibium)=金+弟→锑(用第一音节的一部分)

I(iodine)=石+典→碘(用最后音节)

Ar(argon)=气+亚→氩(用第一音节的一部分)

Nh(nnhonium)= 金+尔→鿭

Mc(moscovium) = 金+莫→镆(用最后音节)

Ts (tennessine)=石+田→鿬(用最后音节)

Og (oganesson)=气+奥→鿬(用第一音节的一部分)

意译：少数元素中文名字是描述特色。例如：

溴：味道臭

氯：颜色绿

氢：重量轻

氮："淡"取冲淡空气之意

氧："养"取支持生命之意

2.2.3　化学元素符号的产生和演变

比起化学元素名称的形形色色，从前的元素符号更是显得奇形怪状甚至滑稽可笑，但如果没有这些符号，现代化学的发展简直难以想象。元素符号是随着化学科学的发展，经历了 2000 多年漫长岁月的演化，才成为今天的这种形式。它的发展与元素概念一样，反映了化学的逐步发展过程，反映了人类对物质世界的认识由感性到理性、由低级到高级的辩证发展过程[51-52]。因此，有必要了解化学元素符号的产生、发展及规范使用。

1. 化学的起源与化学符号的产生

1) 化学符号的起源

化学符号的起源可追溯到古埃及。古埃及是化学最早的发源地之一，现代西方语言中"化学"一词就来源于古埃及的国名"chēmia"。古埃及人会冶金，而且擅长加工金属。随着埃及人制造玻璃、釉陶和其他材料的工艺日益完善，还发展了天然染料的提取技术。这是化学符号产生的第一个基础。最初这些技术依靠父子或师徒之间口传心授，没有留下文字记载。随着文字的产生和技术发展的需要，一些化学配方和工艺被记录下来。这便是化学符号产生的第二个基础。为了保密以免技术落入外人之手，一些关键性的物质、设备和工艺不能用通用的文字表达，而需借助于特定的符号，其中表示物质的符号就是最早的化学符号。因年代久远，记录材料落后，古埃及时所用的化学符号是什么样子，现在很难知道了。

2) 占星术符号与化学符号

现存最早的化学书籍是在埃及亚历山大发现的古希腊文著作，其中有许多希腊文字典中查不出的技术符号与术语。图 2-14 给出古希腊文手稿中金属及其他一些物质的符号，其中一些仅仅是该物质的古希腊文缩写，如醋、汁液等。古希腊文明是在古埃及和巴比伦文明的基础上发展起来的。巴比伦的化学工艺虽不及埃及发达，但天文学非常发达，在其丰富的天文学知识基础上，建立了占星术。各种古代知识在希腊的汇合产生了丰富多彩的自然哲学，也产生了最早的化学著作。在这些著作中，来自巴比伦的占星术研究与来自埃及的占星和天文化学研究相联系，即把已知和使用的金属与日、月和五大行星联系起来，用行星的符号表示金属，即产生了金属的化学符号(图 2-15)。化学符号的产生使得记录化学配方与工艺有了简捷的方法，许多资料得以保存和传播，从而促进了化学的发展。

2. 炼金术的发展与化学符号的演变

炼金术最早的发源地是中国，在公元前 2 世纪就产生了炼丹术，以炼制长生不老丹为目的；西方炼金术的主要目的则是将贱金属转变为贵金属。炼金家在炼金实践中制出了一整套技术名词，使得不仅有了记录所用物品的简捷方法，还能

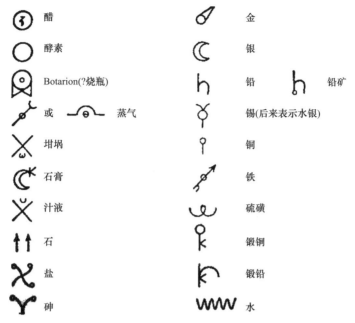

图 2-14　古希腊文手稿上的化学符号

图 2-15　占星术符号演变的化学符号

对公众保密，最终形成了一套庞杂的符号体系。炼金家所用的符号会因人因时因地而有一定差异。后来随着神秘主义倾向的增长，加上大量哲学臆测，炼金术符号逐渐变得混乱。

由于当时人们所知道的物质不多，且从事炼金术的只是少部分人，这种符号的不方便和难以传播等缺点还不太突出，因此在早期被化学家们使用。

3. 近代科学阶段的化学符号

1) 化学亲和力表

自波义耳提出科学的元素概念后，17、18 世纪的化学家们冲破了炼金术的羁绊，在化学理论和实践方面都取得了长足的进展，陆续发现了许多新元素。虽然化学物质增加了许多，但所用的符号仍是炼金术符号(图 2-16)。开创化学革命的拉瓦锡在确立了以燃烧的氧学说为中心的近代化学体系后，也仍沿用与实际成分毫不相干的炼金术符号，人们只有靠死记硬背才能掌握住物质名称，而新发现的物质在不断增多，落后的术语与符号体系已日益成为化学发展的阻碍因素。

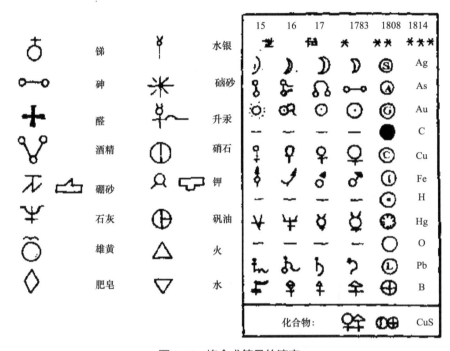

图 2-16　炼金术符号的演变

莫尔沃　　　　贝格曼

在这种状况下，拉瓦锡与他的同行莫尔沃(De Morveau，1737—1816)等于1787年发表了《化学命名法》，规定每种物质需有一个固定名称，单质名称应反映其特征，化合物名称应反映其组成，从而为单质和化合物的科学命名奠定了基础。1783年，贝格曼(T. O. Bergman，1735—1784)首先提出用符号表示化学式，如硫化铜用硫和铜的符号联用表示。

2) 道尔顿的化学元素符号

1803年，道尔顿提出化学原子论的同时，还设计了一整套符号表示他的理论，用圆圈加线、点和字母表示不同元素的原子，用不同的原子组合表示化学式(图 2-17)，从此化学符号的演变就一直与原子论的发展紧密相连。由于这套简单的图案与设想的球形原子形状相似，并可用图形表示化合物中原子的排列，因此很容易被人们接受，从此炼金术符号终于退出了化学舞台，如今只有在化学史教科书中才能见到了。但是，道尔顿的符号仍没脱去图形符号的窠臼，表示稍复杂的化学式仍不方便，如明矾用大小 25 个圆圈表示(图 2-18)，用作实验记录费时，所占篇幅也太大，不易记忆，比起旧的炼金术符号没有太多本质性的改变，并非是化学家的理想符号。科学的化学符号必将会随着化学学科的发展应运而生。

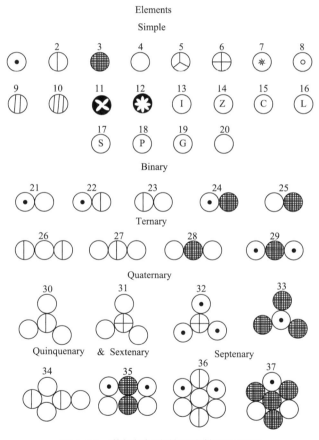

图 2-17 道尔顿提出的元素符号和原子

3) 贝采里乌斯的化学元素符号

贝采里乌斯对原子论发展有两项重大贡献：① 要在化学的各个领域巩固原子论，就要把已知所有元素的原子量测出。贝采里乌斯就把这项工作作为自己的科学目标，在短短几年内测定了所有已知元素的原子量与几乎所有已知化合物的组

图 2-18　钾碱明矾的化学式

成，从而为原子论的确立奠定了稳固的基础。② 提出字母式化学符号，这是化学符号演变过程中一次革命性变化，从此解除了图形式符号对人们的困扰。1813年，他仿照汤姆孙在矿物的式中用 A、S 等表示矾土、硅石等，建议用元素的拉丁文首字母代替道尔顿的圆圈，第一个字母相同时就增加第二个字母，用小写体组成化学符号；第二个字母相同时，则可连接元素名称的第三个字母，用小写体组成化学符号。最初他建议在与氧或硫化合的元素符号上加撇来代替氧元素或硫元素，以省略 O 或 S；若是氧与硫化合，则在 O

上加撇，省略 S，如 SO_3 写成 O_3'。这种表示实际上是图形符号的残余，因此没有流行多久。后来，他又建议在元素符号上画横线表示双原子，这些画线的符号流行时间稍长，后虽经多次修改，终被弃置不用。再之后又几经修改，成为在国际上沿用至今的化学符号。不同的是，贝采里乌斯的化学式中每种原子的数目注在该元素的右上角，如将二氧化碳写成 CO^2（表 2-2）。贝采里乌斯曾说："过去化学也经常采用各种符号，但到目前为止，它带来的好处有限……化学符号应该用字母表示，以便书写容易，并且消除书刊印刷中的困难。"

贝采里乌斯的符号具有简单、系统、逻辑性强等优点。由于使用通用的拉丁字母作符号，每个符号最多两个字母，非常容易认记；统一使用字母，整套符号系统一致；符号是由其名称而来，具有一定的逻辑性；能表示确定的原子量，具有方便性，因此很快被译成多种语言。翻开当今世界上任何一本化学书，无论是什么语种，书中所用的化学符号都是相同的。贝采里乌斯的化学符号极大地推动了现代化学的发展。

表 2-2　贝采里乌斯的几个原子量表和元素符号

元素	1814 年		1818 年	1826 年		
	氧化物	原子量*	原子量*	氧化物	原子量(O=100)	原子量*
O		16.00	16.00		100.000	16.00
H	2H+O	1.062	0.996	H^2O	6.2398	0.998
C	C+O C+2O	12.02	12.05	CO CO^2	76.437	12.25
N	N+O N+2O N+3O	12.73	12.36	N^2O NO 等	88.518	14.16
S	S+2O S+3O	32.16	32.19	SO^2 SO^3	201.165	32.19

续表

元素	1814 年		1818 年	1826 年		
	氧化物	原子量*	原子量*	氧化物	原子量(O=100)	原子量*
Ca	Ca+2O	81.63	81.93	CaO	256.019	40.96
Fe	Fe+2O Fe+3O	110.98	108.55	FeO Fe²O³	339.213	54.27
K	K+2O	156.48	156.77	KO	489.916	78.39
Na	Na+2O	92.69	93.09	NaO	290.897	46.54
Ag	Ag+2O	430.11	432.51	AgO	1351.607	216.26
Al	Al+3O	54.72	54.72	Al²O³	171.167	27.39
Sb	Sb+3O	258.07	258.06	Sb²O³ Sb²O⁵	806.452	129.03
As	As+3O As+6O	134.38	150.52	As²O³ As²O⁵	470.042	75.21
Ba	Ba+2O	273.46	274.22	BaO	856.88	137.10
Be		(BeO³)	106.01	Be²O³	331.479	53.04
Bi	Bi+2O	283.84	283.80	Bi₂O³	1330.376	212.86
B	B+2O	11.72	11.15	B²O⁶	135.983	21.75
Cd		(CdO²)	222.97	CdO	696.767	111.48
Ce	Ce+2O Ce+3O	183.81	183.91	CeO Ce⁷O³	574.718	91.95
Cl	Cl+2O Cl+3O	22.33	22.83	Cl²O⁵	221.325	35.41
Cr	Cr+2O Cr+3O	113.35	112.58	Cr²O³ CrO³	351.819	56.29
Co	Co+2O	117.22	118.08	CoO Co²O³	368.991	59.04
Cu	Cu+O Cu+2O	129.04	126.62	Cu²O CuO	395.695	63.31
F		9.60	12.00		116.90	18.70
Au	Au+O Au+3O	397.41	397.76	Au²O³	1243.013	198.88
I		(IO³)	202.67	I²O⁵	768.781	123.00
Pb	Pb+2O Pb+3O	415.58	414.24	PbO Pb²O³ PbO²	1294.498	207.12
Li		(LiO²)	40.90	LiO	127.757	20.44

续表

元素	1814 年 氧化物	1814 年 原子量*	1818 年 原子量*	1826 年 氧化物	1826 年 原子量(O=100)	原子量*
Mg	Mg+2O	50.47	50.68	MgO	158.353	25.34
Mn	Mn+O Mn+2O Mn+3O	113.85	113.85	MnO Mn²O³ MnO²	355.787	56.93
Hg	Hg+O Hg+2O	405.06	405.06	Hg²O HgO	1265.822	202.53
Mo	Mo+O	96.25	95.49	MoO³	598.525	95.76
Ni	Ni+2O	117.41	118.32	NiO	369.675	59.15
Pa	Pa+2O	225.21	225.20	PaO	714.618	114.34
P	2P+3O 2P+5O	26.8	62.77	P²O³ P²O⁵	196.155	31.38
Pt	Pt+O	193.07	194.44	PtO²	1215.22	194.44
Rh	Rh+3O	238.45	240.02	Rh²O³	750.68	120.11
Se			79.35	SeO²	494.582	79.13
Si	Si+2O	34.66	47.43	SiO³	277.478	44.40
Sr	Sr+2O	226.9	175.14	SrO	547.255	87.56
Ta	(TaO²)		291.7	TaO³	1153.715	184.59
Te	Te+2O	129.04	129.03	TeO²	806.452	129.03
Sn	Sn+2O Sn+4O	235.29	235.29	SnO SnO²	735.294	117.65
Ti	Ti+O Ti+2O	288.16		TiO²	389.092	62.25
W	W+4O W+6O	387.88	193.23	WO³	1183.20	189.31
U		UO²,UO³	503.50	UO U²O³	2711.36	433.82
Y	Y+2O	141.07	160.82	YO	401.84	64.29
Zn	Zn+2O	129.03	129.03	ZnO	403.226	64.52
Zr				Zr²O³	420.238	67.24

* 贝采里乌斯原子量皆以 O=100 为基准。为了便于比较，此处以 O=16 为基准进行了换算。

4. 现代科学阶段的化学符号

为了统一化学元素符号以便于交流，世界各国化学工作者曾于 1860 年 9 月 3

日～6 日在德国工业城市卡尔斯鲁厄(Karlsruhe)的博物馆大厅召开了一次国际化学科学会议，共同磋商和制定了国际上统一的化学元素符号。这是历史上第一次国际化学科学会议，也是世界上第一次国际科学会议，在化学史上有着重要地位。

在这次会议上，来自欧洲大陆 15 个国家的 140 余位化学家就原子与分子的概念、化学命名法、化学反应当量、化学符号等化学科学的基础性问题达成一致意见。卡尔斯鲁厄会议之后，世界性的化学科学共同体开始形成，会议的一些共识沿用至今，而另一些共识则随着化学科学的发展而逐渐淘汰。实际上，卡尔斯鲁厄会议对于化学元素符号的命名办法比 47 年前贝采里乌斯所提的建议进一步制度化、具体化和完善化，这就是人们今天使用的化学元素符号。至于新合成和发现的化学元素符号的写法，可参考本书第 1 章的相关内容和文献，这里不再赘述。

思考题

在卡尔斯鲁厄会议上，为什么康尼查罗写的《化学哲学教程提要》轻易地破解了当时的迷局？后人为什么又因此说"他的方法充分体现了历史与逻辑的统一。他的成就也提醒科学家绝对不能忽视学科的历史，而未来是历史的延续"？

参 考 文 献

[1] Hubble E. Science, 1942, 95(2461): 212.

[2] 何法信, 刘凤尧. 大学化学, 1991, 6(2): 59.

[3] 凯德洛夫 Б М . 化学元素概念的演变. 北京: 科学出版社, 1985.

[4] 赵匡华. 化学通史. 北京: 高等教育出版社, 1990.

[5] 柏拉图. 柏拉图全集(第三卷). 北京: 人民出版社, 2003.

[6] 柏拉图. 斐多:柏拉图对话录之一. 沈阳: 辽宁人民出版社, 2000.

[7] 柏拉图. 蒂迈欧篇. 上海: 上海人民出版社, 2003.

[8] Bensaude-Vincent B, Stengers I. A History of Chemistry. Cambridge: Harvard University Press, 1996.

[9] 张殷全. 化学通报, 2006, 69(11): 869.

[10] 莱斯特·亨利 M. 化学的历史背景. 吴忠, 译. 北京: 商务印书馆, 1982.

[11] 廖正衡. 自然辩证法研究, 2001, 17(3): 39.

[12] 赵匡华, 周嘉华. 中国科学技术史·化学卷. 北京: 科学出版社, 1998.

[13] 狄博斯·艾伦 G. 文艺复兴时期的人与自然. 周雁翎, 译. 上海: 复旦大学出版社, 2000.

[14] 韦斯特福尔·理查德 S. 近代科学的建构: 机械论与力学. 彭万华, 译. 上海: 复旦大学出版社, 2000.

[15] 波义耳·罗伯特. 怀疑的化学家. 袁江洋, 译. 武汉: 武汉出版社, 1993.

[16] 《化学思想史》编写组. 化学思想史. 长沙: 湖南教育出版社, 1986.

[17] 《化学发展简史》编写组. 化学发展简史. 北京: 科学出版社, 1980.

[18] 高之栋. 自然科学史讲话. 西安: 陕西科学技术出版社, 1986.

[19] 张家治. 化学史教程. 太原: 山西人民出版社, 1987.

[20] 曾敬民. 自然科学史研究, 1989, 8(3): 240.

[21] 北京大学哲学系外国哲学史教研室. 十八世纪法国哲学. 北京: 商务印书馆, 1963.

[22] 汤浅光朝. 解说科学文化史年表. 北京: 科学普及出版社, 1984.

[23] Dalton J. A New System of Chemical Philosophy. Cambridge: Cambridge University Press, 2010.

[24] 杨频. 化学通报, 1974, (2): 41.

[25] 郭正谊. 打开原子的大门. 长沙: 湖南教育出版社, 1999.

[26] Choppin G, Liljenzin J O, Rydberg J. Radiochemistry and Nuclear Chemistry. Oxford: Butterworth-Heinemann, 2002.

[27] Cameron A T. Radiochemistry. London: JM Dent & Sons, 1910.

[28] Thomson J J. London, Edinburgh Dublin Philos Mag J Sci, 1912, 24(140): 209.

[29] Thomson J J. London, Edinburgh Dublin Philos Mag J Sci, 1910, 20(118): 752.

[30] Greenwood N N, Earnshaw A. Chemistry of the Elements. NewYork: Butterworth-Heinemann, 1997.

[31] Reeves N. Akhenaten: Egypt's False Prophet. London: Thames & Hudson London, 2001.

[32] McDonald I, Sloan G C, Zijlstra A A, et al. Astrophys J Lett, 2010, 717(2): L92.

[33] 理查德·诺顿, 劳伦斯·基特伍德. 陨石——户外搜寻与鉴定. 陈宏毅, 李世杰, 译. 合肥: 中国科学技术大学出版社, 2019.

[34] 徐伟彪. 天外来客——陨石. 北京: 科学出版社, 2015.

[35] 林静. 外太空送给人类的宝石: 陨石. 北京: 中国社会科学出版社, 2012.

[36] Chen M, Xiao W, Xie X, et al. Chin Sci Bull, 2010, 55(17): 1777.

[37] Chen M. Chin Sci Bull, 2008, 53(3): 392.

[38] Shortland A J. Archaeometry, 2006, 48(4): 657.

[39] 张占民. 文博, 1999, (2): 3.

[40] 蒋伟. 国外科技动态, 1996, (1): 39.

[41] 邓玉良. 化学世界, 2005, 46(8): 510.

[42] 全国科学技术名词审定委员会. 中国科技术语, 1998, (1): 17.

[43] Corish J, Rosenblatt G. Pure Appl Chem, 2003, 75(10): 1613.

[44] 全国科学技术名词审定委员会. 中国科技术语, 2006, (8): 18.

[45] 全国科学技术名词审定委员会. 中国科技术语, 2011, (5): 62.

[46] Smolin L. Found Phys, 2013, 43(1): 21.

[47] 李海. 化学教学, 1989, (3): 36.

[48] 全国科学技术名词审定委员会. 中国科技术语, 2004, 6: 10.

[49] 全国科学技术名词审定委员会. 中国科技术语, 2017, (5): 62.

[50] 杨根, 徐寿和. 中国近代化学史. 北京: 科技文献出版社, 1986.

[51] 叶蕊, 王远渠. 化学工程师, 1990, (5): 53.

[52] 冯光瑛, 胡建立. 教科书中的化学家. 北京: 中国铁道出版社, 1999.

第3章

化学元素性质的规律性

3.1 化学元素性质为什么显示出规律性

3.1.1 原子核外电子周期性重复类似排列

已知中性原子轨道的电子构型显示出重复模式或周期性。电子占据了一系列的电子壳层(以 K、L、M 等表示)。每个壳层由一个或多个亚层(命名为 s、p、d、f 和 g)组成,随着原子序数的增加,电子按照一定的排布规则,逐渐地将这些层和亚层填满。例如,氖的电子排布是 $1s^22s^22p^6$。在原子序数为 10 的情况下,氖原子在 K 层有两个电子,在 L 层有八个电子(在 s 亚层有两个电子,在 p 亚层有六个电子)。在元素周期表中,电子第一次占据一个新壳对应于每一个新周期的开始,这些位置被氢和碱金属所占据。也就是说,电子在原子核外周期性地重复着类似的排列是元素性质显示出规律性的根本原因。元素周期表就强调电子结构趋势、模式和不寻常的化学关系与属性。当 104~118 号超重元素被成功合成[1-2],并得到了 IUPAC 的承认和命名后[2-6],有七个周期的元素周期表已经完整。元素周期表表现出的这种电子结构的周期性就更有说服力了。

3.1.2 元素性质的规律性表现

1. 元素周期表的格局

要知道元素性质的规律性表现,就必须先了解周期表的格局,即元素周期表的基本结构,包括周期(period)、族(group)和区(block)。

1) 周期

元素周期表中的横行称为周期。目前,最新的周期表已达 7 个周期,最后的两个横行为镧系与锕系元素。

　　同一周期元素的原子半径、电离能、电子亲和能和电负性呈现周期性变化趋势。同一周期从左向右，原子半径通常减小。这是因为同周期元素从左至右核内质子数连续增加，有效核电荷增加，对核外电子的引力越强，使得电子更靠近原子核[7]。原子半径的减小使电离能从左向右增加。电负性和电子亲和能从左向右增加，因为原子核对电子的引力增大。金属通常比非金属具有较低的电子亲和能，而稀有气体除外[8]。

　　2) 族

　　族是元素周期表中的竖列。族通常比周期和区具有更重要的周期趋势。原子结构的现代量子力学理论解释了群体趋势，理论家提出同一族内的元素通常在其价层中具有相同的电子构型。因此，同一族的元素倾向于具有相似的化学性质，并且在具有递增原子序数的属性中表现出明显的趋势[9-10]。然而，在元素周期表的某些部分，如 d 区和 f 区，水平相似性可能与纵向相似性同等重要，甚至更显著[11-14]。IUPAC 在 1987 年经多次会议确认了用 1~18 阿拉伯数字表示的族标法，即从最左边的族(碱金属)到最右边的族(稀有气体)按从 1 到 18 编号[15]。1989 年 IUPAC 无机化学命名委员会指出从 1989 年开始正式建议采用新体系[10]。

　　同一族中元素的原子半径、电离能和电负性呈现周期性变化趋势。从上到下，元素的原子半径增加。因为每增加一个能级，最外层电子就出现在离原子核更远的地方。这使得主族元素从上往下，元素的电离能降低，因为原子核对电子的束缚减弱，从而更容易失去电子。同样，由于原子核对电子的吸引力减小，电负性逐渐减小。这些趋势也有例外，如第 11 族 Cu、Ag、Au 的电负性是依次增加的。

　　3) 区

　　元素周期表的特定区域称为区，区可用以识别元素的电子层被填充的序列。根据"最后的"电子在理论上排布的亚层命名区。s 区包括 1~2 族(或 ⅠA、ⅡA，也称为碱金属、碱土金属)以及氢和氦；p 区包括最后 6 个族，在 IUPAC 组编号中为 13~18 族(或 ⅢA~ⅧA)，其中包括所有的非金属；d 区包括 3~12 族(或 ⅢB~ⅡB)，并包含所有过渡金属；f 区通常在元素周期表的下方，没有族号，包括镧系元素和锕系元素(图 3-1)[14, 16]。

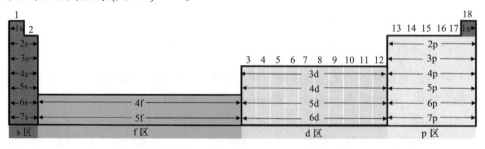

图 3-1　原子的电子结构分区图

在标准元素周期表中，元素的排列顺序按原子序数增加的顺序[17]。当一个新的电子壳有它的第一个电子时，一个新的行(周期)就开始了。列(族)由原子的电子构型决定，在一个特定的子壳中有相同数目电子的元素位于相同的列。例如，氧和硒在同一列中，因为它们最外层的 p 亚层中都有 4 个电子。具有相似化学性质的元素通常在元素周期表中属于同一族，但在 f 区和 d 区可能有不同，同一周期的元素也趋向于具有相似的性质。因此，如果已知某元素周围元素的性质，就比较容易预测该元素的化学性质。例如，第 7 周期的一些人工合成元素的性质就是这样预测的，因为它们的量少到无法进行常规的化学性质研究。

2. 元素性质在周期表中的表现

了解了元素周期表的格局，还要了解元素性质在周期表中的表现。

1) 元素分类

在中学已经了解到，根据元素的物理和化学性质，它们大致可以分为金属、准金属和非金属。金属一般是闪亮的、高度导电的固体，相互之间可形成合金，可与非金属(除稀有气体)形成类似盐的离子化合物。非金属在通常条件下为气体或没有金属特性的脆性固体或液体。大部分非金属原子具有较多的价层 s、p 电子，可以形成双原子分子气体，或骨架状、链状、层状的大分子晶体。准金属(metalloid)又称半金属、类金属、亚金属或似金属，性质介于金属和非金属之间[18]。准金属一般性脆，呈金属光泽。准金属通常包括硼、硅、砷、锑、碲、钋。通常被认为是金属的锗和锑也可归入准金属。准金属元素在元素周期表中处于金属向非金属过渡位置(图 3-2)。沿元素周期表ⅢA 族的硼和铝之间到ⅥA族的碲和钋之间画一锯齿形斜线，可以看出：贴近这条斜线的元素除铝外都是准金属元素。

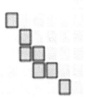

图 3-2　准金属在周期表中的位置

准金属大多是半导体，具有导电性，电阻率介于金属(10 Ω·cm 以下)和非金属(10 Ω·cm 以上)之间。其导电性对温度的依从关系大多与金属相反；如果加热准金属，其电导率随温度上升而上升(图 3-3)。准金属大多具有多种不同物理、化

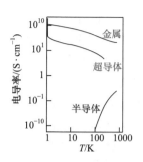

图3-3 物质的电导率-温度关系

学性质的同素异形体，碲、砷、硅、硼、硒的无定形同素异形体的非金属性质更为突出。

2) 元素分类的子类别

在元素周期表中，从左到右，金属可以进一步细分为：高反应活性的碱金属(如锂、钠)，反应活性相对低的碱土金属(如镁、钙)，镧系和锕系，再经过典型的过渡金属(如钒、钛)，最后以物理性质和化学性质较弱的后过渡金属(如铜、镍)结束。非金属被简单地分为多原子非金属，如S_8、P_4；双原子非金属，如O_2、N_2；单原子非金属，如稀有气体。另外还有一些特殊的分组，如难熔金属、稀散金属、稀有金属、钱币金属和贵金属等，它们是过渡金属的子集。

其实，将元素归于具有共享属性的类别和子类别中是不完美的。以铍为例，尽管它易形成共价化合物的特性和两性特征明显，但仍把它归类为碱土金属。

3. 元素性质的规律性

元素性质的规律性是指元素性质在周期表中显示出的类似性、变化性。一些常用的元素性质、数据对元素的原子序数作图常呈现明显的单向性、周期性规律(通常是从上到下、从左到右)。这些规律性对教学是非常有用的，也让人们更加深刻地认识周期律和利用周期表。

3.2 随原子序数变化呈现周期性变化的参数

元素具有周期性的性质很多，如单质的晶体结构、原子半径、离子半径、原子体积、密度、沸点、汽化热、熔点、熔化热、电负性、电子亲和能、氧化数、标准氧化势、膨胀系数、压缩率、硬度、延展性、离子水合热、发射光谱、磁性、导热性、电阻、离子淌度、折射率、同型化合物的生成热等。

常把这些性质称为原子参数(atomic parameter)，即用以表达原子特征的参数。原子参数影响甚至决定着元素的性质，无机化学中经常用这类数据解释或预言单质和化合物的性质。原子参数可以分为两类：一类是和自由原子的性质相关的参数，如原子的电离能、电子亲和能等，其与别的原子无关，数值单一，准确度高；另一类是化合物中表征原子性质的参数，如原子半径、电负性等，其与该原子所处的环境有关。

3.2.1　原子半径和离子半径在周期表中显示的周期性

1. 原子半径

1) 原子体积

如果原子是一个实心球，球半径就是原子的半径吗？德国化学家迈耶尔(J. L. Meyer，1830—1895)与门捷列夫几乎同时独立发现元素性质是原子量的函数[19]。他在论文中首次画出了一条原子体积随原子量递增而呈现周期性变化的曲线图(图 3-4)。迈耶尔的基本思路是：从固态单质的密度入手，换算成 1 mol 原子的体积，除以阿伏伽德罗常量即得到 1 个原子在固态单质中的平均占有体积。在常温下是气体的元素，采用沸点时液体的密度。原子体积取决于原子半径和固相结构两方面，其中固相结构的影响更大。当然，这基于一个现在看来并不科学的假设：原子是实心球，且在固态中紧密堆积，不留空隙。如图 3-4 所示，元素的原子体积随原子序数递增呈现多峰形的周期性曲线。碱金属尤其是 Rb 和 Cs 具有相当大的原子体积，其次是第 18 列的重元素 Kr、Xe。原子体积最小的元素并不是第 6、7 周期中具有最大密度的元素，而是 Be、B、C 等元素。其次小的是元素周期表中处于 d 区的过渡元素，除了第 13、14 列的元素之外，其余几乎都在 10 mL · mol^{-1}以下。根据其电子结构特征，d 区过渡元素的原子体积的大小为 3d<4d≈5d(d 电子亚层具有的 d 电子数)。在 4f 区过渡元素中，Eu 和 Yb 的原子体积特别大，是由于 f 电子壳层在半充满和全充满，即电子构型为 4f^7、4f^{14}时较稳定，这也是可以把 Eu、Yb 看作 2 价金属的原因。

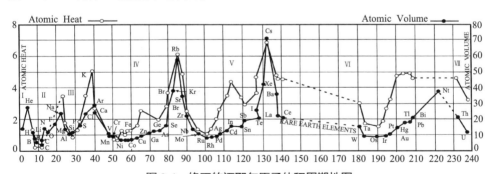

图 3-4　修正的迈耶尔原子体积周期性图

2) 自由原子半径

严格地说，原子半径和离子半径是无法确定的。原子半径是原子中电子云的分布范围或最外层原子轨道离核平均距离的量度。电子云分布范围较广且呈扩散状，仅表示电子在核外出现的概率密度不同，并没有一个断然的边界。1965 年瓦伯(J. T. Waber)和克罗默(D. T. Cromer)提出[20]：自由原子的半径是由核到占据最高能量的原子轨道中最大径向电子云密度的距离。在键类型基本相同的条件下，实验测定的半径具有可比性。在基态氢原子中最大径向密度的半径可由式(3-1)求出：

$$a_0 = \frac{\varepsilon_0 h^2}{\pi m_e m^2}$$

$$= \frac{8.854 \times 10^{-12} \, \text{kg}^{-1} \cdot \text{m}^{-3} \cdot \text{s}^4 \cdot \text{A}^2 \times (6.625 \times 10^{-34})^2 \text{s}^2}{\pi \times 9.109 \times 10^{-31} \, \text{kg} \times (1.602 \times 10^{-19})^2 \, \text{C}^2} \tag{3-1}$$

这个距离即玻尔半径，氢原子核外电子基态轨道的半径就是玻尔半径，为 52.9177 pm。对于氢以外的原子，原子内电子层的径向电荷密度为$(n^*)^2 / Z^*$乘以玻尔半径，所以铁的 4s 层的半径应为

$$\frac{(3.7)^2}{3.75} \times 53 \, \text{pm} = 195 \, \text{pm} \tag{3-2}$$

实验测得的半径有三种(图 3-5)：共价半径(covalent radius)，定义为以共价单键结合的两个相同原子的核间距的一半；金属半径(metallic radius)，定义为金属晶体中两个相接触的金属原子的核间距的一半；范德华半径(van der Waals radius)，也称接触半径(contact radius)，定义为分子晶体中两相邻非键合原子核间距的一半($d_2/2$)，如氯气分子可以看成是融合在一起的一对球形原子。

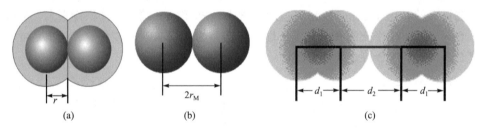

图 3-5　共价半径(a)、金属半径(b)和范德华半径(c)比较示意

从氢原子半径表 3-1 可看出三种原子半径的区别。对于同一元素一般有 $r_{范}$> $r_{金}$>$r_{共}$。

表 3-1　氢原子半径(pm)

自由原子半径	共价半径	范德华半径
53	37(H$_2$)	110~130
	30(平均)	

在大多数情况下，不同分子或晶体以相同键型相连接的两个原子的平衡距离近似相等，如甲醇、乙醇、甲醚等化合物中 C—O 单键键长都是 143 pm，这种性质称为键长的相对稳定性。此外，同种键型的键长还具有加和性[21]，由此可推出

不同元素形成共价化合物的键长。同种原子在不同结合状态下测得的数据也不尽相同，两原子间的键级越高，其共价半径越短。一般双键约为单键的 85%～90%，叁键约为单键的 75%～80%。

显然，原子半径与核外电子层数、有效核电荷、核外电子间的斥力、内层电子的屏蔽作用、化学键型及测定方法有关。

范德华　　　　　　　1962 年玻尔在中国讲学　　　　　　迈耶尔

3) 原子半径随原子序数的变化

(1) 在元素周期表上，原子半径的变化是可以预测和解释的。

如图 3-6 所示，原子半径表现出自左向右减小的总趋势，但主族元素、过渡元素和内过渡元素减小的快慢不同。主族元素减小最快，过渡元素原子半径变化表现得不规则，但总体上是减小的，而且减小得较慢(如第一过渡系元素)，内过渡元素原子半径减小最慢[如从 La(183 pm)到 Lu(172 pm)]。同周期元素自左向右，不增加新的电子层，而核中的质子数逐个增加，从而导致最外层电子感受到的有效核电荷不断增大。对主族元素的过渡而言，电子是添加在最外层。由于同层电子间的屏蔽作用小，随着质子数的增加，有效核电荷增加得很快，半径的减小也就快。图 3-7 为原子半径随原子序数周期性变化的柱状图示。

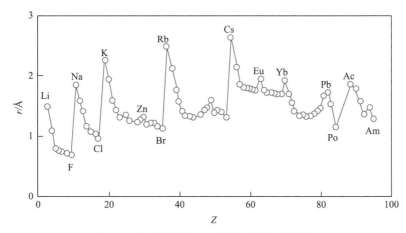

图 3-6　原子半径随原子序数周期性变化图示

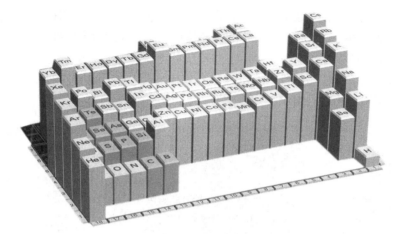

图 3-7　原子半径随原子序数周期性变化的柱状图示

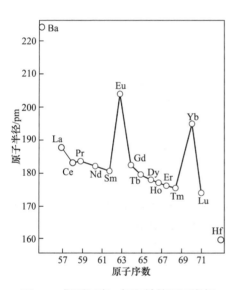

图 3-8　镧系元素、钡和铪的原子半径

(2) 镧系元素原子半径自左至右缓慢减小的现象称为镧系收缩 (lanthanide contraction)(图 3-8)。缓慢收缩意味着相邻元素的性质非常接近,用普通的化学方法进行分离十分困难,这是镧系收缩造成的内部效应。

在 4f 亚层中,由铈(58 号元素)逐渐填充到镱(70 号元素)的电子,在亚壳层核电荷屏蔽越来越多的过程中,半径的收缩并不是特别有效。镧系元素之后的元素的原子半径比预期的小,而且与上一周期元素的原子半径几乎相同。因此,铪的原子半径和化学性质与锆原子几乎相同,钽的原子半径与铌近似相等。这也是镧系收缩引起的后果。镧系收缩对铂(78 号元素)的影响是明显的,在 78 号元素之后,镧系收缩被一种称为惰性电子对效应的相对论效应所掩盖[22-25]。d 块收缩即 d 区和 p 区之间的相似效应,其产生原因不像镧系收缩那么明显,但也类似。

(3) 同族元素的原子半径自上而下增大,只有极少数例外。这是因为自上而下逐次增加一个电子层,使有效核电荷退居电子层数之后成为决定半径变化趋势的次要因素。

(4) 周期表中第三过渡系与第二过渡系同族元素半径相近的现象称为镧系效应,可将其看作镧系收缩造成的外部效应。以第 5 族元素为例说明:

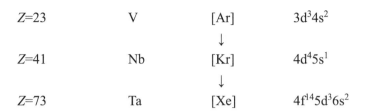

从 V 到 Nb 原子核增加 18 个正电荷，而由于镧系元素的存在，从 Nb 到 Ta 的核电荷则增加 32，即多增加 14 个质子和 14 个 4f 电子。假定 3 种稀有气体闭合壳层对最外层 s 电子的屏蔽作用相同而不予考虑，差别仅在于 14 个 4f 电子。4f 电子是屏蔽作用很强的 $(n-2)$ 层电子，一个 4f 电子屏蔽一个核电荷，使有效核电荷的增值并不大，14 个 4f 电子屏蔽 14 个核电荷，导致总有效核电荷的增值相当可观。Hf 与 Zr 相比，其金属半径非但未增大反而减小了。镧系效应使第 5 和第 6 周期的同族过渡元素性质极为相近，它们在自然界往往共生在一起，相互分离困难。

图 3-9 表示量化计算的轨道半径随原子序数的变化也呈周期性变化，碱金属处于峰尖，稀有气体处于峰谷[26]。

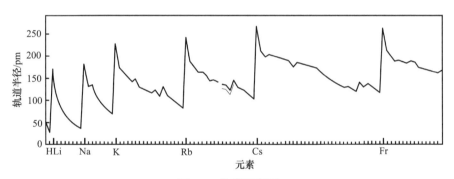

图 3-9　轨道半径图

4) 原子半径的测定方法

测定原子半径的方法有光谱法、X 射线法、电子衍射法、中子衍射法等。当同一原子在不同的化学环境中时或由于测定和计算方法的不同，同一参数的值也会有一定差别，文献中会有几套不同的数据。使用时应注意最好使用同一套数据，并注意所用数据的自洽性。每一套数据也并不完整，有待化学工作者不断修正和完善。

2. 离子半径

1) 离子半径数值的确定

不论是负离子还是正离子，其电荷密度都随半径的增大而减小。因此，与原子半径一样，由于电子云没有边界，离子半径也没有确定的含义，严格讲并不能得到真正的离子半径。一般把晶体中两个相互接触的离子之间的平衡距离看作这两个离子的接触半径之和。在晶体结构中，两个离子之间的平衡距离除取决于离子本身的电子分布外，还受结构类型和正、负离子半径比 r_+/r_- 的影响。

2) 离子的接触半径数值

在离子晶体中，正、负离子相互接触，可以把它们看成不等径圆球的周期性

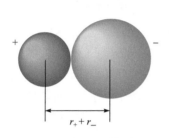

+ $r_+ + r_-$ −

图 3-10　离子的接触半径

排列。离子键的键长也可看成正、负离子不等径圆球相切的核间距。因此，离子半径是指在离子晶体中的接触半径(图 3-10)，即离子键的键长是相邻两种离子的半径之和。通常从 NaCl 型离子晶体出发推引离子半径。在这些晶体中，离子的配位数为 6，r_+/r_- 约为 0.75。离子在这种晶体中的半径称为离子的晶体半径。NaCl 型离子晶体属面心立方晶格结构，正离子和负离子相间排列，利用 X 射线衍射法可以精确测定 NaCl 型晶体的晶胞常数 a，它的一半就是两种异号电荷离子的半径之和 d(平衡距离，即核间距，图 3-11)，即

$$d = \frac{a}{2} = r_+ + r_- \tag{3-3}$$

通常以 F^- ($r = 133$ pm)和 O^{2-} ($r = 132$ pm)的离子半径作为标准，求得其他离子的离子半径。例如，从 Li 的卤化物(负离子与负离子接触)的晶格常数得出卤素离子的半径 r_-，然后利用 NaF、KCl 等晶体中正离子、负离子接触情况分析，可推算出金属的离子半径 r_+。

对于某一个给定的离子，它的离子半径并不是一定的，而是随配位数(图 3-12、表 3-2)、自旋态和其他因素而发生变化。例如，NH_4Cl 晶体在 184.3℃以上为 CsCl 型，配位数为 8；在 184.3℃以下为 NaCl 型，配位数为 6。

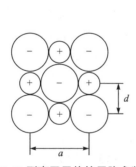

图 3-11　NaCl 型离子晶体的晶胞参数和核间距

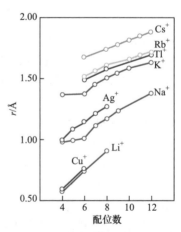

图 3-12　配位数对离子半径的影响

表 3-2　配位数对核间距的影响

配位数	A—B 距离/pm	增加或减少的百分数/%
12	112	+12
8	103	+3
6	100	0
4	94	6

3) 离子半径随原子序数的变化

离子半径仍体现一定的周期性。对某个确定的离子,离子半径随配位数的增多而增大。另外,处于高自旋态的离子的半径要比其在低自旋态时的半径大。一个原子的负离子态通常比其对应的正离子态的半径大,但某些碱金属的氟化物并不遵从此规律。总体来说,离子半径随正电荷的增多而减小,随负电荷的增多而增大。一些常用的规律有:

(1) 对同一主族具有相同电荷的离子而言,半径自上而下逐渐增大。例如:

$$Li^+ < Na^+ < K^+ < Rb^+ < Cs^+；\quad F^- < Cl^- < Br^- < I^-$$

(2) 对同一元素的正离子而言,半径随离子电荷升高而减小。例如:

$$Fe^{3+} < Fe^{2+}$$

(3) 对等电子离子而言,半径随负电荷的降低和正电荷的升高而减小。例如:

$$O^{2-} > F^- > Na^+ > Mg^{2+} > Al^{3+}$$

(4) 相同电荷的过渡元素和内过渡元素正离子的半径均随原子序数的增加而减小。离子半径随原子序数的增加也显示出与原子半径相似的周期性(图 3-13)。

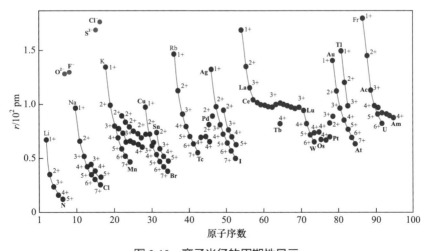

图 3-13　离子半径的周期性显示

3. 对原子半径和离子半径的理论研究

虽然已有不同的原子半径或离子半径数据可利用，但是数值相差很大。人们对此的理论研究不断深入。斯莱特[27]注意到原子径向密度达到最大处的半径与原子的共价半径和离子半径有某种密切的关联。Boyd[28]使用电子密度等值线的方法，探讨了原子的相对大小，他还利用拟合惰性气体原子 Pauling 一价半径的方法给出了原子半径的标量数值。从预分子(premolecule)的分析，Spackman 等[29]提出了一种在分子中的原子半径。在讨论分子的化学势和静电势时，Politzer 等[30]给出了原子的一种径向半径，它接近原子的标准共价半径。在诸多讨论原子(离子)半径的方法中，大多数是对原子(离子)在分子或固体中表现出来的半径进行研究。Boyd 利用电子密度等值线的方法，比较了孤立原子的相对大小[28]，但这种方法会因采用的密度标准不同而得到不同的结果，所以具有一定的主观性、随意性。孤立原子半径应该是由原子的固有性质决定的，是唯一的。基于这一考虑，1990年杨忠志等提出了原子边界半径的模型，其具有内禀性、唯一性的特点，并用半经验的方法估算了最外层仅有一个电子的原子(氢原子和碱金属原子)的边界半

斯莱特

径，其结果与共价金属半径有较好的线性关系[31]。利用这种模型和方法估算其他原子的边界半径，结果与实验测得的有效半径和范德华半径都有较好的线性关系[32]。随后，研究者在此模型的基础上研究了离子的边界半径，与人们常用的Pauling 离子半径以及 Shannon 和 Prewitt 离子半径相关联，都表现出很好的相关性[33]，这说明边界半径定义的合理性。1997 年，发展了精密的从头计算方法，系统地研究了原子和离子的边界半径，在与常用半径相关联时，也得到令人满意的结果[34-35]。

3.2.2 元素单质密度在周期表中显示的周期性

元素单质的密度(density)取决于原子量、原子半径和结构。在同一族中，元素原子往往具有相同的结构，从上往下，相应原子质量增大，原子半径稍增大，密度也是越向下越大[36]。元素固态单质的密度所表现的周期性如图 3-14 所示。从所有的元素来看，短周期元素的密度小，过渡元素的密度大。从 5d 过渡元素的 W 至 Au 之间，出现一群最高密度的元素，其中以 Os 的密度最高。外壳层是 18 电子的典型元素的密度大于 8 电子的典型元素的密度。一般，在第 4、5、6 周期中，第 1、2 列元素的密度不是很大，第 3~5 列元素的密度比较大。在同族元素中，位置越向下，其密度越大。K、Ca 是例外，它们的密度反而比

上面的 Na、Mg 的密度小。另外，Ar 的密度并不处于 Kr 与 Ne 的正中间，而是接近 Ne。与 3d 过渡元素比较，4d 过渡元素的密度稍大，而 5d 过渡元素却比 4d 过渡元素的密度大得多。镧系元素中，Eu、Yb 的密度小是由于它们的 2 价性[37]。

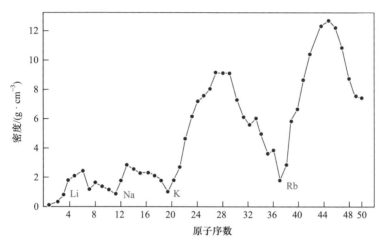

图 3-14　元素固态单质的密度随原子序数周期性变化

必须注意到元素单质的密度，特别是金属元素单质的密度与它们的晶体结构密切相关。当金属晶体中的原子在空间以等径球的方式排列时，无论采用什么晶形，每个原子的四周都会留有一定的空隙。设金属原子的空间利用率为 Z_i，则任一原子实际占有的体积为

$$V_i' = (4\pi r_i^3) / 3Z_i \tag{3-4}$$

因此，金属的密度 d_i 为

$$d_i = m_i / V = (3Z_i A_{r_i}) / (4\pi N_A r_i^3) \tag{3-5}$$

式中，A_r 为元素的原子量；N_A 为阿伏伽德罗常量；r_i 为原子半径。

原子的空间利用率 Z_i 的取值与晶体结构相关[36]；第 1 列金属单质均属于体心立方堆积，空间利用率 Z_i 为 0.6802，由式(3-5)可得第 1 列金属单质密度与晶体结构参数之间的关系为[38]：

$$d_i = 2.696 \times 10^{-4} A_{r_i} / r_i^3 \tag{3-6}$$

陆军[38]在使用式(3-6)时发现，该式也适用于具有完整晶体结构的固态非金属单质，如金刚石，已知 C 的 $A_r = 12.01$，$r = 0.077$ nm，$Z = 0.3401$，按式(3-6)计算可得 $d(C) = 3.55$ g·cm^{-3}，与实验值 3.51 g·cm^{-3} 相符。表 3-3 列出了用式(3-6)计算得出的第 15 列和第 16 列元素单质的密度。为了便于比较，表 3-3 还列出了各

金属密度的实验值[37]。

表 3-3　第 15 列(VA 族)和第 16 列(ⅣA 族)元素单质固态时的密度

元素	A_r	r/nm	d/(g·cm^{-3})	
			实验值	计算值
N	14.01	0.075	—	—
P	30.97	0.110	2.34(红磷)	2.53
As	74.92	0.121	5.727	5.46
Sb	121.75	0.141	6.684	6.61
Bi	209.0	0.152	9.80	9.94
O	16.00	0.074	1.43	1.41
S	32.07	0.102	2.07	2.12
Se	78.96	0.116	4.79	4.76
Te	127.6	0.1432	6.25	6.28

3.2.3　元素单质熔点在周期表中显示的周期性

图 3-15 为元素单质的熔点(melting point)随原子序数的变化图。可以看出，从氦(−272.2℃)到碳(>3500℃)，熔点范围很宽。一般，过渡元素的熔点较高，尤其是位于第 5、6 周期的第 4～10 列元素。相反，短周期元素中的金属熔点低，熔点超过 1000℃的元素只有 Be 一种。在非金属元素中，高熔点的 C、B、Si 特别突出。C 和 Si 具有巨大的金刚石型分子结构，这是它们的牢固共价键在熔点方面的表现。在周期表中，与 C 和 Si 相邻的 N 和 P，因为不能形成巨大分子，所以熔点低得多，其他的非金属元素也是如此。此外，第 11～12 列元素的熔点差别很大。在镧系元素中，Eu 和 Yb 的熔点比较低，这是镧系元素熔点的特点。

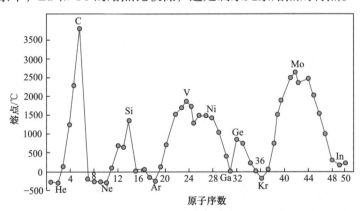

图 3-15　元素单质的熔点随原子序数周期性变化

3.2.4　元素单质沸点在周期表中显示的周期性

图 3-16 为元素单质的沸点随原子序数的变化图。可以看出，沸点(boiling point)随原子序数的变化趋势与熔点相似。过渡元素的沸点特别高，其中第 6 周期中的个别元素沸点竟高达 5000～6000℃，超过了 C 的沸点。这与金属参与键合的电子数多而形成强金属键有关。在短周期元素中，随周期增大，第 1、12～14 列元素的沸点降低。这些元素的沸点变化趋势与原子半径变化趋势相反。在 d 电子参与键合的铜族，与价电子数多且沸点又高的硼族之间，低沸点的锌族占据一个特殊的地位。在内过渡系的镧系元素中，其原子 M 壳层的电子按照 4f^7 和 4f^{14} 的电子构型排布，为半空或全充满状态，因此可以看作两个周期(沸点随着原子序数的增加而下降)。

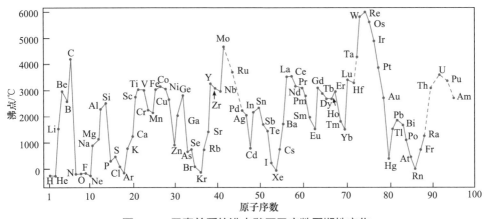

图 3-16　元素单质的沸点随原子序数周期性变化

气化焓(gasification enthalpy)与金属元素单质沸点相关。气化焓是金属内部原子间结合力强弱的标志，较高的气化焓可能是由于较多的价电子特别是较多的未成对 d 电子参与形成金属键(图 3-17)。过渡金属元素的气化焓一般高于主族金属元素，气化焓特高的元素位于第二、三过渡系中部。钨是所有金属中沸点最高的，它的气化焓也最高。

3.2.5　电离能在周期表中显示的周期性

1. 电离能的概念

电离能(ionization energy)涉及分级概念。基态气体原子失去最外层一个电子成为气态+1 价离子所需的最小能量称为第一电离能，再从阳离子逐个失去电子所需的最小能量依次称为第二电离能、第三电离能……各级电离能分别用符号 I_1、I_2、I_3…表示，它们的数值关系为 $I_1 < I_2 < I_3$…这种关系不难理解，因为从阳离子电离出电子比从电中性原子电离出电子难得多，而且离子电荷越高越困难。

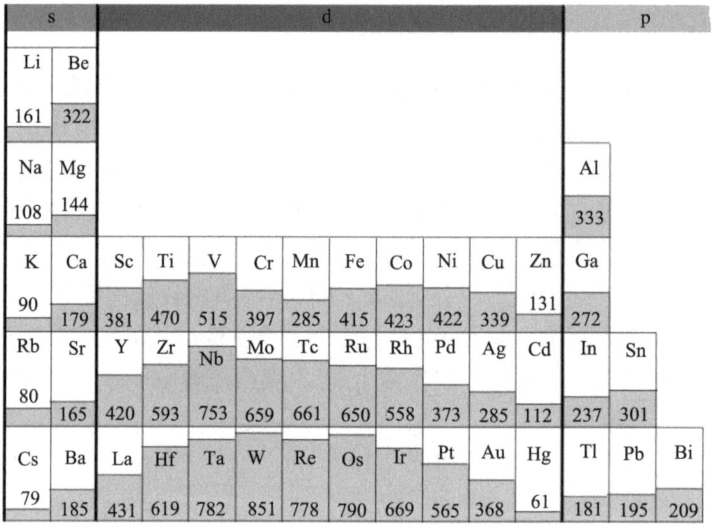

s
d
p
Li 161
Be 322
Na 108
Mg 144
Al 333
K 90
Ca 179
Sc 381
Ti 470
V 515
Cr 397
Mn 285
Fe 415
Co 423
Ni 422
Cu 339
Zn 131
Ga 272
Rb 80
Sr 165
Y 420
Zr 593
Nb 753
Mo 659
Tc 661
Ru 650
Rh 558
Pd 373
Ag 285
Cd 112
In 237
Sn 301
Cs 79
Ba 185
La 431
Hf 619
Ta 782
W 851
Re 778
Os 790
Ir 669
Pt 565
Au 368
Hg 61
Tl 181
Pb 195
Bi 209

图 3-17　s 区、d 区和 p 区金属元素的气化焓(单位：kJ · mol^{-1})

由元素的电离能数据可以比较元素的金属性和非金属性的强弱、得失电子的能力大小。另外，电离能在原子与分子结构、天体物理学、气体放电学和质谱方面也有重要的应用。

2. 电离能在周期表中的变化规律

显然，电离能是与元素的电子排布密切相关的量[39]，因此表现出周期性(图 3-18、图 3-19)。通常总的趋势是，在同一周期中，随着原子序数的增加，电

第二电离能
第一电离能
lg(I_n/eV)
Z
2.0
1.5
1.0
0.5
0
10
20
30
40
50
60
70
80
90
100
Li
Na
K
Rb
Cs
(Fr)
He
Ne
Ar
Kr
Xe
Rn
H
N
C
B
P
Mg
Al
Ca
Zn
Ae
Ga
Sr
Pd
Gd
In
La
Ba
Gd
Lu
Hf
Hg
Tl
Ra

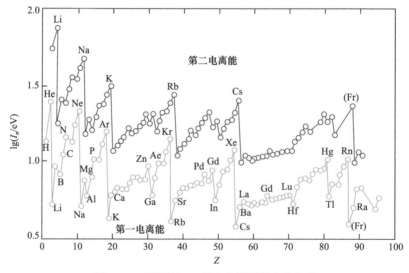

图 3-18　元素第一、第二电离能的变化比较

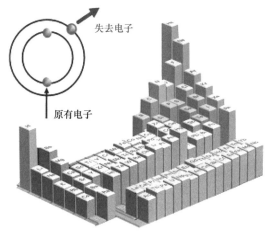

图 3-19　元素第一电离能周期性变化的形象表示

离能增大；而在同一列中，随着原子序数的增加，电离能降低。在同一周期中，失去电子的主量子数是相同的。当原子序数增加时，电子的屏蔽效应完全丧失，有效核电荷就增加，因此失去电子所需要的能量增大。

　　另一方面，同一列元素按照从上到下的顺序，失去电子的电子层有规律地增加，而且原子体积不断变大，这比核电荷增加的影响大，因此电离能逐渐减小；其次，电离能还受到亚层的影响，按 s、p、d 的次序，失去电子越来越容易。仔细观察第二、三周期元素的电离能，从第 2 列到第 3 列(由 Be→B，由 Mg→Al)，电离能减小，这是因为第 3 列元素 s 电子层的屏蔽效应使 p 电子的活动性增加。在过渡元素区域，随着原子序数的变化，电离能变化缓慢，而镧系以后的金属元素(Hf→Pb)，与它们同列上一周期的元素比较，具有更高的电离能。一般认为这是因为 d 亚层电子的屏蔽效应影响不及核电荷增加的影响。然而，同族元素自上而下电离能的变化却不那么简单。如图 3-20 所示，硼族元素的电离能虽仍遵循 $I_1<I_2<I_3$ 的规律，但每条曲线的形状不呈单调变化的趋势。

　　3. 电离能数据的获得

　　严格的电离能数据应通过俄歇电子能谱(AES，图 3-21)测得。俄歇电子能谱利用入射电子束与物质作用激发出原子的内层电子，而外层电子向内层跃迁过程中释放能量，能量可能以 X 射线的形式放出，即产生特征 X 射线，也可能将核外另一电子激发成为自由电子，这种自由电子就是俄歇电子。对于一个原子，激发态原子在释放能量时只能进行一种发射：特征 X 射线或俄歇电子。原子序数大的元素，特征 X 射线的发射概率较大；原子序数小的元素，俄歇电子发射概率较大；当原子序数为 33 时，两种发射概率大致相等。因此，俄歇电子能谱适用于轻元素的分析。如果电子束将某原子 K 层电子激发为自由电子，L 层电子跃迁到 K 层，

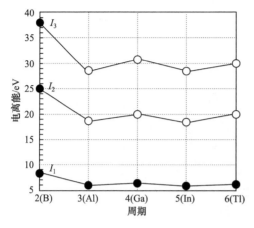

图 3-20　硼族元素的第一、第二和第三电离能

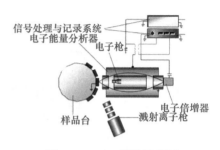

图 3-21　AES 结构示意图

释放的能量又将 L 层的另一个电子激发为俄歇电子，这个俄歇电子称为 KLL 俄歇电子。同样，LMM 俄歇电子是 L 层电子被激发，M 层电子填充到 L 层，释放的能量又使另一个 M 层电子激发所形成的俄歇电子。

　　然而，利用俄歇电子能谱并不能测得所有的电离能。因此，电离能数据常通过测定和计算两个途径获得[40-41]。

　　图 3-22 是第一电离能-原子序数对应图。

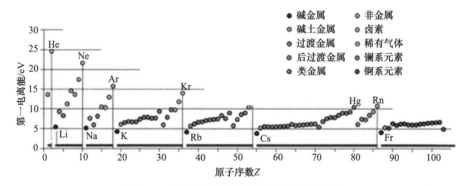

图 3-22　元素第一电离能-原子序数对应图

思考题

　　3-1　Na^+ 和 Ne 具有相同的电子构型：$1s^2 2s^2 2p^6$，气态 Ne 原子失去一个电子时 I_1 的值是 2081 $kJ \cdot mol^{-1}$，而气态 Na^+ 失去第二个电子时 I_2 的值是 4562 $kJ \cdot mol^{-1}$。试用所学理论进行解释。

例题 3-1

S 的第一电离能为什么小于 P 的?

【解】　两组原子的组态分别是

$$P：[Ne]3s^23p_x^13p_y^13p_z^1 \qquad S：[Ne]3s^22p_x^23p_y^13p_z^1$$

S 原子的电子有两个处于 3p 同一轨道,引起强烈的排斥,从而使核电荷更多地被抵消。

3.2.6　电子亲和能在周期表中显示的周期性

电子亲和能(electron affinity)指一个气态原子得到一个电子形成负离子时放出的能量,常以符号 E_A 表示。像电离能一样,电子亲和能也有第一、第二……之分。常用的数据表中正值表示放出能量,负值表示吸收能量。电子亲和能表现出周期性(图 3-23)。总的趋势是:同一周期从左到右增加,其中卤素原子具有最大值,稀有气体具有最小值。如果将电离能看作原子失电子难易程度的度量,电子亲和能则是原子得电子难易程度的量度。元素的电子亲和能越大,原子获取电子的能力就越强。一些元素电子亲和能的数值列于表 3-4 中。

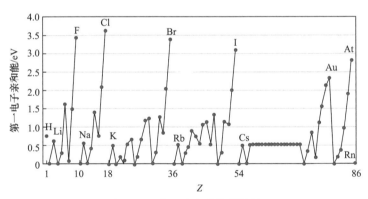

图 3-23　电子亲和能的周期性

表 3-4　一些元素电子亲和能

Z	元素	E_a/eV	Z	元素	E_a/eV	Z	元素	E_a/eV
1	H	0.754195	5	B	0.279723	9	F	3.4011897
2	He	—	6	C	1.262119	10	Ne	—
3	Li	0.618049	7	N	—	11	Na	0.547926
4	Be		8	O	1.4611135	12	Mg	—

续表

Z	元素	E_a/eV	Z	元素	E_a/eV	Z	元素	E_a/eV
13	Al	0.43283	38	Sr	0.048	66	Dy	>0
14	Si	1.3895211	39	Y	0.307	69	Tm	1.029
15	P	0.746607	40	Zr	0.426	70	Yb	−0.020
16	S	2.07710403	41	Nb	0.916	71	Lu	0.34
17	Cl	3.612725	42	Mo	0.748	72	Hf	0.014
18	Ar	—	43	Tc	0.55	73	Ta	0.322
19	K	0.50147	44	Ru	1.05	74	W	0.81626
20	Ca	0.02455	45	Rh	1.137	75	Re	0.15
21	Sc	0.188	46	Pd	0.562	76	Os	1.1
22	Ti	0.079	47	Ag	1.302	77	Ir	1.5638
23	V	0.525	48	Cd	—	78	Pt	2.128
24	Cr	0.666	49	In	0.3	79	Au	2.30863
25	Mn	—	50	Sn	1.112067	80	Hg	—
26	Fe	0.151	51	Sb	1.046	81	Tl	0.377
27	Co	0.662	52	Te	1.970876	82	Pb	0.364
28	Ni	1.156	53	I	3.0590368	83	Bi	0.942362
29	Cu	1.235	54	Xe	—	84	Po	1.9
30	Zn	—	55	Cs	0.471626	85	At	2.8
31	Ga	0.43	56	Ba	0.14462	86	Rn	—
32	Ge	1.232712	57	La	0.47	87	Fr	0.46
33	As	0.804	58	Ce	0.65	89	Ac	0.35
34	Se	2.020670	59	Pr	0.962	114	Fl	<0
35	Br	3.3635882	60	Nd	>1.916	118	Og	0.056
36	Kr	—	63	Eu	0.864			
37	Rb	0.48592	65	Tb	>1.165			

资料来源：Haynes W M, Lide D R, Bruno T J. CRC Handbook of Chemistry and Physics. 97th ed. Boca Raton: CRC Press，2017: 10-147.

几点说明：

(1) 原子的电子亲和能值一般随原子半径的减小而增大。因为原子半径越小，核对电子的引力越大，越容易得到电子。按元素周期表由左向右，元素的原子半径(共价半径)逐渐减小，电子亲和能则逐渐增大。主族元素的原子半径由上到下逐渐增大，电子亲和能则逐渐减小。非金属元素的原子电子亲和能一般较大，金属元素的原子电子亲和能一般较小。

(2) 第二周期从 B 到 F 的电子亲和能均低于第三周期同族元素。这并不意味着第二周期元素的非金属性相对较弱。造成这种现象的原因是第二周期元素原子半径很小，电子云密集导致电子间更强的排斥力。在它的原子上附加电子时，因排斥力大，放出的能量减小。也就是排斥力使外来电子进入原子变得困难。

(3) 稀有气体元素的原子外层电子 s 亚层或 s 及 p 亚层全满(如 He 及 Ne)；ⅡA 族元素的原子外层电子的 s 亚层全满(如 Mg 及 Ca)；ⅡB 族元素的原子外层电子 d 及 s 亚层全满(如 Zn 及 Cd)。以上类型元素的原子性质稳定，难以获得电子。N 的原子外层电子 p 亚层半满，它的性质也较稳定。

(4) 一般，非金属元素比金属元素具有更大的电子亲和能，其中氯的电子亲和能最大。

思考题

3-2　运用所学知识判断第三周期元素的电子亲和能的变化趋势。

例题 3-2

试解释 Be 的核电荷大于 Li 的核电荷，但其电子亲和能较小。

【解】Li 和 Be 的电子组态分别为[He]$2s^1$ 和[He]$2s^2$。当原子结合一个电子进行电子亲合时，进入的电子分别进入 Li 的 2s 轨道和 Be 的 2p 轨道。2p 轨道的能量大于 2s，使得 Be 接收电子时反而吸收能量，即电子亲和能反而小于 Li。

3.2.7　电负性在周期表中显示的周期性

电负性反映原子吸引电子的强弱[42]。原子的电负性受到原子序数和价电子与原子核之间距离的影响。原子的电负性越高，就越易吸引电子，这是鲍林在 1932 年提出的[43]。一般，同周期元素的电负性从左向右逐渐增加，同族元素的电负性从上向下逐渐减小。因此，氟是电负性最强的元素，而铯是电负性最小的元素。这条通则也有一些例外。镓和锗的电负性高于铝和硅，是因为 d 区元素由上至下半径收缩。在过渡金属的第一行之后，第四周期的元素有异常小的原子半径，因为 3d 电子的增加并未引起屏蔽效应增加。铅的电负性异常高，而鲍林法以外的计算方法显示了这些元素的正常周期趋势[44]。

1. 电负性在周期表中的周期性变化

电负性随原子序数增大呈现规律性变化(图 3-24，图 3-25)。尽管提出电负性概念不是为了衡量化学元素金属性和非金属性的强弱，但它的确与这类性质是密切相关的。非金属与金属元素电负性的分界值约为 2.0。所有元素中 F 的电负性最大(接近 4.00)，Cs 的电负性最小。元素电负性对周期数作图也呈现一定的规律性，见图 3-26。

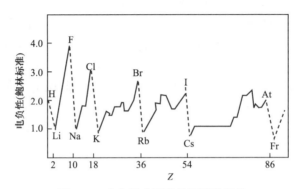

图 3-24 电负性表现出的周期性规律

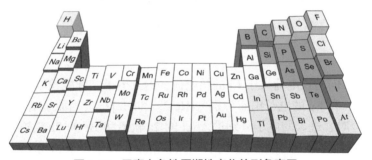

图 3-25 元素电负性周期性变化的形象表示

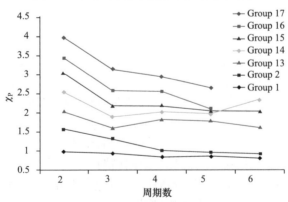

图 3-26 元素电负性-周期数图

2. 电负性标度

电负性标度与物质的物理化学性质存在密切关系，与分子中原子的极化率[45]、电荷分布[46]、材料的超导[47]、分子力学和反应动力学[48-49]等有关。电负性的定义、概念、计算(实际上是"标度")一直是人们研究的热点[50-52]。

(1) 最早提出电负性概念的是 1811 年瑞典的贝采里乌斯，他是在系统研究电化学理论的电荷不均性概念和阿伏伽德罗的氧性标度基础上提出的[53]。

(2) 鲍林用热化学方法首次建立了电负性的经验性定量标度[43]，这是现在最常使用的标度之一，为 20 世纪进一步研究电负性奠定了良好基础。鲍林电负性的概念建立在化学键形成过程中的能量关系上。他认为 A—B 键能量与 A—A 键和 B—B 键平均能量相比，其超出的能量是由 A—B 键中的离子性成分附加于共价成分之上造成的。他将电负性差定义为

$$\left|\chi_A - \chi_B\right| = 0.102 \times \sqrt{\Delta / (\text{kJ} \cdot \text{mol}^{-1})} \tag{3-7}$$

式中，$\Delta = E(\text{A—B}) - (1/2)[E(\text{A—A}) + E(\text{B—B})]$。

鲍林电负性随元素氧化态升高而增大，可用来估计不同电负性元素之间的键焓和定性判断键的极性。

(3) 比鲍林电负性晚两年发展起来的马利肯布 (Mulliken)电负性[54]则注意到了分子中原子得失单个电子的情况，考虑了具体价键轨道中电离能和电子亲和能的数据。马利肯布认为：

$$\chi_M = \frac{1}{2}(I + E_A) \tag{3-8}$$

I 和 E_A 值都高时，则电负性高；I 和 E_A 值都低时，则电负性低。只有卤素和碱金属的 χ_M 值与 χ_P 值符合较好。马利肯布提出的标度也是现在最常使用的标度之一。 χ_M 和 χ_P 两种标度的换算式为[55]

$$\chi_P = 1.35\sqrt{\chi_M} - 1.37 \tag{3-9}$$

I 和 E_A 与原子能级特别是与前线轨道的能级有关 (图 3-27)[56]。

(4) 1958 年 Allred 和 Rochow 提出以原子核对键合电子的静电引力建立电负性标度，用 Slater 近似规则确定有效核电荷数，得到了计算电负性值的拟合方程[57]：

$$\chi_{AR} = 0.744 + \frac{0.3590Z^*}{(r/10^{-2}\,\text{pm})} \tag{3-10}$$

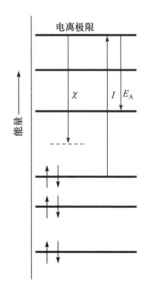

图 3-27　用前线轨道能级解释元素的电负性和硬度

式中，r 为相关原子的共价半径。

这也是现在最常使用的三大标度之一，常用于讨论化合物中的电子分布，但周期数大于 4 的元素的电负性值比 χ_P 值明显偏低。

(5) Parr 等[58]用密度泛函理论表述电负性，认为电负性是体系基态化学势的负值，是外势场固定条件下电子总能量对总电子数的变化率，这与鲍林认为电负性对能量表示并没有加和性的观点是不一致的。

(6) 20 世纪 80 年代，Allen[59]以基态自由原子价层电子的平均能量表示电负性，即所谓的光谱电负性 χ_S：

$$\chi_S = \frac{N_S \varepsilon_S + N_P \varepsilon_P}{N_S + N_P} \tag{3-11}$$

式中，能量项 ε_S 和 ε_P 是由权重的光谱数据得出的，因而能够得到稀有气体的电负性。

(7) 另外，Luo 和 Benson[60]采用共价半径下的开壳层核势确定了主族元素的电负性新标度，李国胜和郑能武[61]采用价电子的平均核势也进行了电负性标度的计算，杨立新[62]通过孤立原子可靠的价层电离能实验数据，通过价层电离能、价键轨道能量，用有效核电荷数法建立了周期表中 90 种元素的电负性新标度：

$$\chi_Y = 0.4123\sqrt{-E_V} \tag{3-12}$$

式(3-12)表明电负性值与价键轨道能量的绝对值的平方根成正比，所得数值是一套量纲为一的相对参数。

思考题

3-3 运用鲍林电负性数据判断周期表中主族元素的氧化性的变化规律。

3-4 简述电负性的用途。

提示：描述电能、判断键和分子的极性、解释物质发生的反应类型等。

3. 有关电负性问题的研究热点

冯慈珍[63]曾对电负性的专题做过详细的综述，其中有些问题正是其后研究的热点。

电负性不只是孤立原子的一种固定不变的性质，与该原子在分子中所处的环境和状态有关[64]，如 Sanderson 最早在 1945 年就意识到与原子在分子中的价态的关系[65]；陈念贻[66]等还计算了元素不同氧化态的鲍林电负性值。

电负性与轨道类型、原子上的电荷等有关的问题。例如，沃尔什(Walsh)最早由实验得出 $\chi_{sp^3} < \chi_{sp^2} < \chi_{sp}$。Bent 的实验也证明了这一点[67]。

1963 年，Hinze 和 Jaffe 根据 Mulliken 电负性的概念，把基态原子的电离能、电子亲和能与原子及相应离子的价态激发能结合起来，提出了轨道电负性的概念，并

将 Pauling 电负性与 Mulliken 电负性进行了关联[68-69]:

$$I_V = I_g + P^+ - P^0 \qquad E_V = E_g + P^0 - P^- \tag{3-13}$$

$$\chi_P = 0.168(I_V + E_V - 0.123) \tag{3-14}$$

利用此公式可近似算出碳原子处于不同杂化轨道时的轨道电负性值(表 3-5)。

表 3-5　碳原子处于不同杂化轨道时的轨道电负性值

杂化态	I_V/eV	E_V/eV	$2\chi_M$	χ_P
sp^3	14.61	1.34	15.95	2.48
sp^2(σ)	15.62	1.95	17.57	2.75
sp(σ)	17.42	3.34	20.76	3.29

2019 年,Rahm 等[70]采用基态原子的平均价电子结合能计算电负性,该电负性标度的优势是采用同一方法得到了包括 s 区、p 区、d 区、f 区共 96 种元素的电负性数值。Rahm 电负性数据能解释一些 f 区元素的化合物及合金的化学键极性,从而为化合物及合金的设计提供理论指导。例如,电子密度测定表明重要的热电材料 CoSb$_3$ 合金中 Co 带负电荷,这与 Co 和 Sb 的 Rahm 电负性数据一致(分别为 11.9 和 11.2)。但是也应看到,H、S、I 的 Rahm 电负性分别为 13.6、13.6、13.4,无法解释 H$_2$S 中 S—H 键的极性和 HI 中 I—H 键的极性。

Tandon 等[71]提出了一个简单而严格的电负性标度,调用与原子亲核性指数的逆关系,提出了 103 个元素的电负性值。计算的数据遵循周期性,明显满足标准电负性的所有必要条件。此外,与标准电负性高度相似,验证了所建议电负性标度模型的适用性。他们还利用所建议的电负性标度计算了一些多原子分子的分子电负性。

2019 年,Rahm 等[72]修正了 Allen 电负性标度,在同一标准下得到了包括 f 区元素在内的 1～96 号元素的电负性。Lang 等[73]介绍了新电负性标度的不同应用,并给出计算共价化合物键离解能的简单表达式。

历史事件回顾

2　原子量数据特点与元素分类

2017 年 12 月 20 日,联合国大会宣布 2019 年为国际化学元素周期表年(The International Year of the Periodic Table of Chemical Elements,IYPT)[74]。2019 年

底，北京大学王颖霞和周公度在《大学化学》上发表了"原子量之变"的文章[75]，其中讲到了"原子量数据特点与元素分类"的问题。

一、什么是原子量

原子量(atomic weight)是相对原子质量(relative atomic mass，A_r)的简称，即原子的平均质量与标准原子质量单位(unified atomic mass unit)的比值。标准原子质量单位也称原子质量常量(atomic mass constant)，定义为处于基态的 ^{12}C 原子质量 $m_a(^{12}C)$ 的 1/12，符号为 u：

$$1\ u = 1.66055402(10) \times 10^{-27}\ kg \tag{3-15}$$

1961 年 IUPAC 正式改用 ^{12}C 作为标准，把它的原子量定为 12，并以此为出发点，给出了其他原子的相对原子质量。

原子的平均质量则是按元素的各同位素在自然界的存在丰度加权平均求得的原子质量[76]。具体说来，任意物质 P 中，元素 E 的任一同位素 ^{i}E 的原子量 $A_r(^{i}E)_P$ 等于其质量 $m_a(^{i}E)_P$ 与标准原子质量单位的比值：

$$A_r(^{i}E)_P = \frac{m_a(^{i}E)_P}{m(^{12}C)/12} \tag{3-16}$$

因此，^{12}C 的原子质量准确为 12 u，^{12}C 的原子量准确为 12。原子量是量纲为一的数字。所以，任一种元素 E 的原子量 $A_r(E)_P$ 定义为

$$A_r(^{i}E)_P = \sum \left[x(^{i}E)_P A_r(^{i}E)_P \right] \tag{3-17}$$

式中，$x(^{i}E)_P$ 为物质 P 中元素 E 的同位素 ^{i}E 的同位素丰度，参与加和的同位素包括稳定同位素和半衰期足够长的放射性同位素。

另外，科学测定 0.012 kg ^{12}C 所含的 C 原子数约为 6.0220943×10^{23}，用符号 N_A 表示，称为阿伏伽德罗常量(Avogadro constant)。2018 年 11 月 16 日，第 26 届国际计量大会全票通过了关于修订国际单位制(SI)的 1 号决议[77]。根据决议，千克、安培、开尔文和摩尔 4 个 SI 基本单位的定义改由常数定义，于 2019 年 5 月 20 日起正式生效。SI 基本常数新定义的修订是科学进步的一座里程碑。作为国际单位制的基本单位，阿伏伽德罗常量工作组(IAC)认为 N_A 的测量不确定度应小于 2×10^{-8}[78]，目前包括中国在内的国际合作已经取得了令人满意的结果[79-80]。依据 SI 对于摩尔的定义，对于质量为 0.012 kg 的 ^{12}C，可以用下式表示：

$$M(^{12}C) = N_A m_a(^{12}C) \tag{3-18}$$

二、原子量数据特点与元素分类

(一) 原子量是个变数

元素的原子量是自然科学中的重要常数，然而，原子量并非是 1 个原子的真

实质量。这是因为元素的原子量取决于测定时材料的来源及其稳定同位素(及半衰期长的放射性同位素)的含量,同时包含测量不确定度。自然界中,元素的同位素分布并非均匀。早在 20 世纪初,人们就发现铅原子量的异常:1908 年测得"正常"铅的原子量(来自非放射性材料)为 207.2,1914 年测得硅酸钍矿物中铅的原子量为 208.4,而含铀样品中铅的原子量可低至 206.4。铅原子量如此大的变化被认为是一种特殊情况,因为铅是天然放射性衰变的最终产物,从不同的母体开始,生成的铅同位素不同。1936 年,人们发现空气中氧的原子量和水中氧的原子量也有差异,原因在于其所含氧同位素的丰度不同;1939 年,发现自然界碳的同位素组成变化幅度可达 5%。越来越多的数据表明,原子量可能不是自然常数。于是,1957 年,IUPAC 指出原子量有不确定性(uncertainty),提出标准原子量的概念,标准原子量不应是单一数值。2009 年,IUPAC 宣布了某些元素的原子量不再是常数[81],第一次对 10 种元素 H、Li、B、C、N、O、Si、S、Cl、Tl 的标准原子量给出区间值[82]。2018 年 12 月 1 日 IUPAC 发布的最新元素周期表中给出了 84 种元素的标准原子量(图 3-28)。与同位素丰度和原子量委员会(CIAAW) 2016 年发布的"2013 标准原子量"相比[76],标准原子量为区间值的元素由 12 种变为 13 种(增加了氩),另外修订了包括金、铝、镨等在内的 13 种元素的原子量。

(二) 原子量的数据特点

根据原子量数据的特点,周期表中的元素可分为四大类。

第 1 类元素原子量为区间值,有 13 种,包括 H、Li、B、C、N、O、Mg、Si、S、Cl、Ar、Br 和 Tl。由于自然界相应元素的同位素丰度在不同地域、不同样品中不同,来源不同的样品的原子量有显著差异,故原子量为区间值。

第 2 类有 50 种,这些元素的原子量由两种或两种以上的同位素确定,但尚未定出其原子量的区间值,或者其同位素丰度在不同天然样品中变化很小而对原子量没有显著的影响,因此相应元素的原子量仍取单一值。

第 3 类有 21 种,这些元素天然存在仅有一种同位素,原子量由其同位素的本性决定为单一值,不确定度在括号中示出,有些元素可以测得的数据准确度高,小数点后第 3 位仍然是确定的值,故也不写误差。这 21 种元素分别是 Be、F、Na、Al、P、Sc、Mn、Co、As、Y、Nb、Rh、I、Cs、Pr、Tb、Ho、Tm、Au、Bi、Pa。除铍外,其他 20 种元素的原子序数均为奇数。

第 4 类有 34 种元素,均无标准原子量。这些元素所有的同位素均有放射性,没有适合测定原子量的样品,包括 Tc、Pm、Po 到 Ac、Np 到 Og。周期表中,这些元素的原子量是其半衰期最长的同位素的质量数或者相对质量。

图 3-28　2018 年 IUPAC 发布的最新元素周期表

图 3-29 以不同颜色在周期表中标出了以上四类元素。

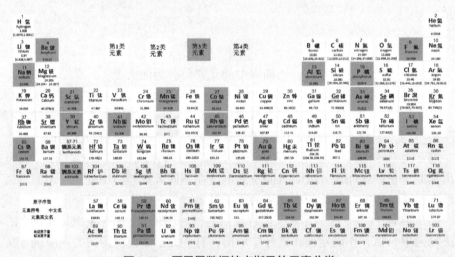

图 3-29　原子量数据特点指导的元素分类

参 考 文 献

[1] Burrows H, Weir R, Stohner J. Pure Appl Chem, 1994, 66(12): 2419.

[2] Corish J, Rosenblatt G M. Pure Appl Chem, 2003, 75(10): 1613.

[3] Tatsumi K, Corish J. Pure Appl Chem, 2010, 82(3): 753.

[4] Loss R D, Corish J. Pure Appl Chem, 2012, 84(7): 1669.

[5] Karol P J, Barber R C, Sherrill B M, et al. Pure Appl Chem, 2016, 88(1-2): 155.

[6] Karol P J, Barber R C, Sherrill B M, et al. Pure Appl Chem, 2016, 88(1-2): 139.

[7] Mascetta J A. Chemistry the Easy Way. 4th ed. New York: Barrons Educational Series Inc, 2003.

[8] Kotz J C, Paul M T, John R T. Chemistry and Chemical Reactivity. New York: Cengage Learning, 2012.

[9] Macaulay D B, Bauer J M, Bloomfield M M. General, Organic, and Biological Chemistry. New York: John Wiley & Sons Inc., 2008.

[10] Fluck E. Pure Appl Chem, 1988, 60(3): 431.

[11] Bagnall K W. Recent Advances in Actinide and Lanthanide Chemistry. New York: American Chemical Society, 1967.

[12] Day M C, Selbin J. Theoretical Inorganic Chemistry. New York: Reinhold Publishing Corp, 1976.

[13] Hill G C, Holman J S. Chemistry in Context. 5th ed. Nelson: Walton-on Thames, 2000.

[14] Jones C J. d- and f-Block Chemistry. Cambridge: Royal Society of Chemistry, 2001.

[15] Rawls R L. Chem Eng News, 1987, 65(15): 31.

[16] Moseley H G J. London Edinburgh Dublin Philos. Mag J Sci, 1913, 26: 1024.

[17] Silberberg M S, Amateis P G. Chemistry: The Molecular Nature of Matter and Change. 7th ed. New York: McGraw-Hill Education, 1996.

[18] Behlau H. Technology Guide: Principles-applications-trends. Munich: Springer Science & Business Media, 2009.

[19] Meyer J L. Ann Chem Pharm, 1870, (7S): 354.

[20] Waber J T, Cromer D T. J Chem Phys, 1965, 42(12): 4116.

[21] 郭用猷, 张冬菊, 刘艳华. 物质结构基本原理. 3 版. 北京: 高等教育出版社, 2015.

[22] Douglas B E. J Chem Educ, 1954, 31(11): 598.

[23] Bagus P S, Lee Y S, Pitzer K S. Chem Phys Lett, 1975, 33(3): 408.

[24] Seitz M, Oliver A G, Raymond K N. J Am Chem Soc, 2007, 129(36): 11153.

[25] Sidgwick N V. The Chemical Elements and Their Tompounds. Oxford: The Clarendon Press, 1950.

[26] 卡普路斯 M, 波特 R N. 原子与分子. 北京: 科学出版社, 1986.

[27] Slater J C. J Chem Phys, 1964, 41(10): 3199.

[28] Boyd R J. J Phys B, 2001, 10(12): 2283.

[29] Spackman M A, Maslen E N. J Phys Chem, 1986, 90(10): 2020.

[30] Politzer P, Parr R G, Murphy D R. J Chem Phys, 1983, 79(8): 3859.

[31] 杨忠志, 牛淑云. Chin Sci Bull, 1991, 36(11): 964.

[32] 牛淑云, 杨忠志. 化学学报, 1994, 52(6): 551.

[33] 杨忠志, 唐思清, 牛淑云. 化学学报, 1996, 54(9): 846.

[34] Yang Z Z, Davidson E R. Int J Quantum Chem, 1997, 62(1): 47.

[35] Yang Z, Li G, Zhao D, et al. Chin Sci Bull, 1998, 43(17): 1452.

[36] 潘道皑, 赵成大, 郑载兴. 物质结构. 2 版. 北京: 高等教育出版社, 1989.

[37] 芬德利 T J V, 艾尔沃德 G H. SI 化学数据表. 周宁怀, 译. 北京: 高等教育出版社, 1985.

[38] 陆军. 化学教育, 1995, 16(2): 37.

[39] 汪洋. 大学化学, 1999, 14(5): 37.

[40] 《实用化学手册》编写组. 实用化学手册. 北京: 科学出版社, 2001.

[41] Stark J G, Wallace H G. Chemistry Data Book. 2nd ed. London: John Murray, 1982.

[42] McNaught A D, Wilkinson A, Jenkins A D. IUPAC Compendium of Chemical Terminology—The Gold Book. Zurich: IUPAC, 2006.

[43] Pauling L. J Am Chem Soc, 1932, 54(9): 3570.

[44] Allred A L. J Inorg Nucl Chem, 1961, 17(3): 215.

[45] Nagle J K. J Am Chem Soc, 1990, 112(12): 4741.

[46] Bergmann D, Hinze J. Angew Chem Int Ed, 1996, 35(2): 150.

[47] Asokamani R, Manjula R. Phys Rev B, 1989, 39(7): 4217.

[48] Chattaraj P K, Nath S. Int J Quantum Chem, 1994, 49(5): 705.

[49] Smirnov K S, Graaf B V D. Faraday Trans, 1996, 92(13): 2469.

[50] 武永兴. 大学化学, 1998, 13(3): 46.

[51] 张泽莹. 大学化学, 1994, 9(3): 43.

[52] 王汉章. 化学通报, 1964, (7): 38.

[53] Jensen W B. J Chem Educ, 1996, 73(1): 11.

[54] Mulliken R S. J Chem Phys, 1935, 3(9): 573.

[55] Shriver D F, Atkins P W, Langfor C. Inorganic Chemistry. New York: W. H. Freeman and Company, 1996.

[56] Bartolotti L J, Gadre S R, Parr R G. J Am Chem Soc, 1980, 102(9): 2945.

[57] Allred A L, Rochow E G. J Inorg Nucl Chem, 1958, 5(4): 264.

[58] Parr R G, Donnelly R A, Levy M, et al. J Chem Phys, 1978, 68(8): 3801.

[59] Allen L C. J Am Chem Soc, 1989, 111(25): 9003.

[60] Luo Y R, Benson S W. J Phys Chem, 1989, 93(21): 7333.

[61] 李国胜, 郑能武. 化学学报, 1994, 52(5): 448.

[62] 杨立新. 结构化学, 2001, 20(2): 138.

[63] 冯慈珍. 无机化学教学参考书. 北京: 高等教育出版社, 1985.

[64] Huheey J E. J Phys Chem, 2002, 69(10): 3284.

[65] Sanderson R T. J Chem Educ, 1952, 29(11): 539.

[66] 陈念贻. 键参数函数及其应用. 北京: 科学出版社, 1976.

[67] Bent H A, Jaffe H H. Chem Rev, 1961, 61(3): 275.

[68] Hinze J, Jaffe H H. J Phys Chem, 1963, 67(7): 1501.

[69] Hinze J, Jaffe H H. J Am Chem Soc, 1962, 84(4): 540.

[70] Rahm M, Zeng T, Hoffmann R. J Am Chem Soc, 2019, 141(1): 342.

[71] Tandon H, Chakraborty T, Suhag V. Found Chem, 2020, 22(2): 335.

[72] Rahm M, Cammi R, Ashcroft N W, et al. J Am Chem Soc, 2019, 141(26): 10253.

[73] Lang P F, Smith B C. Dalton Trans, 2014, 43(21): 8016.

[74] Reedijk J, Tarasova N. Chem Inter, 2019, 41(1): 2.

[75] 王颖霞, 周公度. 大学化学, 2019, 34(12): 22-28.

[76] Meija J, Coplen T B, Berglund M, et al. Pure Appl Chem, 2016, 88(3): 293.

[77] 高蔚, 徐学林, 朱秀梅, 等. 中国计量, 2018, 271(6): 25.

[78] Becker P, Friedrich H, Fujii K, et al. Meas Sci Technol, 2009, 20(9): 092002.

[79] 高玲香, 张姝颖, 张伟强, 等. 大学化学, 2020, 35(8): 67.

[80] Güttler B, Rienitz O, Pramann A. Ann Phys, 2019, 531(5): 1800292.

[81] Coplen T B, Holden N. Chem Inter, 2011, 33(2): 10.

[82] Berglund M, Wieser M E. Pure Appl Chem, 2011, 83(2): 397.

第4章

化学元素周期表的形成和发展

1869 年 3 月，俄国化学家门捷列夫创造了化学元素周期表(注意这里不是用"发现"二字)[1]，这是科学发展史上的一座里程碑。150 多年来，元素周期表仍然保持着广泛、持久、深入的影响。它是现代科学中最富成果的思想之一。在历史的长河中，它并没有被现代物理学所淘汰或彻底改变，而是逐渐适应和更加成熟。英国物理化学家阿特金斯(P. Atkins)写道："元素周期表是化学领域最重要的贡献。"恩格斯曾高度评价："门捷列夫不自觉地应用黑格尔的量变转化为质变的规律，完成了科学史上的一个勋业，这个勋业可以和勒维耶(U. Le Verrier)计算出未知行星海王星的轨道的勋业居于同等地位。"[2] 2017 年 12 月 20 日，联合国大会宣布 2019 年为国际化学元素周期表年(IYPT 2019)[3]。2019 年，中国科学院院士、时任 IUPAC 主席的周其凤院士专门写了"2019：感恩化学之年"的短文[4]。《大学化学》杂志为国际化学元素周期表年出版了专辑。

已有许多专门书籍和文献对化学元素周期表进行了详细叙述，阐述了其发生背景和条件，然而其中的一些认识并不统一。例如，发现元素周期表的崇高荣誉归门捷列夫一人独享还是归门捷列夫和迈耶尔(J. L. Meyer)两人，门捷列夫之后大量新元素的发现和合成对其发展的影响如何，原子结构理论的形成是如何揭示其实质的，特别是人工超重元素 104～118 号元素的合成对其发展和展望的影响，这些都有必要再次进行商榷。

2016 年，IUPAC 对 113、115、117 和 118 号元素进行了确认和命名[5-6]，至此七个周期的元素周期表已经完整。本章试图从另一个角度出发，通过考察其中涉及的史实文献，以时间为序对周期表的发现和发展进行重新认识和解读，以利于周期表在教学中的应用和科学研究之参考[7]。

我国著名教育家、化学家傅鹰教授曾经多次指出："一门科学的历史是这门科学中最宝贵的一部分，因为科学只能给我们知识，而历史却能给我们智慧。"因此，再一次的深入研究化学元素周期表就显得很有必要了。

门捷列夫　　　　阿特金斯　　　　勒维耶　　　　周其凤　　　　傅鹰

4.1　萌　芽　阶　段

这里的萌芽阶段是指门捷列夫建立周期系之前许多科学家创造性的研究工作和积累。内容大体包括以下四个方面：被发现的化学元素逐渐增多、原子量测定技术逐步发展、原子量与元素性质的初步联系和门捷列夫之前的元素周期表。

1. 被发现的化学元素逐渐增多

化学元素的发现是逐步积累的，既伴随着人类的进化、工业革命，又伴随着技术革命、物理学的发展。从早期矿石分析、药物化学研究、电解法生产、分光镜使用，到化学基本定律的建立。

至门捷列夫元素周期表出现前，人们已发现和确定了 63 种化学元素。被发现的化学元素逐渐增多，极大丰富了化学研究的内容，另一方面又使化学初显"杂乱"。

2. 原子量测定技术逐步发展

原子量的测定在化学发展特别是在周期律建立的历史进程中，具有十分重要的意义，是周期表发现的第二积累。正如傅鹰先生所说："没有可靠的原子量，就不可能有可靠的分子式，就不可能了解化学反应的意义，就不可能有门捷列夫的周期表。没有周期表，现代化学的发展特别是无机化学的发展是不可想象的。"

这里使用的原子量测定方法均为化学法。

1) 道尔顿：原子量测定的第一人

1803 年道尔顿提出原子论，他选择最轻的氢原子作为原子量的基准，确定氢的原子量为 1，并计算了一些元素的原子量(表 4-1)。为了区分这些各不相同的原子，道尔顿制定了一套元素的符号表。道尔顿因此成名，他成为英国皇家学会会员，英国政府授予他金质奖章，柏林科学院和法国科学院授予他名誉院士。

表 4-1　道尔顿最早的原子量表(1803 年)

名称	组成	相对质量	名称	组成	相对质量
简单原子			一氧化氮	氧1氢1	9.3
氢		1.0	油气	碳1氢1	5.3
氮		4.2	亚硫酸	硫1氢1	19.9
氧		5.5	硫化氢	氢1硫1	15.4
碳		4.3	乙醚		9.6
硫		14.4	笑气	氮2氧1	13.7
磷		7.2	硝酸气	氮1氧2	15.2
化合物原子			碳酸气	碳1氧2	15.3
水	氢1氧1	6.5	煤气	碳1氧1	9.8
氨	氮1氢1	5.2	甲烷	碳1氢2	6.3
磷化氢	磷1氢1	8.2	硫酸	硫1氧2	25.4
			酒精	碳2氧1氢1	15.3

1803 年 10 月 21 日，道尔顿在曼彻斯特的文学和哲学学会上第一次公布了 6 种元素的原子相对质量，但他没有宣布数据的实验根据。此后，他又先后于 1808 年、1810 年、1827 年对其著名的《化学哲学新体系》一书中的第一、二卷增加元素种类，使之最终增至 37 种(图 2-17)，还对部分数值做了修正[8-10]，引起了科学界的轰动和对测定原子量工作的重视[11]。

2) 贝采里乌斯对原子量的测定

当道尔顿的工作在欧洲引起轰动时，贝采里乌斯说："我很快就相信道尔顿的数字缺乏为实验应用他的学说所必需的精确性。首先应当以最大精确度测出尽可能多的元素的原子量……否则，化学理论望眼欲穿的光明白昼就不会紧跟着它的朝霞而出现。"于是，他投入到原子量测定的研究中。

贝采里乌斯在 1813~1830 年的大约 20 年间曾专心致志于原子量的测定。他对道尔顿的假设表示怀疑，同时有保留地采用当时法国化学家盖·吕萨克(J. L. Gay-Lussac)发现的气体体积比定律"在同温同压下，同体积的各种气体中含有相同数目的原子"，给原子量测定以重要突破。他将氧的原子量定为 100，并以此为基准。他分析了 2000 多种化合物和矿物，为计算原子量和论述其他学说提供了丰富的科学实验数据。1814 年他发表了第一个原子量表，列出了 41 种元素的原子量。至 1818 年，贝采里乌斯分析的数据更加丰富、精确，元素的数目增到 47 种，但由于他计算原子量的原则并未改变，因此大部分原子量与今天相比仍高出一倍甚至几倍。

3) 阿伏伽德罗在测定原子量中的贡献

阿伏伽德罗(A. Avogadro，1776—1856)1811 年发表了题为《原子相对质量的测定方法及原子进入化合物时数目之比的测定》的论文[12]，以盖·吕萨克气体化合体积比实验为基础，进行了合理的假设和推理，首先引入了分子的概念，并把它与原子概念相区别，指出原子是参加化学反应的最小粒子，分子是能独立存在的最小粒子。单质的分子是由相同元素的原子组成的，化合物的分子则由不同元素的原子所组成。他明确指出："必须承认，气态物质的体积和组成气态物质的简单分子或复合分子的数目之间也存在着非常简单的关系。把它们联系起来的一个甚至是唯一一个容许的假设是，相同体积中所有气体的分子数目相等。"这样就可以使气体的原子量、分子量以及分子组成的测定与物理上、化学上已获得的定律完全一致。阿伏伽德罗的这一假说后来被称为阿伏伽德罗定律。

阿伏伽德罗还根据他的这条假说详细研究了测定分子量和原子量的方法，但他的方法长期不被人们所接受，是由于当时科学界还不能区分分子和原子，分子假说很难被人理解，再加上当时的化学权威们拒绝接受分子假说的观点，他的假说被搁置了半个世纪之久，这无疑是科学史上的一大遗憾。直到 1860 年，意大利化学家康尼查罗(S. Cannizzaro，1826—1910)在一次国际化学会议上慷慨陈词，声言他同族的阿伏伽德罗在半个世纪以前就已经解决了确定原子量的问题。康尼查罗以充分的论据、清晰的条理、易懂的方法使大多数化学家相信阿伏伽德罗的学说是普遍正确的。但阿伏伽德罗已经在几年前离世了，没能亲眼看到自己的假说被认可。

阿伏伽德罗　　　　　　杜隆

4) 杜隆-珀蒂的原子热容定律及他们对原子量的修正

1819 年杜隆(P. L. Dulong，1785—1838)与珀蒂(A. T. Petit，1791—1820)发表固态单质的比热容定律，后称杜隆-珀蒂定律：大部分固态单质的比热容与各自的原子量的乘积相等，近似为常数[13]。此定律被用于修正贝采里乌斯测定的原子量值。1820 年珀蒂去世后，杜隆继续研究比热容，并于 1829 年发表研究结果：在相同的温度、压力、体积条件下，各种气体突然受到压缩或膨胀时，如果它们的体积变化相同，则其吸收或放出的能量相同。

杜隆和珀蒂认为：若以氧原子量为 1，原子热容(atomic heat capacity)常数为

0.38；若以氧原子量等于 16 为基准，原子热容常数约为 6.4。他们依此对贝采里乌斯 1818 年的许多原子量进行了大胆的修正(表 4-2)。其实，杜隆-珀蒂定律不仅可以确定一般金属的原子量，而且可以测定无挥发性化合物的金属元素的原子量，如钠、钾等的原子量。

应该指出，杜隆-珀蒂定律也有局限性。这是因为除了技术问题引起的一些误差以外，关键是固态物质的比热是温度的函数，气体元素的比热又随压力而不同。

表 4-2　杜隆、珀蒂根据原子热容修订的原子量(1819 年)

元素	比热		原子量			原子热容			
	杜、珀值(1819年)	现代值	贝氏值 O=100 (1818年)	杜、珀修订值 O=1 (1819年)	现代值 O=16	杜、珀值与贝氏值结合	杜、珀计算值	杜、珀值与现代原子量值结合	现代值
	(1)	(2)	(3)	(4)	(5)	(1)×(3)	(1)×(4)	(1)×(5)	(2)×(3)
Bi	0.0288	0.0305	1773.8	13.30	209.00	51.07	0.3830	6.01	6.37
Pb	0.0293	0.0315	2589.0	12.95	207.21	75.86	0.3794	6.05	6.52
Au	0.0298	0.03035	2486.6	12.43	197.0	74.07	0.3704	5.87	6.25
Pt	0.0314	0.03147	1215.23	11.16	195.23	38.13	0.3779	6.11	6.29
Sn	0.0514	0.0559	1470.58	7.35	118.70	75.59	0.3779	6.11	6.65
Ag	0.0557	0.0559	2370.21	6.75	107.88	150.57	0.3759	6.01	6.03
Zn	0.0927	0.0939	806.65	4.03	65.38	74.75	0.3736	6.06	6.11
Te	0.0912	0.0475	806.45	4.03	127.61	73.54	0.3675	11.64	6.05
Cu	0.0949	0.09232	791.39	3.957	63.54	75.10	0.3755	6.02	5.88
Ni	0.1035	0.10842	739.51	3.69	58.69	76.38	0.3819	5.99	6.40
Fe	0.1100	0.10983	678.43	3.392	55.85	74.62	0.3731	6.15	6.28
Co	0.1498	0.10303	738.00	2.46	58.94	112.56	0.3685	9.83	6.29
S	0.1880	0.1712	201.16	2.11	32.066	37.38	0.3780	6.03	5.49

5) 同晶定律的发现及其在原子量测定中的应用

虽然对同晶问题的研究早有论文发表，但是真正发现的人是德国科学家米希尔里希(E. E. Mitscherlich, 1794—1863，贝采里乌斯的学生)。1818 年，他正从事酸式磷酸钾(KH_2PO_4)与酸式砷酸钾(KH_2AsO_4)的研究，发现这两种盐有相同的结晶形状。他指出：“这两种盐是由相同数目的原子所组成……彼此相异之处只不过是在一个酸根中是磷原子，在另一个酸根中是砷原子，两种盐的晶形是完全相同的。”后来，他在做了其他类似的实验后提出：“同数目的原子若以相同的布局相结合，其结晶形状则相同。原子的化学性质对结晶形状不起决定性作用，但晶形为原子的数目和结合的样式(布局)所支配;反之,若两种化合物的晶形完全相同,那么两种化合物中的原子数目与布局大概也相同。"贝采里乌斯和米希尔里希师生很快就把同晶定律应用于原子量的修正与测定。1826 年贝采里乌斯经修正后测定的原子量见表 4-3。

表 4-3　贝采里乌斯 1826 年测定的原子量

元素	测试人	测试温度/℃	相对密度 (空气=1)	原子量(H=1) =14.4×相对密度	贝采里乌斯测定的原子量(1826 年)
氧	阿伏伽德罗	—	1.105	15.92	16.00
氮	阿伏伽德罗	—	0.967	13.92	14.16
氯	阿伏伽德罗	—	2.490	35.86	35.41
硫	杜马	506	6.512	95.62	32.19
	杜马	493	6.595		
	杜马	524	6.617		
	杜马	524	6.581		
	米希尔里希	—	6.90		
碘	杜马	185	8.46	121.8	123.00
溴	米希尔里希	—	5.54	79.8	—
汞	杜马	—	6.976	100.5	202.53
	米希尔里希		7.07		
磷	杜马	313	4.420	64.15	31.38
	杜马	300	4.355		
	米希尔里希	—	4.59		
砷	米希尔里希	—	10.6	152.6	75.21

6) 杜马根据蒸气密度测定原子量

法国化学家杜马(J. B. A. Dumas, 1800—1884)是阿伏伽德罗的知音,他在 1827 年利用阿伏伽德罗原理发明了简便的蒸气密度测定法,用以测定挥发性物质的分子量。他接受了阿伏伽德罗学说的不确切部分,用蒸气密度法测定得到的磷、硫、汞的原子量分别是贝采里乌斯 1826 年测定值的 2 倍、3 倍及一半。1828 年他又公布了一次原子量(表 4-4),但仍有错误,连他自己都说:"通过蒸气密度测定原子量是不可靠的。"

表4-4　杜马1828年测定的原子量

元素	H	Li	Be	B	C	N	O	Na	Mg	Al	Si	P	S
原子量	1	20.4	53.1	10.9	6	14.2	16	46.6	25.2	27.4	14.8	31.4	32
元素	K	Ca	Fe	Cu	Zn	Sr	Ag	I	Ba	Hg			
原子量	78	40	54.2	63.3	64.4	87.6	216	128.8	137.2	101.3			

7) 康尼查罗论证原子分子学说

1855年,鉴于当时化学理论上的混乱、原子论的危机以及对原子量测定的困境,意大利化学家康尼查罗重读阿伏伽德罗的论文,重新宣传阿伏伽德罗的观点,利用当时合理的理论和学说支持阿伏伽德罗的假设,正确地测定了一些纯物质的分子量,并在此基础上结合化学分析结果,提出了一个合理的确定原子量的方案:"一个分子中所含各种原子的数目必然都是整数1、2、3等,因此对于质量等于分子量值(1 mol)的某物质,某元素的质量一定是其原子量的整数倍;如果考察一系列含某一元素的化合物,其中必然可以有一种或几种分子中只含 1 原子的该元素。那么,显然在一系列该元素质量值(分子量与该元素百分比含量的乘积)当中,那个最小值即为该元素的大约原子量。"[8,10,14-15] 表4-5为康尼查罗所测碳的原子量。

表4-5　康尼查罗测定碳的原子量

化合物	大约分子量	碳的百分含量/%	1 mol 化合物中碳的质量
甲烷	16	75.0	12
乙烷	30	80.0	24
丁烷	58	82.8	48
氯甲烷	50.5	23.8	12
丁醇	74	64.9	48
戊醇	88	68.2	60
异戊醇	158	75.9	120
丙酮	58	62.1	36
乙酸	60	40.0	24
苯	78	92.3	72
萘	128	93.7	120

康尼查罗的上述工作澄清了当时一些错误的观点,统一了分歧意见,为原子

分子学说的发展和确定扫除了障碍,使得原子分子学说整理成为一个协调的系统,从而大大地推进了原子量的测定工作[16]。与前人相比,康尼查罗在原子量的测定上没有什么特殊的发现,但由于他论证了事实上只有一门化学学科和一套原子量,从而在化学发展的重要时刻做出了杰出贡献。

8) 斯达最早精确测定原子量

比利时化学家斯达(J. S. Stas,1813—1891)是最早进行原子量精确测定的人。他在 1860 年提出采用 O=16 为原子量基准(在化学上沿用了 100 年)。在广泛使用当时发展起来的各种制备纯净物质的方法的同时,他一方面注意提高使用的蒸馏水的纯度,以防引入杂质,同时将天平的灵敏度提高到 0.03 mg;另一方面选用易被制成高纯度的金属银作为测定基准物。这些精益求精的工作使斯达在 1857~1882 年的 25 年时间里测定了多种元素的精确原子量[17],其精度可达小数点后 4 位数字,与现在原子量相当接近。

9) 理查兹的测定获得诺贝尔化学奖

理查兹(T. W. Richards,1868—1928)是美国著名化学家,是美国第一个获得诺贝尔化学奖的人,被誉为"测定原子量专家"。理查兹 1868 年 1 月 31 日出生于费城一个美术家庭,1885 年在哈佛大学深造,去德国进修期间受到迈耶尔测有机物分子量的启发,回哈佛大学后继续进行原子量测定工作。他 20 岁时获博士学位,是当时哈佛大学创立以来最年轻的博士。研究生阶段师从库克(J. P. Cooke),在老师指导下,他于 1888 年完成了对氢氧原子量比的研究,所得氧原子量为 15.869 ± 0.0017 (氢原子量为 1)的精确数值,对前人的工作有所推进。在这项研究中,首先精确称量球形玻璃容器中的纯净氢气,然后使之通过热的氧化铜定量完成反应,再称量生成的水。他不迷信权威,对以前的原子量提出质疑,改进了测试方法,重新精确核定了 60 多种元素的原子量,获得的原子量和现代原子量十分接近,因而获得 1914 年诺贝尔化学奖[18]。他除了在哈佛大学任教外,还兼任吉布斯研究所所长,曾两次被选为美国化学会会长。他是一个以善教著称的教授,培养了许多有名的物理化学家。

米希尔里希　　　　杜马　　　　康尼查罗　　　　斯达　　　　理查兹

3. 原子量与元素性质的初步联系

数据分析和关联最直观的呈现方式是图表形式。人们研究元素的分类及其与原子量的关系自然也是从绘制图表开始的。

1) 世界上第一张有关元素的分类表格

1789 年，法国化学家拉瓦锡(A. Lavoisier，1743—1794)用法文出版了已知的 33 种化学元素(部分为单质和化合物)的列表(表 4-6)，将其分为气体、金属、非金属矿物和稀土四组。1790 年，克尔(R. Kerr) 将其翻译成英文。这是世界上第一张有关元素的分类表格。

表 4-6　拉瓦锡的元素表

Gases

New names (French)	Old names (English translation)
Lumière	Light
Calorique	Heat Principle of heat Igneous fluid Fire Matter of fire and of heat
Oxygène	Dephlogisticated air Empyreal air Vital air Base of vital air
Azoté	Phlogisticated gas Mepitis Base of mephitis
Hydrogène	Inflammable air on gas Base of inlammable air

Metals

New names (French)	Old names (English translation)
Antimoine	Antimony
Argent	Silver
Arsenic	Arsenic
Bismuth	Bismuth
Cobolt	Cobalt
Cuivre	Copper
Etain	Tin
Fer	Iron
Manganèse	Manganose
Mercoure	Mercury
Molybdène	Molybdena
Nickel	Nickel
Or	Gold
Platine	Platina
Plomb	Lead
Tungstène	Tungsten
Zinc	Zinc

Nonmetals

New names (French)	Old names (English translation)
Soufre	Sulphur
Phosphore	Phosphorus
Carbone	Pure charcoal
Radical muriastique	Unknown
Radical fluorique	Unknown
Radical boracique	Unknown

Earths

New names (French)	Old names (English translation)
Chaux	Chalk, calcareous earth
Magnésie	Magnesia, base of Epsom salt
Baryte	Barote, or heavy eath
Alumine	Clay, earh of alum, base of alum
Silice	Siliceous earth, vitrifable earth

2) 德贝赖纳排列的三元素组

1829 年，德国化学家德贝赖纳(J. W. Döbereiner，1780—1849)观察到已知的 54 种元素有许多的化学性质存在三元素规律[19]。例如，锂、钠、钾因为都是柔软的活泼金属而在一个三元素组。重要的是，他注意到性质相似的三种元素的原子量之间的关系，若以当时的氧原子量为 100 计算，第二个成员的原子量大约是第一个和第三个的平均值(表 4-7)，以此可推测第二个成员的性质。但由于该规律对于这 54 种元素也不是普遍适用，故未引起化学家的重视。

表 4-7　德贝赖纳排列的三元素组

Element 1 Atomic mass	Element 2 Actual atomic mass Mean of 1 & 3	Element 3 Atomic mass
Lithium 6.9	Sodium 23.0 23.0	Potassium 39.1
Calcium 40.1	Strontium 87.6 88.7	Barium 137.3
Chlorine 35.5	Bromine 79.9 81.2	Iodine 126.9
Sulfur 32.1	Selenium 79.0 79.9	Tellurium 127.6
Carbon 12.0	Nitrogen 14.0 14.0	Oxygen 16.0
Iron 55.8	Cobalt 58.9 57.3	Nickel 58.7

3) 盖墨林的元素三分组图

德国化学家盖墨林(L. Gmelin，1788—1853)和同时代的人不同，他很早就注意到了德贝赖纳的研究成果。1843 年，他又进一步发现并扩大了三分组(图 4-1)。

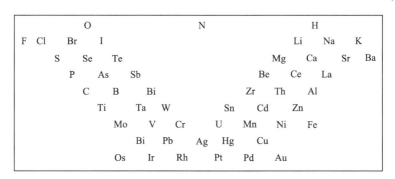

图 4-1　盖墨林的元素三分组图

拉瓦锡   德贝赖纳   盖墨林   佩滕科费尔

4) 佩滕科费尔的相似元素组

1850 年，德国药物学家佩滕科费尔(M. J. von Pettenkofer，1818—1901)认为相似元素组中不应限于三种元素，如氧、硫、硒、碲也是一个相似元素组[20]。他又指出：各元素的原子量之差常为 8 或 8 的倍数。例如：

Li = 7　　Na = 7 + 2 × 8 = 23　　　K = 23 + 2 × 8 = 39

Mg = 12　Ca = 12 + 8 = 20　　　　Sr = 20 + 3 × 8 = 44　　Ba = 44 + 3 × 8 = 68

5) 格拉德斯通的多类型元素组

1853 年，英国化学家格拉德斯通(J. H. Gladstone，1827—1902)提出性质相似的同族元素在原子量方面有三种不同的类型，除三元素组型外，还有一类是它们的原子量几乎相等[21]。例如：

铬组　Cr 26.7　　　Mn 27.6　　　Fe 28　　　　Co 29.5　　　Ni 29.6

铅组　Pb 53.3　　　Rh 52.2　　　Ru 52.2

铂组　Pt 98.7　　　Ir 99　　　　Os 99.6

另一类是它们的原子量彼此成一定倍数。例如，下列一组元素的原子量都是 11.5 的倍数：

Ti = 25　　2 × 11.5 = 23；Mo = 46　4 × 11.5 = 46；Sn = 58　5 × 11.5 = 57.5

Y = 68.6　6 × 11.5 = 69；W = 92　　8 × 11.5 = 92；Ta = 184　16 × 11.5 = 184

6) 库克的递变规律断言

1854 年，美国化学家库克(J. P. Cooke，1827—1894)在《元素原子量之间的数量关系以及关于化学元素分类的某些考虑》的论文中指出[22]，化学元素可按照类似有机化学中的卤素系列的方式分类，这些元素的性质服从某种递变规律，原子量也同样地按递变规律变化，而这种递变规律可用一个简单的代数式表达。他还断言，在该规律的背后存在更深层次的规律。

7) 凯库勒的碳的化合价

1857 年 8 月，德国有机化学家凯库勒(A. Kekulé，1829—1896)发现碳通常与 4 个其他原子结合[23]。例如，甲烷有 1 个碳原子和 4 个氢原子(图 4-2)。这个概念最终被称为"价"，即常说的"化合价"：不同元素与不同数量的原子相结合。在门捷列夫和迈耶尔的初期研究中充分体现了化合价的作用。

8) 杜马的公差概念

1859 年,法国化学家杜马发现同系的有机物分子量间有一个公差,例如：

甲烷　$CH_4 = a = 16$

乙烷　$C_2H_6 = a + d = 16 + 14 = 30$

丙烷　$C_3H_8 = a + 2d = 16 + 2 \times 14 = 44$

于是他联想到性质相似的元素也可作为同系元素,而它们的原子量也有类似的关系。例如：

$F = a = 19$

$Cl = a + d = 19 + 16.5 = 35.5$

$Br = a + 2d + d' = 19 + 2 \times 16.5 + 28 = 80$

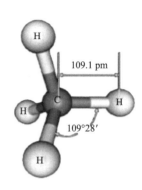

图 4-2　甲烷的分子结构

显然，由于那时已发现的化学元素的数量有限，各种元素的性质未得到充分研究，原子量也未全部得到精确测定，上面的分类难免会显得科学性不足。但是，这些研究已触及揭示元素的原子量与性质之间的关联，已有由表及里的意思，已是周期表发现的前奏，堪称周期表发现的第三积累。

格拉德斯通　　　　　　库克　　　　　　　凯库勒

4. 门捷列夫之前的元素周期表

1) 尚古尔多的圆柱形周期表

1862 年，法国地质学家尚古尔多(A. B. de Chancourtois，1820—1886)跨入化学领域，进行了大胆的研究。他把化学元素按原子量排列，将 62 个元素按原子量的大小循序标记在绕着圆柱体向下的螺旋线上，发现某些性质相似的元素都出现在同一条垂直母线上，如 Li—Na—K 等。于是他提出元素性质有周期性重复出现的规律，绘制出一幅圆柱形图(图 4-3)。他发表了一篇论文阐述他所获得的这项研究成果[24]。然而十分遗憾，他在论文中使用了许多对化学家没有什么吸引力的地质学词语。发表他论文的杂志社认为不宜刊登他称之为"地球物质螺旋图"的圆柱形图解，但这幅图解是阐明其观点所必不可少的，如果删掉它论文就失去了存在价值。因此，他的研究成果在周期律的发现史上没有起到应有的作用，但是从认识论的发展看，尚古尔多第一个认识到元素和原子量之间存在内在关系，并初步意识到元素性质的周期性。应该说，他向揭示周期律迈出了有力的第一步，可是他似乎既没有理解表中所揭示的意义，也没有深究其本质，而仅仅认为找到了又一种方便整理元素体系的方法。"说得极端一点，他过分热衷于在元素之间品质因数(原子量)的表示上做一些数值置换游戏，而忽视了对元素本身的考究。"[25] 客观上构成性质相似的一组元素之间的原子量差值并非总是等于16，所以图上反映出一些性质迥然不同的元素如 S 和 Ti、K 和 Mn 都位于同一垂线上。

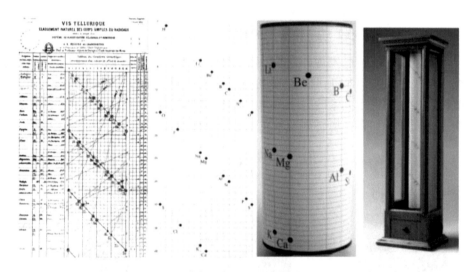

图 4-3　尚古尔多设计的圆柱形周期表

1863 年他的论文也曾引起过人们的重视。直到 19 世纪 90 年代，原来发表他论文的杂志社终于刊登了他的图解。

2) 奥德林的元素表

1864 年，英国化学家奥德林(W. Odling, 1829—1921)进一步修改了他于 1857年发表过的以当量为基础的"元素表"[26]，而以"原子量和元素符号"为标题重新发表(表 4-8)[27]。该表基本按原子量排列元素，只对碘和碲未顾及其原子量而按性质排列，并在适当处留下空格。

表 4-8　奥德林的元素表

						Re	104	Pt	197
						Rn	104	Ir	197
						Pt	106.5	Os	139
H	1	"		"		Ag	108	Au	196.5
"		"		Zn	65	Cd	112	Hg	200
L	7	"		"		"		Tl	203
G	9	"		"		"		Pb	207
B	11	Al	27.5	"		U	120		
C	12	Si	28	"		Sn	118		
N	14	P	31	As	75	Sb	122	Bi	210
O	16	S	32	Se	79.5	Te	129	"	
F	19	Cl	35.5	Br	80	I	127		
Na	23	K	39	Rb	85	Cs	133		
Mg	24	Ca	40	Sr	87.5	Ba	137		
		Ti	50	Zr	89.5	Ta	138	Th	231.5
		"		Ce	92	"			
		Cr	52.5	Mo	96	V	137		
		Mn	55			W	184		
		Fe	56						
		Co	59						
		Ni	59						
		Cu	63.5						

奥德林曾说:"无疑,在表中所出现的某种算术上的关系可能纯属偶然,但总体来说,这种关系在很多方面清楚地表明,它可能依赖于某一迄今尚不为人所知的规律。"从形式上看,他的元素表比螺旋线图又进了一步。但是,表中错误地将Na、K、Rb、Cs 分别放在了三个横列里,全表列入 57 种元素,他提到了周期律的想法但未深入研究。

3) 迈耶尔的六元素表

同年,德国化学家迈耶尔吸取前人的研究成果,主要从化合价和物理性质方面入手独立地发现了元素周期律。他提出了按原子量顺序排列元素的六元素表(表 4-9)。他敏锐而明确地指出:"原子量数值有一定的规律性,这是毫无疑义的。"在迈耶尔的《近代化学理论》第 2 版的草稿中有他设计的第二张元素周期表,它比第一张表增加了 24 种元素和 9 个纵行,共计 15 个纵行,明显地把主族和副族元素分开了,这样就使过渡元素的特性区别于主族而独立地表现出来了,同时避免了由于副族元素的加入而同一主族元素的性质迥异。第二张元素周期表在他去世后才被人们发现。1870 年,迈耶尔发表了他的第三张元素周期表[28],重新把硼和铟列在表中,并把铟的原子量修订为 113.4,预留了一些空位给未发现

的元素，但是表中没有氢元素。同时发表的还有著名的原子体积周期性图解
(图 3-4)，图中描绘了固体元素的原子体积随着原子量递增而发生的周期性变化。
一些易熔的元素如 Li、Na、K、Rb、Cs 都位于曲线的峰顶，而难熔的元素如 C、
Al、Co、Pd、Ce 则位于曲线的谷底。

表 4-9　迈耶尔的六元素表(1864 年)

	4 价	3 价	2 价	1 价	1 价	2 价
	—	—	—	—	Li　7.03	(Be　9.3)
差值	—	—	—	—	16.02	(14.7)
	C　12.0	N　14.04	O　16.00	F　19.0	Na　23.05	Mg　24.0
差值	16.5	16.96	16.07	16.46	16.08	16.0
	Si　28.5	P　31.0	S　32.07	Cl　35.46	K　39.13	Ca　40.0
差值	44.55	44.0	46.7	44.51	46.3	47.6
	—	As　75.0	Se　78.8	Br　79.97	Rb　85.4	Sr　87.6
差值	44.55	45.6	49.5	46.8	47.6	49.5
	Sn　117.6	Sb　120.6	Te　128.3	I　126.8	Cs　133.0	Ba　137.1
差值	89.4	87.4	—	—		
	Pb　207.0	Bi　208.0		(Tl 204.0?)		
	4 价	4 价	4 价	2 价	1 价	
	Mn　55.1 Fe　56.0	Ni　58.7	Co　58.7	Zn　65.0	Cu　63.5	
差值	49.2 48.3	45.6	47.3	46.9	44.4	
	Ru　104.3	Rh　104.3	Pd　106.0	Cd　111.9	Ag　107.94	
差值	92.8	92.8	93.0	88.3	88.8	
	Pt　197.1	Ir　197.1	Os　199.0	Hg　200.2	Au　196.7	

　　就迈耶尔的研究而言，当他将 1864 年的元素表整理成一张表格时，由于还谈
不上理解了表的本质意义，因此可以说他的元素表还停留在奥德林的阶段。当他
看到 1869 年门捷列夫最初的元素周期表后，迈耶尔的研究很快就接近了门捷列
夫的水平，但他仍保守地将周期律看作"使人们对原子的模糊认识变得更加清晰、
更加丰富的有用手段"。除了将周期律看作原子体积的属性外，他只提出了对两三
种元素原子量的订正，整理了周期律的表现形式，而没有进行更多的研究。迈耶
尔完全达到与门捷列夫同一水平，是在他读了门捷列夫 1871 年的总结性论文以
后。从那时起，迈耶尔相信了元素周期律，也将周期律的观点用在化学研究中，
并展开了对元素周期律的研究，他还为周期律的普及发挥了极大作用。

他在态度上的转变集中体现在他于 1873 年发表的《论无机化学的体系化》一文中[29]。

4) 纽兰兹的八音律元素表

1864 年，英国化学家纽兰兹(J. A. R. Newlands，1837—1898)把当时已知的元素按原子量大小顺序排列起来，发现从任意一个元素算起，每到第八个元素就和第一个元素的性质相近[30]，与八度音程相似(图 4-4)，所以他把这个规律称为八音律(表 4-10)[31]。该表的前两个纵列几乎对应于现代元素周期表的第二、第三周期，但从第三列以后就不能令人满意了。其缺点在于既没有充分估计到原子量测定值会有错误，也没有考虑到还有未被发现的元素，应留出空位。纽兰兹元素分类的成功之处在于用"序号"概念取代了原子量。由此，他克服了前人拘泥于原子量数值规则的倾向，即使不完整但也抓住了元素整体的规则。遗憾的是他仅停留在研究分类上，而没有深入元素的物理化学性质探讨他发现的规律。因此，他使用的分类形式就成了研究的终点，而"序号"所体现出来的新鲜感则仅被看作某种表面的关系，而未能获得进一步探究。

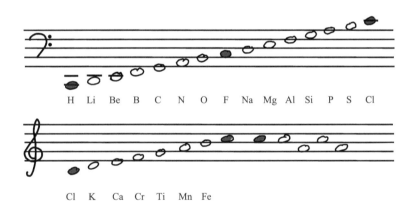

图 4-4　纽兰兹的八音律元素图(部分)

表 4-10　纽兰兹的八音律元素表

No.1	No.2	No.3	No.4	No.5	No.6	No.7	No.8
H 1	F 8	Cl 15	Co & Ni 22	Br 29	Pd 36	I 42	Pt & Ir 50
Li 2	Na 9	K 16	Cu 23	Rb 30	Ag 37	Cs 44	Os 51
Be 3	Mg 10	Ca 17	Zn 24	Sr 31	Cd 38	Ba & V 45	Hg 52
B 4	Al 11	Cr 19	Y 25	Ce & La 33	U 40	Ta 46	Tl 53
C 5	Si 12	Ti 18	In 26	Zr 32	Sn 39	W 47	Pb 54
N 6	P 13	Mn 20	As 27	Di & Mo 34	Sb 41	Nb 48	Bi 55
O 7	S 14	Fe 21	Se 28	Ro & Ru 35	Te 43	Au 49	Th 56

5) 欣里希斯的星形化学元素体系

1867 年，欣里希斯(G. D. Hinrichs，1836—1923)把元素按原子量的大小排列在不等的半径线上，形成在同一个半径线上分布着性质相似元素的星形化学元素体系[32] (图 4-5)。欣里希斯仅绘制了初看起来类似周期律分类的一张图，由于拘泥于寻找相似元素原子量之间表面上的规则，没有做出任何说明，因而未能突破19 世纪 50 年代的研究水平。

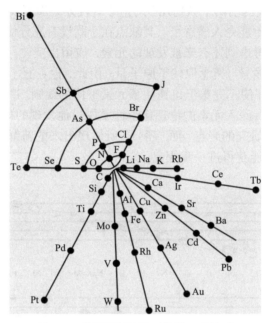

图 4-5　欣里希斯的星形化学元素体系

综上所述，萌芽阶段反映了化学元素周期表建立和演化中人类的科学思维变化，这是一个渐变的过程。虽然尚古尔多、奥德林、迈耶尔、纽兰兹、欣里希斯等科学家为化学元素周期表的发现打下了坚实基础，但其研究水平并未达到门捷列夫的水平，这就是发现元素周期表的桂冠戴在门捷列夫头上的原因。自然，从理论发展的外部原因来看，也可以认为门捷列夫元素周期律的发现及其获得迅速的认可和传播，在很大程度上得益于当时俄国化学在欧洲所处的边缘环境给予他得天独厚的发展条件。而处于化学发展中心的德国和英国，发表像元素周期律这样的理论性研究反而显得不很容易。例如，1880 年迈耶尔在谈到自己《原子的体积》一文的发表时曾说："如果可行，我很想就我们的表——迈耶尔和门捷列夫的最初的周期表——中的差异做更详尽的阐述。可当时 *Annalen* 杂志的版面受到了限制，分配的页数也是一定的。对于不包含任何新实验数据的论文，应尽可能地简洁，否则便是滥用了刊载它的编辑的好意。"[33] 再如，1866 年 3 月，纽兰兹将他的元素分类研究总结成论文在 *Journal of the Chemical Society* 上发表，可是他的文章没有得到印刷。对于其原因，纽兰兹在 1873 年询问了当时化学学会的会长，得到的回答是"纯粹理论性的论文在原则上是不出版的，因为那样的论文容易招致种种议论和烦琐的应酬"。

尚古尔多	奥德林	迈耶尔	纽兰兹	欣里希斯

4.2　突　破　阶　段

　　突破阶段是化学元素周期律和周期表发展的重要阶段，它主要显示门捷列夫的哲学思想、科学研究方法以及坚实的研究结果。20 世纪初，苏联形成了以著名哲学家、化学史学家凯德洛夫(В. М. Кедров)、札布罗茨基(Г. Забродский)为首的门捷列夫学派，发表了许多有价值的资料[34-36]，这些研究成果可以推动科技思想史与科学方法论的教学与研究工作。

　　1. 门捷列夫时代

　　1) 伟大发现的起点(1854～1860 年)

　　门捷列夫从 1854 年发表第一篇论文起，一直在进行关于物质分类的物理、化学性质的研究，虽未取得令人满意的结果，却为以后的发明奠定了坚实的基础。1854 年第一篇论文是关于芬兰矿物质的化学分析，可以看出他整理大量数据并使之系统化的非凡能力；1855 年发表了从圣彼得堡师范学校毕业的论文《同形——对于晶型的组成相关问题的讨论》；1856 年，他向圣彼得堡大学提交了硕士论文《比容》，通过答辩后留校担任讲师；1859 年他获得政府资助前往西欧考察；1860 年 9 月出席在德国卡尔斯鲁厄召开的首次国际化学家大会，并得到了康尼查罗的那篇论述新原子量体系的著名论文《化学元素的教程概要》，他立刻就理解了该论文的意义。

　　2) 从《有机化学》到"不定比化合物"(1861～1867 年)

　　门捷列夫从欧洲归来后，很快就展开了他的研究。1864 年他成为圣彼得堡师范学校的化学教授，1865 年转任圣彼得堡大学的化工教授，1867 年再转任普通化学教授。其间出版了《有机化学》，书中主张将容易混淆的两个概念"体"和"官能团"加以区分，这被看作他后来将单体和元素的概念区别开的重要思想萌芽。在他 1856 年为获取大学讲师资格发表的《硅氧化物的结构》论文中，将硅氧化物视为某种氧化物的合金。19 世纪 60 年代以后，他更是在总体上将溶液、合金、同晶型混合物和硅氧化物看成不定比化合物。1864 年他完成博士论文《酒精与水的化合》，这篇论文对他建立元素概念产生了很大影响，进而成为后来发现元素周期律的重大转机。

3) 编写《化学原理》(1868～1869 年)

1868～1871 年，门捷列夫编写了《化学原理》，生前再版了 8 次。这是按照他建立的元素周期系编写的化学教学参考书，使当时的化学教学参考书不再是有关各种元素及其化合物资料杂乱无章的堆积，而成为一个有条不紊的整体。在这本书中，他给化学元素周期律的明确定义是：元素以及由元素形成的单质和化合物的性质周期性地随着它们的原子量而变化。这就把元素的性质与原子量之间的关系由感性的认识提升到理性的认识。《化学原理》的写作是发现元素周期律的先声。

4) 周期表的创作(1869～1871 年)

1869 年 2 月 17 日，门捷列夫制作了第一张元素周期表。他本人这样评价："处于游离状态的单体的性质尽管会发生种种变化，但其中某种东西是不变的，当元素向化合物发生转变时，这种物质性的东西构成了包含该元素的化合物的特性。在这个意义上，到目前为止，已知元素的数值性的依据正是元素所固有的原子量。原子量的大小从其本性来说，不仅是关系到各单体状态的数据，而且是游离单体和其他所有化合物的共同物质性的依据。原子量不是炭或金刚石，而是碳素的特性。"至 1871 年，门捷列夫几经完善，逐渐形成了今天化学元素周期系的雏形。

5) 预言的证实(1871～1879 年)

门捷列夫研究周期律领先于他人在于：他对化学性质与原子量之间关系的认识，不仅从感性上升到理性，懂得了它们之间存在的客观规律性，而且运用这些规律主动修正了一些元素的原子量，如对铟、铀、镧、钇、铒、铈和钍的原子量。另外，他根据周期表中排出的空位，预言了类铝(镓)、类硼(钪)、类硅(锗)等几个尚未发现的新元素的性质。在以后的几年时间里，这些元素陆续被发现(表 4-11)，实验测得的结果与预言惊人地相似(表 4-12)。这不仅充实了周期表，更证实了门捷列夫元素周期律的正确性。

表 4-11　与门捷列夫预言相同的三个新元素

元素	发现年份	发现者	发现途径
Ga	1875	L. de Boisbaudran	用光谱法分析闪锌矿时发现
Sc	1879	L. F. Nilson	研究硅铍钇矿和黑稀金矿时发现
Ge	1886	C. Winkler	分析硫银锗矿石时发现

表 4-12　类硅和锗的性质比较

元素	类硅(门捷列夫预测，1871 年)	锗(Ge，1887 年 Winkler 测定)
原子量	72.64	72.32
比重	5.5	5.47
原子体积	13.0	13.22
原子价	4	4
比热	0.073	0.076
氧化物的比重	4.7	4.703
氯化物的比重	1.9	1.887
四氯化物的沸点	100℃以下	86℃以下

2. 门捷列夫的哲学思想

　　科学的最高境界应该是哲学思想的体现。哲学可为自然科学家提供研究的思维和准则。门捷列夫受到哲学智慧的滋养，拥有辩证唯物论的世界观和方法论。门捷列夫在《化学原理》第 5 版的序言中写道："……这本著作的主题是我们所研究的这门科学的哲学原理。"在当时要超越传统和科学权威人士所划定的范围而从事化学的哲学原理研究并不那么简单。门捷列夫在国外访学期间到过很多国家，与当时的化学权威人士建立了联系，但是他并没有得到德国、法国和英国一些德高望重的化学家的认同。即使到了 1869 年，门捷列夫发表他的化学元素周期律时，他还得听他所极其尊崇的学者、俄国近代化学的奠基人齐宁的训诫："到了干正事、在化学方面做些工作的时候了。"著名的英国学者卢瑟福在伦敦化学协会纪念门捷列夫诞辰一百周年的大会上所发表的演说中，完全证实了这一点。他说道："门捷列夫的思想最初没有引起多大注意，因为当时的化学家更多地从事搜集和取得各种事实，而对思考这些事实间的相互关系重视不够。"然而，正是因为门捷列夫与当时大多数自然科学家的思维不同，他关心自然科学的哲学问题，了解到如果没有哲学的概括，自然科学就不能发展，才做出了突破性的贡献。

武汉大学的哲学研究者通过分析门捷列夫元素周期律的形成[37-38]，认为门捷列夫元素周期律是能展示科学哲学通用原理的精细结构的绝妙案例。这正是门捷列夫元素周期律的科学方法论的意义所在。

3. 门捷列夫的研究方法

门捷列夫敏锐地察觉到，"单是事实的收集，哪怕收集得非常广泛，单是事实的积累，哪怕积累得毫无遗漏，都不能获得掌握科学的方法，不能提供进一步成功的保证，甚至不能照科学这个名词的高级意义来把它叫作科学"。由此，门捷列夫意识到掌握正确的科学方法对揭示元素之间的规律性联系是至关重要的。凯德洛夫详尽分析和论证了门捷列夫在发现周期律过程中所运用的科学认识方法，概括为三条：上升法、综合法和比较法。他指出，上升法是科学发现的关键，综合法是发现规律的途径，比较法则是元素分类的基础。他还指出，门捷列夫纠正了以往按人为分类法建立元素体系的偏颇，指明了过渡元素在元素科学分类上的重要意义。

门捷列夫元素周期律及周期表之所以堪称科学上的一个勋业，就在于它描述并预言了未知元素的存在，并被科学实验所证实，这正是门捷列夫超越前人和同时代其他元素周期律探索者之处。正如门捷列夫自己所说："在我预言的那些物质中，只要有一种被发现，我马上就能彻底相信并使其他化学家相信，作为我的周期系基础的那些假设是正确的。"

1875 年，法国化学家德布瓦博德兰(L. de Boisbaudran)用光谱分析法发现了类铝，即新元素镓[39]。一切特性都和门捷列夫预言的一致，只是相对密度不同。门捷列夫闻讯后致信巴黎科学院，指出镓的相对密度应该是 6.9 左右，而不是 4.7。德布瓦博德兰设法提纯了镓，重新测量相对密度，结果是 6.94，从而证实了门捷列夫的预言。对此，德布瓦博德兰曾不胜感慨地说："我想已经没有必要再来证实门捷列夫的理论见解对镓的相对密度有着多么巨大的意义了。"

1879 年，瑞典化学教授尼尔森(L. F. Nilson)发现了类硼[40]，即新元素钪。钪和硼分别为ⅢB 族和ⅢA 族。尼尔森指出："新元素钪无疑就是类硼……这样看来，俄国化学家门捷列夫的见解是被证实了，他不仅预见了他所命名的元素的存在，还预先指出了它的一些最重要的性质。"

1886 年，德国化学教授文克勒(C. Winkler)发现了新元素锗[41]，这就是门捷列夫预言的类硅。文克勒对此作了证明，他说："从前只是假定的类硅果然被发现了，作为元素周期性学说正确性的证据，难道还有比这更明显的吗？这证据当然不只简单地证明了这个大胆的理论，它还意味着化学视野的进一步开阔，在认识领域中迈进了一大步。"

门捷列夫运用正确的、实质上是辩证的研究自然的方法，终于取得了丰硕成果。1889 年，门捷列夫应邀在伦敦化学会一次法拉第演讲(Faraday lecture)中指出，除了以上三种元素外，还可以预言另一些当时还未发现的元素。

齐宁　　　　　　德布瓦博德兰　　　　　尼尔森　　　　　　文克勒

4. 门捷列夫坚实的研究成果

门捷列夫艰苦卓绝的研究工作终于取得了突破。即使元素周期律的基本思想已在头脑里成熟了，要把这条定律完全揭示出来仍是一件十分困难的事。他立誓"不存妄念，坚持工作，决不徒仗空言，应当耐心地去探索神圣而科学的真理" [42]。

门捷列夫在尚古尔多、奥德林、迈耶尔、纽兰兹、欣里希斯等科学家绘制的元素表的基础上(虽然在他的著作中没有承认这一点[43])，利用实验中的各种材料寻找元素的准确原子量，经过苦苦探索终于在元素的原子量和元素性质之间的关系规律方面取得了突破性进展：1868 年，《化学原理》的写作成了他发现元素周期表的先声，他进行了"在原子量和化学性质相似性基础上构筑元素体系的尝试"；1869 年 2 月 17 日制作了第一张元素周期表(表 4-13)，发表了第一篇论文[1]，明确地使用周期性一词；1869 年 8 月，在研究报告中讨论了周期表上元素的位置与原子体积之间的关系，并在《化学原理》第 2 版中列出了第二张元素周期表(表 4-14) [44]；接着，他将研究工作系统地整理成了 4 篇论文[45-48]，并根据这些成果完成了《化学原理》一书的编著。自 1871 年至 1906 年间，他又发表了 5 张元素周期表(表 4-15～表 4-19)。因此，门捷列夫获得发现元素周期表的崇高荣誉是不容怀疑的。

表 4-13　第一张元素周期表(1869 年)

			Ti=50	Zr=90	?=180
			V=51	Nb=94	Ta=182
			Cr=52	Mo=96	W=186
			Mn=55	Rh=104.4	Pt=197.4
			Fe=56	Ru=104.4	Ir=198
			Ni=Co=59	Pd=106.6	Os=199
H=1			Cu=63.4	Ag=108	Hg=200
	Be=9.4	Mg=24	Zn=65.2	Cd=112	
	B=11	Al=27.4	?=68	Ur=116	Au=197?
	C=12	Si=28	?=70	Sn=118	
	N=14	P=31	As=75	Sb=112	Bi=210?
	O=16	S=32	Se=79.4	Te=128?	
	F=19	Cl=35.5	Br=80	I=127	
Li=7	Na=23	K=39	Rb=85.4	Cs=133	Ti=204
		Ca=40	Sr=87.6	Ba=137	Pb=207
		?=45	Ce=92		
		?Er=56	La=94		
		?Yt=60	Di=95		
		?In=75.6	Th=118?		

表 4-14　第二张元素周期表(1869 年)

Li	Be	B	C	N	O	F			
Na	Mg	Al	Si	P	S	Cl			
K	Ca	—	Ti	V	Cr	Mn	Fe	Co	Ni
Cu	Zn	—	—	As	Se	Br			
Rb	Sr	—	Zr	Nb	Mo	—	Rh	Ru	Pl
Ag	Cd	—	Sn	Sb	Te	I			
Cs	Ba	—	—	Ta	W	—	Pt	Ir	Os

表 4-15　元素周期表(1871 年)

列	I 族 — R²O	II 族 — RO	III 族 — R²O³	IV 族 RH² RO²	V 族 RH² R²O⁵	VI 族 RH² RO³	VII 族 RH R²O⁷	VIII 族 RO⁴
1	H=1							
2	Li=7	Be=9.4	B=11	C=12	N=14	O=16	F=19	Fe=56, Co=59
3	Na=23	Mg=24	Al=27.3	Si=28	P=31	S=32	Cl=35.5	Ni=59, Cu=63
4	K=39	Ca=40	-=44	Ti=48	V=51	Cr=52	Mn=55	
5	(Cu=63)	Zn=65	-=68	-=72	As=75	Se=78	Rr=80	
6	Rb=85	Sr=87	?Yi=88	Zr=90	Nb=94	Mo=96	-=100	Ru=104, Rh=104 Pd=106, Ag=108
7	(Ag=108)	Cd=112	In=113	Sn=118	Sb=122	Te=125	I=127	
8	Cs=133	Ba=137	?Di=138	?Ce=140	—	—	—	…
9	(—)	—	—	—	—	—	—	
10	—	—	?Er=178	?La=180	Ta=182	W=184	—	Os=195, Ir=197 Pt=198, Au=199
11	(Au=199)	Hg=200	Tl=204	Pb=207	Bi=208			
12	—	—	—	Th=231	—	U=240	—	…

表 4-16　另一种形式的元素周期表(1871 年)

			K=39	Rb=85	Cs=133	—	—
			Ca=40	Sr=87	Ba=137		
			—	?Yr=88?	Di=138?	Er=178?	
			Ti=48?	Zr=90	Ce=140?	?Ia=180?	Th=231
			V=51	Nb=94	—	Ta=182	
			Cr=52	Mo=96	—	W=184	U=240
			Mn=55	—		—	
			Fe=56	Ru=104		Os=195?	
			Co=59	Rh=104		Ir=197	
典型元素			Ni=59	Pd=106	—	Pt=198?	
H=1	Li=7	Na=23	Cu=63	Ag=108	—	Au=199?	
	Be=9.4	Mg=24	Zn=65	Cd=112		Hg=200	
	B=11	Al=27.4	—	In=112	—	Tl=204	
	C=12	Si=28	—	Sn=118		Pb=207	
	N=14	P=31	As=75	Sb=122	—	Bi=208	
	O=16	S=32	Se=78	Te=125?	—	—	
	F=19	Cl=35.5	Br=80	I=127			

表 4-17　1879 年的元素周期表

					典型元素						
					I	II	III	IV	V	VI	VII
					H						
					Li	Be	B	C	N	O	F
					Na						

偶数元素　　　　　　　　　　　　　　　奇数元素

偶数 I	偶数 II	偶数 III	偶数 IV	偶数 V	偶数 VI	偶数 VII	VIII	奇数 I	奇数 II	奇数 III	奇数 IV	奇数 V	奇数 VI	奇数 VII
—								—						
							—	—	Mg	Al	Si	P	S	Cl
K	Ca		Ti	V	Cr	Mn	Fe Co Ni	Cu	Zn	Ga	—	As	Se	Br
Rb	Sr	Yi	Zr	Nb	Mo	—	Ru Rb Pd	Ag	Cd	In	Sn	Sb	Te	I
Cs	Ba	La	Ce	—	—	—								
—	—	Er	Di(?)	Ta	W	—	Os Ir Pt	Au	Hg	Tl	Pd	Bi	—	—
—	—	Th	—	U	—	—								

表 4-18　1906 年的元素周期表

列	元素族											
	0	I	II	III	IV	V	VI	VII	VIII			
1	—	H 1.008	—	—	—	—	—	—				
2	He 4.0	Li 7.03	Be 9.1	B 11.0	C 12.0	N 14.01	O 16.00	F 19.0				
3	Ne 19.9	Na 23.05	Mg 24.36	Al 27.1	Si 28.2	P 31.0	S 32.06	Cl 35.45				
4	Ar 38	K 39.15	Ca 40.1	Sc 44.1	Ti 48.1	V 51.2	Cr 52.1	Mn 55.0	Fe 55.9	Co 59	Ni 59	(Cu)
5		Cu 63.6	Zn 65.4	Ga 70.0	Ge 72.5	As 75	Se 79.2	Br 79.95				
6	Kr 81.8	Rb 85.5	Sr 87.6	Y 89.0	Zr 90.6	Nb 94.0	Mo 96.0	—	Ru 101.7	Rh 103.0	Pb 105.5	(Ag)
7		Ag 107.93	Cd 112.4	In 115.0	Sn 119.0	Sb 120.2	Te 127	I 127				
8	Xe 128	Cs 132.9	Ba 137.4	La 138.9	Ce 140.2	—	—	—				
9						—	—	—				
10	—	—	Yb 173	—	Ta 183	W 184	—		Os 191	Ir 193	Pt 194.8	(Au)
11		Au 197.2	Hg 200.0	Tl 204.01	Pb 206.9	Bi 208.5	—	—				
12	—	—	Rd 225	—	Th 232.5	—	U 238.5					
最高成盐氧化物												
	R	R_2O	RO	R_2O_3	RO_2	R_2O_5	RO_3	R_2O_7	RO_4			
最高气态氢化物												
					RH_4	RH_3	RH_2	RH				

表 4-19　1906 年的另一形式的元素周期表

以氧原子量 O=16						
最高成盐氧化物	族	偶数列元素				
O	0	Ar=38	Kr=81.8	Xe=128	—	—
R^2O	I	K=39.15	Rb=85.5	Cs=132.9	—	—
RO	II	Cz=40.1	Sr=87.6	Ba=137.4	—	Rd=226
RO^2	III	Sc=44.1	Y=89.0	La=138.9	Yb=173	—
R^2O^5	IV	Ti=48.0	Zr=90.6	Ce=140.5	—	Th=132.5
RO^2	V	V=51.2	Nb=94.6	—	Ta=183	
R^2O^5	VI	Cr=52.1	Mo=96.0	—	W=184	U=238.5
RO^3	VII	Mn=55.0	? =99.2	—	—	
R^2O^7	0	Fe=55.9	Ru=101.7	—	Os=191	
		Co=59	Rh=103.0	—	Ir=193	

族	最轻的典型元素				奇数列元素		
0		He=4.0	Ne=19.9	Ni=59.2	Pd=106.5	—	Pt=194.8
I	H=1.008	Li=7.03	Na=23.06	Cu=63.6	Ag=107.9	—	Au=197.2
II		Bo=9.1	Mg=24.36	Zn=65.4	Cd=112.4	—	Hg=200.0
III		B=11	Al=27.1	Ca=70.0	In=115.0	—	Ti=204.1
IV		C=12.0	Si=28.2	Ge=72.5	Sn=119.0	—	Pb=206.9
V		N=14.01	P=31.0	As=75.0	Sb=120.0	—	Bi=208.5	—
VI		O=16.00	S=32.06	Se=79.2	Te=127	—	—	—
VII		F=19.0	Cl=35.45	Br=79.85	I=127.4	—	—	—
0	He=4.0	Ne=19.9	Ar=38.1	Kr=81.8	Xe=128		

门捷列夫去世后，为了纪念他，1907 年在圣彼得堡举行了第一届门捷列夫大会，至今门捷列夫大会依然是化学界的盛会。最近，门捷列夫工作过的彼得堡大学的教授们再次发出了门捷列夫的第一张手稿以及工作过的办公室的照片等 (图 4-6) [49]，用以缅怀门捷列夫创造周期表 150 周年。

5. 门捷列夫周期律及其诞生的意义

1) 周期律的内涵

1869 年 2 月，门捷列夫发表了第一份元素周期律的图表。同年 3 月 6 日，他因病委托他的朋友、圣彼得堡大学化学教授门舒特金(N. Menschutkin, 1824—1907)在俄罗斯化学学会上宣读了题为《元素属性和原子量的关系》的论文，阐述了他关于元素周期律的基本论点：

(a)   (b)   (c)

图 4-6　(a) 门捷列夫第一张周期表的手稿；(b) 工作过的办公室；(c) 参加

第 57 届英国科学促进协会年会

(1) 按照原子量的大小排列起来的元素，在性质上呈现出明显的周期性。

(2) 原子量的数值决定元素的特性，正像质点的大小决定复杂物质的性质一样。因此，如 S 和 Te 的化合物、Cl 和 I 的化合物等，既相似，又呈现明显的差别。

(3) 应该预料到还有许多未被发现的元素，如会有分别类似铝和硅、原子量介于 65~75 的两种元素。与现在已知元素性质类似的未知元素，可以循着它们原子量的大小探寻。

(4) 当掌握了某元素的同类元素的原子量之后，有时可借此修正该元素的原子量。

2) 周期律发现的意义

周期律发现的意义在于人们不再把自然界的元素看作彼此孤立、不相依赖的偶然堆积，而是把各种元素看作有内在联系的统一体，它表明元素性质发展变化的过程是由量变到质变的过程，周期内是逐渐的量变，周期间既不是简单重复，也不是截然不同，而是由低级到高级、由简单到复杂的发展过程。因此，从哲学上讲，通过元素周期律和周期表的学习，可以加深对物质世界对立统一规律的认识。

周期律的确立是把来自科学实验的知识经过科学的综合分析而形成了理论，因此它具有科学的预见性和创造性。门捷列夫在发现周期律和制定周期表的过程中，除了不顾当时公认的原子量而改排了某些元素，还考虑到周期表中的合理位置，修订了某些元素的原子量。他还先后预言了 15 种元素的位置，之后的科学研究证明这些预言基本上是正确的。此外，周期律还经受住了稀有气体、稀土元素、放射性元素发现的考验。总之，周期律为寻找新元素提供了理论上的向导。

周期律的建立使化学研究从只限于对大量个别的零散事实作无规律的罗列中摆脱出来，奠定了现代无机化学的基础。

4.3　发　展　阶　段

有人总结门捷列夫元素周期表经历了三个发展阶段：1869 年门捷列夫创立原子量依据论，1913 年英国物理学家莫塞莱(H. G. J. Moseley，1887—1915)确立核电荷依据论和 1926 年奥地利理论物理学家薛定谔(E. Schrödinger)确立电子排布依据论[50]。

也有学者[51]认为元素周期表的三次重要拓展是天然放射性元素的发现、人工放射性元素的合成和超重元素的合成。高胜利等[52]则从多方位对其进行了描述。

1. 稀有气体的发现使元素周期表经受第一次考验

稀有气体元素的发现使门捷列夫元素周期表经受了第一次严峻考验。在门捷列夫发明元素周期表时，还没有一种稀有气体被发现。因此，1869 年门捷列夫的元素周期表中没有预言这些元素的存在，当然也没有它们的位置。自 1868 年发现氦以后，其他稀有气体元素也陆续被发现。1898 年，被誉为"稀有气体之父"的英国化学家莱姆赛(W. Ramsay，1852—1916)在一篇题为《周期律和惰性气体的发现》的文章中预言，在氦和氩之间存在一种原子量为 20 的元素[53]。他还预言存在具有原子量为 82 和 129 的两种相似的气体元素。莱姆赛写道："学习我们的导师门捷列夫，我要尽一切努力找寻已期待和久经推测的氦和氩之间的气态元素的性质和关系，把空格填补起来。"据此，1896 年，莱姆赛排出了一个部分元素周期表(表 4-20)，后来的发现证实了这一点。

表 4-20　莱姆赛的元素周期表

氢	1.01	氦	4.2	锂	7.0
氟	19.0	?	20	钠	23.0
氯	35.5	氩	39.9	钾	39.1
溴	79.0	?	82	铷	58.5
碘	126.0	?	129	铯	132.0
?	169.0			?	170.0

门捷列夫勇于尊重实践，面对新系列元素的发现，他指出必须补充元素周期表，在于 1906 年提出的元素周期表中将它们安排在 I 族的前面定为零族，进一步完善了周期系，这也构成了一个新的认识循环，并使周期系理论得到了发展。完整的新族形成了，新的发现和安排没有与元素周期律及其周期表发生矛盾，零族

元素与 I 族元素的相邻元素之间的原子量差值与周期表中其他相邻元素之间的原子量差值基本一致。六种稀有气体元素在 1868～1900 年陆续被发现。

2. 莫塞莱定律揭示了周期律的本质

19 世纪末 20 世纪初，先进的物理实验新手段如阴极射线、X 射线等不断被应用于实验中，人们发现了电子、质子、中子和原子核。1911 年，卢瑟福提出了带核原子模型[54-55]，发现原子的质量主要集中在核上(质子数和中子数合起来表现

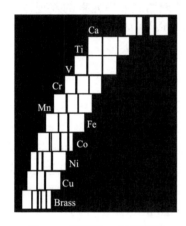

图 4-7　元素的 X 射线谱图

为原子量)，说明了元素的原子量与原子核的联系。同年，英国物理学家巴克拉在实验中发现，当 X 射线被金属散射时，散射后的 X 射线穿透能力随金属的不同而不同，说明每种元素都有自己的标识 X 射线[56]。1913 年，莫塞莱进一步研究发现，以不同元素作为产生 X 射线的靶时，所产生的特征 X 射线的波长 λ 不同。他将各种元素按所产生的特征 X 射线的波长排列，发现其次序与元素周期表中的次序一致(图 4-7)，他称这个次序为原子序数(以 Z 表示)[57-58]。他还发现 Z 与 λ 之间的经验公式：

$$\sqrt{1/\lambda} = a(Z - b) \tag{4-1}$$

式中，a、b 为常数；λ 为元素的 X 射线波长；Z 为元素的原子序数。这就是著名的莫塞莱定律(Moseley's law)。

根据他的研究可得出两点重要结论：① 周期表中元素的位置是正确的，虽然按照原子量的数值其中有三处的位置是颠倒的，但客观上它已经是按原子序数排列了；② 一种物质中的原子若其原子序数全部相同，这种物质就是元素物质(单质)，至于原子量是否完全一样，不是必要条件。原子序数的发现真正揭露了元素周期律的本质：元素性质是其原子序数的周期函数，并解决了门捷列夫周期律中按原子量递增顺序排列有三处位置颠倒的问题。

卢瑟福认为"在科学史上这样年轻而取得如此辉煌成就的人是不多见的"[59]。他利用莫塞莱定律得出结论：原子核的电荷在数值上等于元素的原子序数。元素的性质、元素的原子量、元素的核电荷数、元素的原子序数的有机联系，发展了门捷列夫的元素周期律。

英国物理学家查德威克(J. Chadwick，1891—1974)重新做了卢瑟福的 α 质点散射实验，由于仪器设计得精巧，大大提高了测定的准确性。他测得的几个元素的核电荷数结果见表 4-21。瑞典物理学家西格班(K. M. G. Siegbahn)扩展了莫塞莱

对 K 和 L 主线的研究，结果发现 X 射线的 M 和 N 等线系，并且极其精确地测定出各种元素的 X 射线光谱，因此获得了 1924 年的诺贝尔物理学奖。

表 4-21　查德威克测定的铜、银、铂的核电荷数

元素	铜	银	铂
原子核电荷数	29.3 ± 0.5	46.3 ± 0.7	77.4 ± 1
原子序数	29	47	78

　　莱姆赛　　　　　　莫塞莱　　　　　　卢瑟福　　　　　　查德威克

3. 确定镧系元素的数目和在周期表中的位置

1) 矛盾初显端倪

在 1869 年门捷列夫的第一张元素周期表中没有铱，只有镧、铈、铒和当时认为是一种稀土元素的混合物。它们的原子量与今天的测定数值相差很大，因此门捷列夫在当时不可能把它们排在正确的位置上。自然，这也与门捷列夫"原子量是排列的唯一标准"的观点有关，他在矛盾面前踌躇不前。例如，他在后来发表的多张元素周期表中都在铈的后面空出十多个元素的位置。

2) 揭露矛盾

在 1882 年布劳纳(B. Brauner)[60]、1892 年巴塞特(H. Bassett)[61]、1895 年汤姆孙(J. J. Thomsen)[62]和罗格斯(J. W. Retgers)[63]、1905 年维纳尔(A. Werner)[64]等众多科学家排列的元素周期表中列出了一些镧系元素的位置，但 15 种镧系元素并未全部发现，故镧系元素的总数未确定，其在周期表中的位置也没有被确定。因意见纷纭，周期表并没有因为大多数镧系元素的发现而发展。

例如，1895 年汤姆孙在他的元素周期表(图 4-8)中把从铈到镱的一系列稀土元素和锆并列，并在它们中间留下了 4 个空位。这虽然揭露了矛盾，但没有解决。

1902 年，布劳纳在他的元素周期表(表 4-22)里，首先把从铈到镱的一系列稀土元素排进元素周期表的一个格，比喻为行星系中的许多小行星，这至少说明

了从铈到镱的性质得到了很好的研究，人们已认识到了它们性质的相似性。

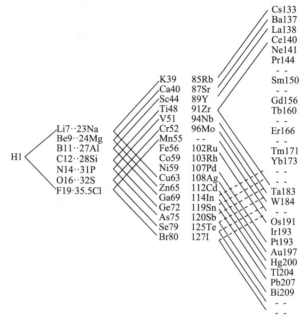

图 4-8　汤姆孙排列的元素周期表(1895 年)

表 4-22　布劳纳元素周期表(1902 年)

列	0 族	I 族	II 族	III 族	IV 族	V 族	VI 族	VII 族	VIII 族
	—	—	—	—	RH_4	RH_3	RH_2	RH	
1	R	R_2O	RO	R_2O_3	RO_2	R_2O_5	RO_3	R_2O_7	RO_4
2	He=4.0	H=1.008 Li=7.03	Be=9.1	B=11.0	C=12.0	N=14.01	O=16.0	F=19.0	
3	Ne=20.0	Na=23.05	Mg=24.36	Al=27.1	Si=28.4	P=31.0	S=32.06	Cl=35.45	
4	A=39.9	K=39.41	Ca=40.1	Sc=44.1	Ti=48.1	V=51.2	Cr=52.1	Mn=55.0	Fe=55.9　Ni=58.7 Co=59.0　Cu=63.6
5		Cu=63.6	Zn=65.4	Ga=70.0	Ge=72.5	As=75.0	Se=79.2	Br=79.96	
6	Kr=81.8	Rb=85.5	Sr=87.6	Y=89.0	Zr=90.6	Nb=93.7	Mo=96.0		Ru=101.7 Rh=103.0 Pd=106.5 Ag=107.93
7		Ag=107.93	Cd=112.4	In=115.0	Sn=119.0	Sb=120.2	Te=127.6	I=126.97	
8	Xe=128.0	Cs=132.9	Ba=137.4	La=138.9	Ce~Yb* 140.25~ 173.0	Ta=181.0	W=184.0		Os=191.0 Ir=193.0 Pt=194.8 Au=197.2
9		Au=197.2	Hg=200.0	Tl=204.1	Pb=206.9	Bi=208.0			
10					Th=232.5	U=238.5			

*放置元素：Pr=140.5，Nd=143.6，Sm=150.3，Tb=160.0，Er=166.0，Yb=173.0，以及尚未证实存在的一些元素(原子量在 140~173)。

　　1905 年，著名瑞士化学家维纳尔(A. Werner，1866—1919)改变了门捷列夫创立的化学元素周期表的格式(表 4-23)，奠定了今天通用的长式周期表。表中除了明确原先颠倒的 3 处元素按原子量递增顺序，还颠倒了稀土元素中的钕和镨的顺序。他的理由是这一系列元素的熔点和倍半氧化物的生成热是按镧、钕、镨、钐的顺序发展的。维纳尔把稀土元素排在周期表中的一个横行，但他仍没有给当时尚未发现的镥留出空位，却给仍未发现的钷留出了两个空位，同时在铒和铥之间留出了一个不应该留的空位。显然，他是根据原子量相差的数值做出的决定，仍未说明 f 区的形成。

表 4-23　维纳尔元素周期表(1905 年)

H 1.008																													He 4
Li 7.03																				Be 9.1	B	C	N 14.04	O 16.00	F 19	Ne 20		
Na 23.05																				Mg 24.36	Al 27.1	Si	P 31.0	S 32.06	Cl 35.45	A 39.9		
K 39.15	Ca 40.1									Sc 44.1	Ti 48.1	V 51.2	Cr 52.1	Mn 55.0	Fe 55.9	Co 59.0	Ni 58.7	Cu	Zn 65.4	Ga 70	Ge 72	As 75.5	Se 79.1	Br 79.96	Kr 81.12				
Rb 85.4	Sr 87.6									Y 89.0	Zr 90.7	Nb 94	Mo 96.0		Ru 101.7	Rh 103.0	Pd 106	Ag 107.9	Cd 112.4	In 114	Sn 118.5	Sb 120	Te 127.6	J 126.9	X 128				
Cs 133	Ba 137.4	La 138	Ce 140	Nd 143.6	Pr 140.5		Sa 150.3	Eu 151.8	Gd 156	Tb 160	Ho 162	Er 166		Tu 171	Yb 173		Ta 183	W 184.0		Os 191	Ir 193.0	Pt 194.8	Au 197.2	Hg 200.3	Tl 204.1	Pb 206.9	Bi 208.5		
Ra 225	Lan ?	Th 232.5		U 239.5								Ac ?												Pbn ?	Bin ?	Ten ?		

3) 建立镧系理论

　　莫塞莱在 1913 年确定了多种元素的原子序数，也揭示了周期律的本质，但是没有确定当时已知的全部化学元素在周期表中的准确位置。对稀土元素，莫塞莱颠倒了 66 号元素镝和 67 号元素钬的序数，认为 69 号元素铥是两种元素，序数分是 69 和 70，这样就把 70 号元素镱认成了 71 号，而 71 号元素

玻尔　　　　　　　　维纳尔

镥的位置就被挤掉了，或者被认成了 72 号，而应该是 72 号元素的铪就失去了位置。他还没有给 1911 年发现的新的镧系元素 Celtium 放置在一定的位置上，没有认识到这种元素和镥是同一种元素。同时，由于当时 61 号元素钷和 72 号元素铪没有被发现，在周期表中的位置也没有被确定。

　　直到 1921 年，丹麦物理学家玻尔(N. Bohr，1885—1962)和其他一些科学家们基于多种元素光谱的研究，提出了电子在原子核外排布的一些规则[65]，建立了近代原子结构理论，又充分考虑到镧系元素性质如此相似，才建立了镧系理论，确定了镧系元素的数目和在周期表中应占的位置,解决了元素周期律中出现的矛盾，

再次发展了元素周期律。

在周期表中如何安排这 15 种镧系元素的位置呢？如果按照惯例，一种元素占用"元素大厦"一间"房间"，第 6 周期的元素就不得不占用 32 间并成一排房间。而周期表中同一族的元素的物理和化学性质很相似，而且从上到下呈现出规律性的变化。如果照前面的方法安排稀土元素，这等于彻底破坏了周期系整个"大厦"的结构。镧系元素的性质彼此间非常相似，而且与第 4 周期的钪和第 5 周期的钇很相似，就此而论，它们应该共用一间"房间"，安排在钇的下面。可是一间"房间"住 15 个成员也实在太挤了。科学家们最终想出了一个非常巧妙的办法，即在钇的下面、钡和铪之间给这 15 个成员留下一间"办公室"，供它们共同使用，挂以"镧系"的牌子(符号为 Lnthathnide 的缩写)，而在"元素大厦"的下面，另盖一排 15 间的"平房"，把这 15 个镧系成员依次安排在里面，称之为镧系。这就圆满地解决了镧系元素在周期表中位置的问题，其实，这就是后来的f 区。

思考题

关于"镧系元素包不包括 La 在内"一直是个有争论的问题。你是如何理解的呢？

4) 漫长的稀土元素发现史

从 1794 年发现第一个稀土元素钇到 1947 年从铀的裂变产物中发现钷，稀土元素的发现共经历了 153 年 [28]。稀土元素的发现史非常凌乱[66]，为了便于了解，将其发现史用图表示(图 4-9)。

4. 原子结构理论揭示了周期律的内在因素

元素周期律的发现说明各种化学元素、各种不同的原子间并不是彼此孤立的，而是有着深刻内在联系的。这预示着人们的认识要深入物质的更深层次——原子结构。而对原子结构的研究，反过来必然会加深人们对元素周期律本质的认识，科学发展的历史进程完全证实了这一点。

1) 由表及里的深入研究

门捷列夫在 1898 年曾写道："规律永远是一些变数的适应，像代数中变数和函数的关系一样。因此，当元素已有了原子量这个变数，那么为了寻找元素的规律，应该取元素的另一些性质作为另一个变数，并寻求函数的关系。"事实正是这样，表达元素性质函数的变数在增多：

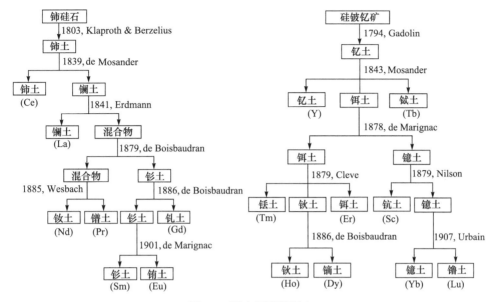

图 4-9　稀土元素发现史

门捷列夫取原子量和元素的化合价作变数；

迈耶尔曾经以原子体积作为另外一个变数；

周期系建立后，周期表中元素的位置也成了一个变数；

莫塞莱确定原子序数为主要变数；

原子结构明确后，核外电子层的排布又成了一个变数；

随后元素的单质的熔点、密度、原子半径、电离能、电子亲和能、电负性、金属等都可以作为变数；随着亚原子研究的深入，相信还会有更多描述元素性质的变数出现。

2) 原子结构理论的形成

关于原子结构的研究，科学家付出了很多心血。这包括许多重量级大师们开辟的里程碑。

1900 年，德国著名物理学家和量子力学重要创始人普朗克(M. Planck，1858—1947)根据黑体辐射实验提出量子学说[67]。

1905 年，犹太裔瑞士物理学家爱因斯坦(A. Einstein，1879—1955)为解释光电效应实验提出光子学说[68]。

1913 年，玻尔为解释氢原子光谱实验提出的玻尔理论把量子化条件引入原子结构中[69]。

1927 年，美国戴维森(C. J. Davisson，1881—1958)与革末(L. H. Germer，1896—1971)成功做了电子衍射实验证实[70]。

1923 年，法国理论物理学家德布罗意(L. de Broglie，1892—1987)提出实物微粒的波粒二象性[71]。

1926 年，奥地利理论物理学家薛定谔(E. Schrödinger，1887—1961)提出对实物微粒运动的统计解释[72]。

1927 年，德国物理学家海森堡(W. Heisenberg)提出微粒运动遵循的测不准原理[69]。

电子排布的能量最低原理、洪德规则[73]、泡利不相容原理[74]、斯莱特规则[75]和徐光宪规则[76]，鲍林近似能级图[77]和科顿能级图[78]陆续被提出和发展。

3) 终成一个完整体系

根据一系列实验成果，科学家们进行了深入的量子化学研究，解决了核外电子运动状态的描述和核外电子的排布问题，才真正解决了元素周期律的内在原因问题，这就是：元素性质的周期性变化是由于原子的电子层结构的周期性变化(图 4-10)[79]。原子结构理论不仅没有推翻门捷列夫元素周期表的排列，反而发现与它是惊人的一致，无形中使周期律得到了证实，折射出周期律的包容性。

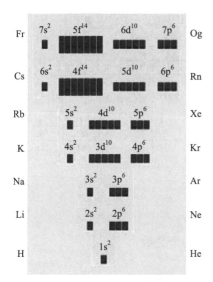

图 4-10 电子层结构的周期性

普朗克

爱因斯坦

戴维森和革末

德布罗意

薛定谔

海森堡

洪德

泡利

斯莱特　　　　　徐光宪　　　　　鲍林　　　　　科顿

如此,可以这样描述化学元素周期律:化学元素的性质是它们原子结构的周期性函数。

5. 锕系理论使近代周期表趋于完整

1940 年以前,铀元素始终位于周期表的末端。人们用超铀元素(transuranic element)泛指原子序数在 92 (铀)以上的重元素。

1) 锕系包含哪些元素

早在门捷列夫建立元素周期律时铀已经被发现了。按照铀的化合价主要是+6,将其安置在钨的下面而与钨成为一族还是可以的。但是,把 93~98 号元素分别安置在 75~80 号元素下面显然就不合适了。早在 1922 年,玻尔根据原子结构理论假定在铀后会出现一个和锕系相似的元素系,并制定了一个元素周期表。玻尔认为这个新元素系应从 93 号元素开始,也有人认为从 95 号元素、91 号元素开始,有人认为应从 92 号元素开始到 106 号为止组成一个新的元素系,还有人提出由 92~95 号元素组成一个铀系等,众说纷纭。

原因何在? 一是这些元素的性质比较复杂,如这 15 种元素的化合价复杂,钍、镤、铀三种元素的主要化合价分别是+4、+5、+6,而不是+3。从锕到铀化合价由+3 递升到+6 (最高、最常见的化合价),从铀起又逐步降低,镎最常见的化合价是+5 和+3,钚是+4 和+3,镅和锔则是+3,锫和锎是+4 和+3。这就造成了它们的排列混乱。二是当时超铀元素尚未发现。

2) 锕系理论的提出和证明

直到 1944 年,美国著名核化学家西博格(G. T. Seaborg,1912—1999)根据重元素的电子结构提出了锕系理论[80],他认为锕及其后的元素组成了一个各原子内的 5f 电子层被依次填满的系列,第一个 5f 电子从镎开始填入,正好与镧系元素中各原子的 4f 电子层被逐渐填满的情形相似。只有根据它们的电子层结构以及综合考虑所有的性质,才可能把它们合并在一起成为锕系。这也是我们认为“化学元素的性质是它们原子结构的周期性函数”的原因。

后来经过这些元素的磁化率测量、电子自旋共振研究、光谱研究等,以及对

西博格

它们化学性质的研究，进一步证明了锕系理论的正确性。104 号元素 Rf 和 105 号元素 Db 合成后，对它们的价态和水溶液性质进行的研究表明，它们分别是 Zr、Hf 和 Nb、Ta 的同族元素，锕系理论才得到最后的证实。

3) 锕系元素的合成

超铀元素大多是不稳定的人造元素，它们的半衰期很短，这给人工合成带来困难。科学技术的发展使人们逐渐掌握了先进的制备方法[81-84]。合成它们的大致方法包括：较轻的超铀元素(从 $Z = 93$ 的镎到 $Z = 100$ 的镄)可以用中子俘获法(反应堆稳定中子流或核爆炸)获得；$Z > 100$ 的元素用重离子加速器轰击制备。

4) 锕系理论建立的意义

在周期表中存在着与镧系元素位置相似的另一系列重内过渡元素——锕系元素。锕系理论的建立使近代周期表趋于完整：为后来逐一合成人工超铀元素指明了方向；从电子结构理论出发说明有可能人工合成出 104～118 号超重元素(superheavy element)，从而完善第七周期；为镧系元素放在周期表下列找到了依据，使近代周期表完善了"对称性占主导地位的形式美"；为周期表延伸的遐想做出了提示。

4.4 展望阶段

科学和技术在不断发展，人们将会利用多种途径更为深刻地研究周期律和周期表。这里包括人们对周期律的再实践—再认识—再检验和对周期表延伸的向往，相信会得到意想不到的结果。

1. 七个周期的元素周期表已完整

超重元素指原子序数大于等于 104 号的元素，它们的 6d 亚层被填入电子。对超重元素的合成研究有助于探索原子核质量存在的极限，最终确定化学元素周期表的边界，同时检验原子核壳模型理论正确与否。根据核结构的液滴模型[85-86]，当质子增加时，核内的凝聚力不能再平衡库仑斥力，重元素的稳定性降低，原子核迅速分裂，形成不稳定的核素海洋。然而，按原子核壳层模型[87-89]预期，具有双幻数的铅同位素 ^{208}Pb 的第二个闭合双壳层应出现在质子数 114、中子数 184 处，即 $_{298}Fl$[90]，远远超过液滴模型的不稳定区域。迈耶尔[91]首先用半经验公式讨论了这个区域的宏观稳定性；尼尔森[92]用计算变形核能级方法改进了理论模型，并提出宏观-微观理论；在此基础上，斯特鲁金斯基进行了新的理论计算，并将壳层效应附加于原子核液滴模型[93]。1967 年，科学家们预言在闭合双壳层 $Z = 114$ 和 $N = 184$ 附近存在一个超重核素的稳定岛[94]。理论上超重核素的半衰期最长可达 10^{15} 年。为了跨过不稳定核素的海洋真正登上稳定岛，科学家采用重离子作为入射粒子有效地引发了合适的核反应。现在，104～118 号元素皆已被成功合成[95-96]，并得到了 IUPAC 的承认和命名[97-100]，七个周期的元素周期表已经完整。但是，确切地说目前只是刚刚踏上超重元素稳定岛的边缘地带，还没有进入稳定岛。

2. 元素周期表可能存在一个上限

稳定岛假说的提出鼓舞着科学家们在自然界和人工合成两个领域寻找新的超重元素。刘国湘和胡文祥根据对天然核素稳定性、重离子核反应截面的限制、核素存在时间的限制、电子壳层的稳定性等方面的综合分析，提出元素周期表可能存在一个在第八周期 138 号元素左右的上限。1969 年，格鲁门(J. Grumann)等认为下一个超重稳定岛将以 $Z = 164$ 为中心，超重核的寿命为几分钟，甚至可长达若干年[101]。这样不仅可以完成元素周期表的第七周期，还可填充 5g～6f 超锕系和 6g～7f 新超锕系两个内过渡系(各 32 种元素)，完成每周期 50 种元素的第八、第九超长周期，直至 $Z = 218$(图 4-11) [94]。应该说，这是一个带有幻想式的大远景周期表。

研究者依据这样一个带有幻想式的大远景周期表，开始尝试合成第 119 号元素(暂定名为 Uue)。结果是，无论是在美国加州伯克利的超重离子直线加速器中用钙-48 轰击镄-254，还是德国亥姆霍兹重离子研究中心用钛核轰击锫[102]，到目前还没有得到 Uue。尽管科学家仍然希望找到更多元素，但一致认为发现第 120 号之后的元素的前景不容乐观。美国劳伦斯伯克利国家实验室研究重元素化学的盖茨(J. Gates)表示："在新元素合成方面，我们已经到了回报递减的阶段，至少以我们目前的技术水平来看是这样。"俄罗斯核物理学家、历史上第二位健在时便拥有以自己名字命名的元素(Og)的科学家奥加涅相说："发现超重元素有时就像打开一个潘多拉盒子，从盒子里扔出来的问题比发现更多的元素要复杂得多。"也就是说，创造新元素在概念上非常简单，但在技术上既困难又缓慢。大多数研究人员认为，探索已知元素的化学性质和核物理性质与制造新元素一样有价值。

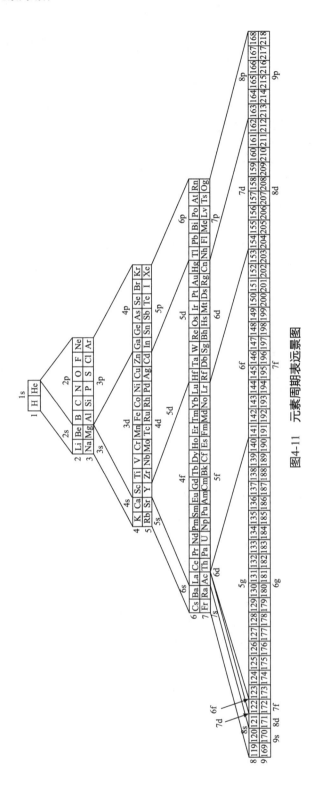

图4-11 元素周期表远景图

研究无机化学的物理方法介绍

2　原子量测定技术的发展

元素的原子量是化学领域中不可缺少的基本数据，对元素周期表的形成起着决定性的作用。原子量的测定方法发展可划分为 3 个时期，即 1810 年起的化学法(chemical method)、1840 年起的质谱法(mass spectrometry)和 1850 年起的校准质谱法(calibrated mass spectrometry)，后两者都归属为物理法。

一、原子量测定技术发展的动力

由于科学技术的发展，人们对原子量测量结果的准确度(accuracy)要求越来越高，这推动了测量技术的不断发展。

(一) 分析测试方法和仪器更新的推动

1919 年阿斯顿的一型质谱仪的准确度是千分之一；1925 年的二型的分辨率是一型的 5 倍，准确度达万分之一；1927 年的三型的准确度达十万分之一；1939 年的分辨率是一型的 130 倍；1940 年的准确度已达百万分之一，达到了现代原子量测定的要求[103]。现今质谱仪的分辨率、准确度和稳定性更高，类型多样。例如，电子碰撞气体质谱(electron imapct gas mass spectormetry)[104]、火花源质谱(spark source mass spectrometry) [105]、二次离子质谱(secondary ion mass spectrometry)[106]、飞行时间质谱(time of flight mass spectrometry) [107]及电感耦合等离子体质谱(inductively coupled plasma mass spectrometry)[108-109]等，都可以用来测量要求更高的元素同位素丰度比[110]。

(二) 稳定同位素化学的不断发展

1912 年汤姆孙发现了第一个稳定同位素氖-22[111]。同位素效应(isotopic effect)显示出同位素质量差相对于同位素质量越大，其核结构的不同对核外层电子的影响就越大，所引起的物理化学性质的差别就越明显。随着科学技术的发展和同位素分离、分析手段的提高，同位素被广泛地应用于许多科学领域。一方面其示踪原子作用广泛应用于地质、矿产、农业、医药、生物、化学化工等领域[112-113]，另一方面可利用同位素原子核结构的差异性制造浓缩的同位素样品，用于原子能工业和原子核结构研究，以及低温超导和激光器的研究。例如，国际阿伏伽德罗常量工作组(IAC)为了保证 N_A 数据测定的准确度，规定相对不确定度应小于 2×10^{-8} [114]。包括中国在内的有德国、日本、意大利、美国、加拿大等 8 个国家的科学家团队，

使 ^{28}Si 同位素的富集率几乎达到 100%[0.9995752(12)67]，原子量测定结果的相对不确定度 ≤ 10^{-9} [115]。

2009 年 IUPAC 宣布某些元素的原子量不再是常数[116]，定义元素的原子量时所提到的"一个原子的平均质量"取决于该元素的每一种同位素的质量和它们在自然界存在的原子分数，即元素 E 的原子量 $A_r(E)$ 定义为

$$A_r(E) = \sum [f_i A_r(^iE)_P] \tag{4-2}$$

式中，f_i 为物质中元素 E 的同位素 ^iE 的同位素丰度，参与加和的同位素包括稳定同位素和半衰期足够长的放射性同位素。

显然，对于单同位素元素，准确的同位素质量就是它的原子量。例如，F 只有一种同位素 ^{19}F，它的质量为：$m(^{19}F) = 18.99840322(15)$。而对于多同位素元素，如 Sn 有 10 种稳定同位素，是同位素最多的元素，它的原子量求算需先准确测出 10 种稳定同位素的各自准确质量，然后按式(4-2)计算而得。地球上已发现的稳定同位素共 274 种，原子序数在 84 以上的元素的同位素都是放射性同位素。常用的有 34 种，已实现规模生产的稳定同位素及化合物有 ^{235}U、重水、^6Li、^{10}B [117]。

从 20 世纪 40 年代开始，包括中国在内的许多国家进行了大量的质谱法测定原子量的工作，发表有关论文 300 余篇[118]。

从另一个角度讲，利用质谱法测定原子量，第一步是找出该元素的同位素的数目和质量，第二步是确定各同位素丰度，即 f_i。可用质谱法精确测定同位素比 R，对于有 i 种同位素的元素，可测得 $(i-1)$ 个同位素比，由此可计算出 f_i。以 C 为例，如测得同位素比：

$$R = \frac{^{13}C原子数}{^{12}C原子数} \tag{4-3}$$

则

$$f_{12} = \frac{1}{1+R} \quad f_{13} = \frac{R}{1+R} \tag{4-4}$$

那么

$$\sum_i f_i = 1 \tag{4-5}$$

由于存在同位素的质量歧视效应(quality discrimination effect)，特别是对于较轻的元素，这种影响更大。于是出现了准确测定原子量的物理方法——校准质谱法，也称绝对质谱测量法(absolute mass spectrometry)。

(三) 原子量测定的不确定度的要求

其实，人们更关心的还是测量结果的准确度。要达到测量的高准确度，就必须满足以下三个要求。

(1) 测量仪器的精密度(precision)高。如果数据结果不能达到高精密度，那么高准确度是无法保证的，结果也是不可信的。再精密的计量器具也或多或少存在误差，会产生随机误差(random error)和系统误差(systematic error)。所谓精密度表示的是测量结果中的随机误差大小的程度，正确度表示的是测量结果中的系统误差大小的程度，准确度表示的是测量结果中系统误差与随机误差的综合，即测量结果与真值的一致程度。这一要求必然迫使着人们对高精密度原子量测定仪器的研制和升级。

(2) 测量方法的不确定度(uncertainty)小。不确定度是 20 世纪 90 年代后开始被科学界普遍应用的一种表示测量结果水平的物理量，它可以用于定量表示测量结果的准确度，用于描述测量结果离开真值的程度。不确定度越大，测量结果的质量、水平越低。因此，要保证测量结果的高准确度，必须使结果的不确定度保持在较低的水平。显然，过去使用的误差一词不宜用来定量表明测量结果的可靠程度。在 IUPAC 2009 年[119]和 2018 年[120]的技术报告中指出：① 每两年公布一次的元素的标准原子量都得到了原子量委员会的定期审查，并给出科学证据[121-122]。② 原子量委员会强调需要新的精确校准的同位素组成测量，以提高一些元素的标准原子量，即便如此，这些元素的准确度仍然不能令人满意。然而，许多元素的原子量不确定度受到地球物质之间的变异性限制，而不是受到测量的准确度或精密度的限制。③《测量不确定度表示指南》(GUM)中解释了报告测量结果的最佳做法，要求用不确定度对测量值进行限定，以及如何计算相关的不确定度。

(3) 测量结果的可溯源性(traceability)。测量数据的单位必须可溯源到新的七个国际标准单位。简单说就是其量值能够溯源到高级标准物质。结果的可溯源性是进行不确定度评估的必要条件，只有测量过程的每个环节和测量结果都具有可溯源性，才能对整体测量方法的不确定度评估，才能确保计量单位统一、量值准确可靠，才具有可比性、可重复性和可复现性。例如，标准原子量先溯源到分子量和物质的量，最后溯源到阿伏伽德罗常量 N_A。不确定度的评定方法可基于概率分布用方差或标准差表示。周期表中原子量数值中括号内的数字表示原子量末位上的不确定度。它一方面来源于测定的实验误差，包括同位素质量的测定误差和同位素天然丰度的测定误差。例如，$A_r(^{19}F) = 18.99840322(15)$，原子量委员会考虑到同位素质量测定值可能的变化，为了使原子量不用经常随之变更，取前 9 位数字作为 F 的原子量，同时将不确定度扩大至 $\pm 5 \times 10^{-7}$，即 $A_r(F) = 18.9984032(5)$；另一方面，不确定度来源于天然样品的同位素丰度差异，如元素 O，^{18}O 在空气氧中的丰度比水中氧略高，而南极冰中的 ^{18}O 的丰度比普通水低，因此在 1961 年原子量委员会给定氧原子量的不确定度为 ± 0.0001，1967 年又将不确定度增至 ± 0.0003。这种处理方法引导了原子量不确定度的测定方法和计算方法的提高[123-127]。

综上所述，物理学家、地球科学家、计量学家与化学家合作推动了原子量的研究。有人称"由于原子量和同位素组成的测量，科学领域取得了一个世纪的进步"[128-129]。精确的硅[130]、银[131]和氩[132]的原子量使得阿伏伽德罗常量、法拉第常量和宇宙气体常量的值得以确立，并对其他基本常量的确立产生了影响。

二、原子量测定技术简述

(一) 化学法

1. 化学法测定之要求

化学法即利用化学反应测出元素的当量，乘以原子价即得原子量的方法。例如，纯氢与纯氧化合为水，由于氧的原子量是基准，就可测出氢的原子量。再如，氧化铁还原为铁，可由质量比 $2Fe/Fe_2O_3$ 测出 Fe 的原子量。最开始的化学法以 Ag、Cl、Br 等作为副标准分析氯化物或溴化物的方法最为准确：先制备出待测元素的高纯的氯(溴)化物，并测定等当量的氯(溴)化物与银或氯(溴)化银的质量比。副标准 Ag 的原子量由 $AgNO_3/Ag$ 而得，Cl 的原子量由 AgCl/Ag 而得，Br 的原子量由 AgBr/Ag 而得，而 N 的原子量则由 $2NO/O_2$ 得到。可以看出，化学法最基本的要求有两个：制备最纯的物质和试剂，合成或分析欲测定元素的适当的化合物。周期表形成时期的原子量均为化学法所得，应该说是近似原子量。化学法大大推动了制备化学和分析化学的发展。哈佛大学的理查兹(T. W. Richards)认为适合测定原子量的化合物应符合[133]：① 必须达到足够高的纯度；② 化合物中除了欲测定的元素外，只能包含已经确定了原子量的元素；③ 化合物中各组分的原子价必须是固定的；④ 选定的化合物必须能够在分析中按规定化合物获得准确的结果，或者该化合物可以定量地合成。因此，他创建了原子量测定的哈佛法，即化学法[18]。

2. 化学法测定之三大师

化学法测定最活跃的时期是在 20 世纪初(图 4-12)。最杰出的人物是哈佛大学的理查兹及其合作者柏克斯特(G. P. Baxter, 1876—1953)和德国明兴大学的赫尼施米德(O. Hoenigschmid, 1878—1945, 我国已故著名教育家、化学家梁树权院士的导师)。他们为化学法测定原子量做出了卓越的贡献。据文献报道，1938～1947 年间，共有 194 项独立的原子量测定是用哈佛法完成的，仅理查兹就重新精确核定了 60 多种元素的原子量。他也因此而获得美国第一个诺贝尔化学奖。

图 4-12　逐年用化学法测定原子量的论文数[44]

3. 化学法之气体密度法

虽然上述测定经常能达到极高的精密度，得到的原子量值甚至与现代原子量值很接近，但在当时方法的准确度未知，因而原子量测定的不确定度均很大。然而气体密度法(gas density method)却是例外。例如，柏克斯特曾用气体密度法对气体元素的原子量进行高精度的测定。他所测定的 Ne 原子量 1961 年曾被 CIAAW 推荐为标准原子量，其基本原理是利用了理想气体密度与分子量的关系。已知实际气体的 d/p 值随压力减小而有规律地减少，二者的关系为线性函数。当外推到 $p=0$ 时，d/p 之值即近似理想状态而称为极限密度。例如，以测定 N_2 的原子量为例，$p=0$ 时，O_2 和 N_2O 的极限密度分别为 $1.42764\ g\cdot L^{-1}$ 和 $1.96377\ g\cdot L^{-1}$，依据阿伏伽德罗两气体的极限密度之比等于其分子量之比，N_2O 的分子量为 $(1.96377/1.42764)\times32.0000=44.0171$。该数减去氧的原子量再除以 2 得 $N=14.0084$。该法对单原子稀有气体分子量测定特别有用。氖和氩的极限密度经测定为 0.90043 和 1.78204 [134]，则其原子量为 20.183 和 39.944。

(二) 质谱法

1. 质谱法和质谱仪简介

质谱法又称原子质谱法(AMS)，是利用电磁学原理对荷电分子或亚分子裂片依其质量和电荷的比值(质荷比，m/z)进行分离和分析的方法。质谱是裂片的相对强度按其质荷比的分布曲线，可用于原子量的测定。

1912 年汤姆孙研制测定质荷比的初步设备[135]；1913 年他报道了关于气态元素的第一个研究成果，证明了 Ne 有 ^{20}Ne 和 ^{22}Ne 两种稳定同位素。第一次世界大战后，质谱法及质谱仪均有进一步的提高，阿斯顿研制了第一台质谱仪(图 4-13)，并在第一次工作中就发现了氩、氖、氯等元素都有同位素存在。随后，他在 71 种元素中发现了 202 种同位素。阿斯顿因此于 1922 年获得诺贝尔化学奖[136-137]。

图 4-13　阿斯顿的第一台质谱仪

20 世纪 30 年代，离子光学理论的发展有力地促进了质谱学的发展，开始出现了诸如双聚焦质谱分析器的高灵敏度、高分辨率的仪器。1942年出现了第一台用于石油分析的商品化仪器，质谱法的应用得到突破性的发展。20 世纪末，在新的离子源研究基础上，质谱进入生物分子的研究领域，成为研究生物大分子结构的有力工具。

2. 无机质谱法的原理

待测化合物分子在离子源的高真空(<10⁻³ Pa)电离室中受到高速电子流或强电场等作用吸收能量，失去外层电子而生成分子离子，或发生化学键断裂生成各种碎片离子，后产生电离，生成分子离子，分子离子由于具有较高的能量，进一步按化合物自身特有的碎裂规律分裂，生成一系列确定组成的碎片离子，将所有不同质量的离子和各离子的多少按质荷比记录下来，就得到一张质谱图。质谱仪原理图见图 4-14。质谱图上的峰可归纳为分子离子峰、碎片离子峰、重排离子峰、同位素离子峰、亚稳离子峰及多电荷离子峰。由于在相同实验条件下每种化合物都有其确定的质谱图，因此将所得谱图与已知谱图对照，就可推断出待测化合物结构。

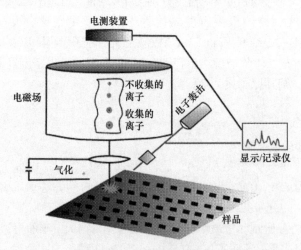

图 4-14　质谱仪分析和扇形磁场质谱计原理示意图

现代原子量几乎都是由质谱测定的。在质谱仪中，被测样品(气体和固体的蒸气)中的元素产生带正电荷的离子，正离子先后通过电场和磁场后发生偏转。无论正离子速度的大小，只要其荷质比相同，离子就会收敛在一处，不同荷质比的正离子将收敛在不同位置,从而区分开来。通过测定离子流的强度求出这些元素的相对丰度,进而算出该元素的原子量。

3. 质谱法的特点

质谱法测定原子量有以下几个主要特点:①几乎可以分析所有元素的同位素,可使用气态、液态、固态三种形式的样品(后两者先气化);②测量精密度可达0.01%～0.001%;③可与色层分析仪器组成联合装置进行复杂混合物的定性定量分析;④利用质谱分析法可提供原子量、分子量、同位素丰度、标记化合物同位素含量等多种数据。

因此,在进行高精密度的同位素分析实验中,质谱法是仪器测量中的首选方法,也是最为人们普遍接受的经典方法。

4. 相对丰度必须矫正

在质谱测定中,可以依据测定的离子流强度以式(4-3)和式(4-4)求出同位素元素的相对丰度比和相对丰度,继而以式(4-2)求出原子量。这里有一个假定:在自然界中元素不论是游离状态还是化合状态,其同位素组成是恒定的。然而实际上,即便是精度很高的质谱法,在许多情况下元素的同位素来源不同,其同位素组成可能不同,有时差值非常明显。

一般同位素组成差异对轻元素影响比较显著,对重元素影响则较小。也就是说:对于碳、氢和氧,自然界同位素丰度的变化大大超过了最先进的同位素质量测量方法的不确定度;而对于铟、锗和碲,则是测量方法决定了标准原子量的不确定度。以碳为例,各种物质中 $^{12}C/^{13}C$ 的值就有差异(表4-24),而且相同物质因来源不同,同位素组成也会有所变动(表4-25)。

表 4-24　各种含碳物质中的 $^{12}C/^{13}C$ 比值[137]

物质	$^{12}C/^{13}C$	物质	$^{12}C/^{13}C$
石灰岩	89.2	石墨	90.2
煤	91.8	方解石	89.9
木材	91.8	大气中的 CO_2	91.5
石油	92.5	石松植物孢子	93.1
沥青质页岩	92.5	藻类	92.8
油页岩	91.7	海生贝壳	89.5
陨石中的碳	91.3	海水	89.3

表 4-25   方解石和石墨中的 $^{12}C/^{13}C$ 比值[138]

材料	产地	$^{12}C/^{13}C$
方解石	芬兰	88.75
	纽约	88.80
石灰岩	波西米亚	88.82
	摩尔维亚	88.85
墨	芬兰	89.17
	纽约	89.55
	波西米亚	90.35
	摩尔维亚	90.46
	奥地利	90.71

可见，不同物质中的同一元素的同位素组成是围绕某一平均值而涨落的。将样品与标准物相(standard phase)相比较，可得到样品同位素的微小变化，常用偏差 δ(可以认为是置信区间或置信度)表示：

$$\delta(‰) = \frac{R_x - R_{ST}}{R_{ST}} \times 10^3 \tag{4-6}$$

式中，R_x 为样品的同位素丰度比；R_{ST} 为标准物的同位素丰度比。几种重要的国际同位素标准物及其 R_{ST} 值见表 4-26。这也就是 IUPAC 在 2009 年把一些元素的标准原子量表示为区间值的原因。

表 4-26   几种物质同位素组成的国际标准[138]

元素	标准物及缩写	R_{ST}
D/H	标准平均洋水(SMOW-IAEA)	1.5576×10^{-4}
$^{18}O/^{16}O$	标准平均洋水(SMOW-IAEA)	2.0052×10^{-3}
$^3He/^4He$	大气氦	1.4×10^{-5}
$^{15}N/^{14}N$	大气氮	3.65×10^{-3}
$^{13}C/^{12}C$	美洲拟箭石(PDB)	1.1081×10^{-2}
$^{34}S/^{32}S$	一种陨硫铁(CD)	0.045

如上所述，质谱法在最后数据处理时遇到了麻烦。因此，科学家又研究出了

校准质谱法。

(三) 校准质谱法

1. 概念

校准质谱法的基础数据来自于质谱仪测定，但是要对质谱仪存在的质量歧视效应作出校正，即测出质量歧视校正因子 K 值。通用的方法是采用两种高纯同位素物质 A、B，事先除去其中的杂质并准确测定其纯度，通过精密的化学计量配制一系列标准样品，然后在质谱仪上测定同位素比，如 R_A、R_B、R_{AB} 分别表示 A、B 和混合物的同位素比，C_A、C_B 表示 A、B 的浓度(μmol^{-1} 溶液)，m_A、m_B 表示用以配制混合物的高纯同位素物质 A、B 的质量，K 表示质量歧视校正因子，则有

$$KR_{AB} = \frac{m_A C_A \dfrac{KR_A}{1+KR_A} + m_B C_B \dfrac{KR_B}{1+KR_B}}{m_A C_A (1 - \dfrac{KR_A}{1+KR_A}) + m_B C_B (1 - \dfrac{KR_B}{1+KR_B})} \tag{4-7}$$

式中，右侧的分子部分代表混合溶液中同位素 A 的总量(μmol)，而分母部分代表同位素 B 的总量。简化后可得到 K：

$$K = \frac{m_A C_A R_A (R_A - R_{AB}) - m_B C_B (R_{AB} - R_B)}{m_B C_B R_A (R_{AB} - R_B) - m_A C_A R_A (R_A - R_{AB})} \tag{4-8}$$

也就是说，从质谱仪上测得的同位素比 R' 是不准确的，必须乘以 K 才是真实的同位素比 R。对于较轻的元素，质量歧视的影响比较大，K 偏离 1 较大。

2. 方法

校准质谱法测量原子量的主要过程可用图 4-15 表示。

(1) 所用高纯同位素物质不仅要求高的同位素纯度，而且要求高的化学纯度。这是一个非常细致和要求严格的工作。一般选择国际同位素标准物或者美国国家标准局(NBS)的样品。利用天然试剂和标记试剂配制校准质谱仪的标准样品。选择配制 A、B 及其混合物的方法应是可靠的。

(2) 目前，各种元素的核素质量已可以用高分辨质谱仪通过质量双线(mass doublet)法精确测定，有效数字可达 9 位，误差在 10^{-9} 量级，在原子量测定中已不会影响到其准确度。但是同位素质量效应的产生，除了元素的同位素组成来源不同的因素外，还有 R 值测定的一系列物理过程中引起的系统误差[110, 118]。

(3) 校正因子 K 的迭代计算。在测定 C_A、C_B 时，需要知道两种高纯同位素物质的同位素丰度，但此时尚未测出 K 值，可以用 R' 代替 R 进行计算，因此所得 A、B 样品的同位素丰度、原子量和 C_A、C_B 都是近似的，所得 K 值也是近似值。用近似 K 值再校正高纯同位素样品的同位素比，从而得到更准确的原子量和 C_A、

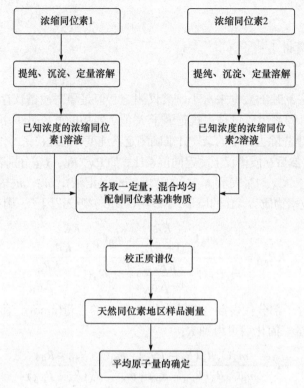

图 4-15　校准质谱法测量原子量流程图

C_B，进而得到更准确的 K 值；如此迭代数次，直至相邻两次的 K 值变化满足实验结果的要求达到收敛，即可获得准确的 C_A、C_B 和 K 值。K 值也与所用的质谱仪有关。例如，在测定 Ge 的原子量时曾用两台质谱仪作对照测定，在 VG-354 上测得 $K_{72/74} = 0.98355$，而在 MAT-262 上则测得 $K_{72/74} = 0.99158$，K 值虽然不同，所得原子量值却是完全相同的[139]。

(4) 结果不确定度分析。测量不确定度是用来表征被测量值所处范围的一种评定。过去通过误差分析给出被测量值的不确定范围。现在认为误差一词不宜用来定量表明测量结果的可靠程度，两者是有明显差别的(表 4-27)，这类似化合价和氧化数两个概念的关系。

表 4-27　测量误差与测量不确定度的主要区别

序号	测量误差	测量不确定度
1	有正号或负号的量值，其值为测量结果减去被测量的真值	无符号的参数，用标准差或标准差的倍数或置信区间的半宽表示
2	表明测量结果偏离真值	表明被测量值的分散性

续表

序号	测量误差	测量不确定度
3	客观存在，不以人的认识程度而改变	与人们对被测量、影响量及测量过程的认识有关
4	由于真值未知，往往不能准确得到。当用约定真值代替真值时，可以得到其估计值	可以由人们根据实验、资料、经验等信息进行评定，从而可以定量确定。评定方法有 A、B 两类
5	按性质可分为随机误差和系统误差两类，随机误差和系统误差都是无穷多次测量情况下的理想概念	不确定度分量评定时，一般不必区分其性质
6	已知系统误差的估计值时，可以对测量结果进行修正，得到已修正的测量结果	不能用不确定度对测量结果进行修正，考虑修正不完善而引入的不确定度

一般，不确定度的评定过程包括建立数学模型、标准不确定度分量的评定、合成标准不确定度、计算扩展不确定度及报告不确定度等几项。关于实验结果不确定度可阅读文献[120, 140-142]，这里不再赘述。

三、中国科学家对原子量测定的贡献

(一) 院士领衔创造辉煌

1. 张青莲院士

中国科学院院士张青莲(1908—2006)是国际著名无机化学家和教育家。他从 1935 年开始进行重水和稳定同位素的研究，涉及氢、氧、碳、氮、锂、硼、硫、铟、锑、铈、铕、铱等十几种元素的同位素。多年来，在同位素化合物的物理化学性质、同位素的动力学效应及同位素分离原理和方法、同位素标准样品的研制、同位素天然丰度及原子量测定等方面，张青莲院士进行了系统深入的研究，硕果累累，发表有关论文百余篇[143]。他的同位素化学造诣尤深，是我国稳定同位素学科的奠基人和开拓者。他对我国重水和锂同位素的开发和生产起过重要作用。

1934 年毕业于清华大学研究生院，次年于德国柏林大学师从无机化学家李森菲尔特(E. H. Riesenfeld)专攻重水研究。1935 年在德国《物理化学》杂志上发表了重水临界温度比轻水低 2.7℃的研究结论，两年共发表论文 10 篇，这些与美国实验室同行的工作构成了早期重水性质研究的经典文献。1936 年获哲学博士学位。1936~1937 年曾作为瑞典物理化学研究所访问学者，随后与同位素化学结下了不解之缘。1983 年当选为国际原子量委员会委员。

2. 梁树权院士

1933 年，梁树权毕业于燕京大学理学院化学系，获理学学士学位。入北平前在农商部地质调查所任助理员，从事矿物、岩石的化学分析。1934 年赴德国明兴大学化学系深造，后随何尼斯密从事原子量测定工作。完成毕业论文后，于 1937年 12 月获自然哲学博士学位。1955 年当选为首批中国科学院院士。

自 1938 年起从事科研与教育工作，曾系统研究稀土与稀有元素的分析化学。他还热心于审定化学名词与编辑化学刊物等工作，并培养了大批专业人才。曾先后任北京大学、中国科技大学、中国科学院研究生院、上海工业大学与长沙国防科技大学以及西北大学等校兼职教授。

梁树权的论文[144]发表后的次年，国际原子量委员会根据论文中的数值，确定铁原子量为 55.85。1961 年，为了物理与化学的原子量标度统一，经 IUPAC 第十一次讨论通过改用 $^{12}C=12$ 为标度，因此，铁原子量换算为 55.847，而非修订。这是梁树权最早的学术成就，时年仅 25 岁，他成为 20 世纪 30 年代获得重大成果的化学家之一。他的两篇关于原子量测定的论文(文献[103]、[145])已成为化学法的经典。

(二) 英雄团队各显才华

张青莲院士主持的科研组的测定目标主要集中在原子量超过 100 的 35 种自然界存在的非放射性元素上。此外，他还考虑到 Ge 与 Zn 的原子量新值测定具有特殊意义。

(1) 科研组采用最先进的校准质谱法测定技术，他们测定的 10 个原子量新值被 IUPAC 的 CAWIA 正式确定为原子量的国际新标准(表 4-28)。在 1991～2001 年的 10 年间，IUPAC 的 CAWIA 根据实验测定结果共采用了 17 种元素(In、W、Os、Ti、Fe、Sb、Ir、Ce、Eu、Ge、Xe、Er、U、Zn、Kr、Mo、Dy)的原子量新值为国际标准。这 17 个原子量新值中由张青莲主持的科研组测定、提供的有 9 个，另外Ir(铱)原子量新值是由张青莲与 K. G. Heumann 两人并列为测定者。这为我国科学界争得了极大的荣誉。这一成果也有力地证明了利用并提高校准质谱法测定技术测定准确的同位素原子量的思路是正确的。

表 4-28　10 种元素的原子量新值

元素	新值	旧值	发布年份	CAWIA 认证年份	备注
In	114.813(3)	114.82(1)	1991	1991	首次接受了中国的测量数据，非校准方法
Ir	192.217(3)	192.22(3)	1992	1993	由张青莲和 Heumann 共同测定，非校准方法

续表

元素	新值	旧值	发布 年份	CAWIA 认证 年份	备注
Sb	121.760(1)	121.757(3)	1993	1993	校准方法
Eu	151.964(1)	151.965(9)	1994	1995	校准方法
Ce	140.116(1)	140.115(4)	1995	1995	校准方法
Er	167.259(3)	167.26(3)	1998	1999	校准方法
Ge	72.64(1)	72.61(2)	1999	1999	校准方法
Dy	162.500(1)	162.498(2)	2001	2001	校准方法
Zn	65.409(4)	65.39(2)	2001	2001	校准方法
Sm	150.363(8)	150.36(3)	2002	2005	校准方法

(2) 团队的测定是创造性的。准确测定原子量的工作是一项开拓性的艰难工作。科研组中执行 R 值测定的都是经验丰富、技术精湛的质谱专家，他们有熟练的操作技能，能利用通用的经验校正法尽量减少测定中的系统误差，还能适时借鉴、改善激发条件。乔广生创造性地以硼酸为注射剂，以 2000℃ 的高温实现了锗的较强热电离[146]；赵墨田采用新涂样工艺[147]；肖应凯采用 1900℃ 高温，把试液滴在金属铼带上进行热离子发射[143]，以熟练的技术在没有采取校准法

张青莲　　　　　梁树权

的情况下取得了相当精确的结果等。他们坚韧不拔、奋斗不息的精神和精益求精、严谨求实的作风是值得学习的。

参 考 文 献

[1] Mendeleev D I. Zh Russ Khim Obshch , 1869, 1(2/3): 60.

[2] 恩格斯. 自然辩证法. 北京: 人民出版社, 1955.

[3] Reedijk J, Tarasova N. Chem Int, 2019, 41(1): 2.

[4] 周其凤. 世界科学, 2019, 4: 31.

[5] Karol P J, Barber R C, Sherrill B M, et al. Pure Appl Chem, 2016, 88(1-2): 139.

[6] Karol P J, Barber R C, Sherrill B M, et al. Pure Appl Chem, 2016, 88(1-2): 155.

[7] 杨奇, 陈三平, 邸友莹, 等. 大学化学, 2017, 32(6): 46.

[8] 凌永乐. 世界化学史简编. 沈阳: 辽宁教育出版社, 1989.

[9] 道尔顿. 化学哲学新体系. 北京: 北京大学出版社, 2006.

[10] 赵匡华. 化学通史. 北京: 高等教育出版社, 1990.

[11] Morrow S I. J Chem Educ, 1969, 46(9): 580.

[12] Avogadro A. J Phys, 1811, 73: 58.

[13] Petit A T, Dulong P L. Ann Chim Phys, 1819, 10: 395.

[14] 《化学发展简史》编写组. 化学发展简史. 北京: 科学出版社, 1980.

[15] Cannizzaro S. Justus Liebigs Ann Chem, 1853, 88(1): 129.

[16] Nye M J, Hiebert E N. Phys Today, 1997, 50(8): 56.

[17] Morley E W. J Am Chem Soc, 1892, 14(7): 173.

[18] Richards T W, Coombs L B. J Am Chem Soc, 1915, 37(7): 1656.

[19] Döbereiner J W. Ann Phys, 1829, 91(2): 301.

[20] von Pettenkofer M J. Gelehr Anz, 1850, 30: 261.

[21] Gladstone J H. London Edinburgh Dublin Philos Mag J Sci, 1853, 5(33): 313.

[22] Cooke J P. Am J Sci Arts, 1854, 17(51): 387.

[23] Kekulé A. Justus Liebigs Ann Chem, 1857, 104(2): 129.

[24] de Chancourtois A B. Compt Rend, 1862, 54: 757.

[25] 张青莲. 化学通报, 1986, (10): 57.

[26] Odling W. Philos Mag, 1857, 13(88): 423.

[27] Odling W. Philos Mag, 1864, 27(180): 119.

[28] Meyer L. Ann Justus Liebigs Ann Chem, 1870, 7: 354.

[29] Meyer L. Ber Deut Chem Ges, 1873, 6(1): 101.

[30] Newlands J A R. Chem News, 1864, 10: 94.

[31] Newlands J A R. Chem News, 1865, 12: 83.

[32] Hinrichs G. D. Programm der Atomechanik oder die Chemie eine Mechanik de Pantome. Iowa City: Augustus Hageboek, 1867.

[33] MeyerJ L. Ber Deut Chem Ges, 1880, 13(1): 259.

[34] 斯毕村 B И, 李有柯. 化学通报, 1955, (10): 16.

[35] 凯德洛夫, 陈益升, 袁绍渊. 化学元素概念的演变. 北京: 科学出版社, 1985.

[36] 特立丰诺夫. 化学元素发明简史. 北京: 科学技术文献出版社, 1986.

[37] 桂起权, 李继堂. 科学技术哲学研究, 2004, 21(1): 43.

[38] 吴蜀江. 科技进步与对策, 2003, 20(12): 96.

[39] de Boisbaudran L. London Edinburgh Dublin Philos Mag J Sci, 1875, 50(332): 414.

[40] Nilson L F. Above Roy Swedish Aca Sci Negot, 1879, 3: 47.

[41] Winkler C. Ber Deut Chem Ges, 1887, 19(1): 210.

[42] 韦克思 M E, 黄素封. 化学元素的发现. 北京: 科学出版社, 2009.

[43] 邢如萍, 成素梅. 科学技术哲学研究, 2010, 27(2): 50.

[44] Mendeleev D I. The Principles of Chemistry. London: Longmans, 1868.

[45] Mendeleev D I. Zhur Russ khim Obshch, 1871, 3: 25.

[46] Mendeleev D I. Z Chem, 1869, 12: 405.

[47] Mendeleev D I. Ber Deutschen Chem Ges, 1871, 4(1): 348.

[48] Mendeleev D I. Ann Chem Pharm, 1872, 8(S): 133.

[49] Bulatov A, Moskvin L, Rodinkov O, et al. Talanta, 2020, 206: 119759.

[50] 王克强. 技术发展的历史逐辑. 西安: 西安交通大学出版社, 1992.

[51] 蔡善钰. 物理, 2019, 48(10): 625.

[52] 高胜利, 陈三平, 谢钢. 化学元素周期表. 2 版. 北京: 科学出版社, 2007.

[53] Ramsay W, Travers M W. Pro R Soc London, 1898, 63(1): 437.

[54] Rutherford E. J Philos Mag, 1911, 21(125): 669.

[55] Rutherford E. Nature, 1913, 92: 423.

[56] Shampo M A, Kyle R A. Mayo Clin Proc, 1993, 68(12): 1176.

[57] Moseley H G J, Darwin C G. J Philos Mag, 2009, 26(151): 210.

[58] Moseley H G J. J Philos Mag, 2009, 27(160): 703.

[59] Rutherford E. Nature, 1925, 115(2892): 493.

[60] Brauner B. Ber Deut Chem Ges, 1882, 15(1): 115.

[61] Bassett H. Chem News, 1892, 65(3-4): 19.

[62] Thomsen J J. Z Anorganische Chem, 1895, 9(1): 190.

[63] Retgers J W. Z Phys Chem, 1895, 16: 644.

[64] Werner A. Ber Deut Chem Ges, 1905, 38(1): 914.

[65] Bohr N. Nature, 1921, 107(1): 1

[66] 徐光宪. 稀土(上册). 2 版. 北京: 冶金工业出版社, 1995.

[67] Planck M. Ann Phys, 1901, 4: 553-563.

[68] Einstein A. Ann Phys, 1905, 322(6): 132.

[69] Bohr N. London Edinburgh Dublin Philos Mag J Sci, 1913, 26(155): 857.

[70] Davisson C J, Germer L H. Nature, 1927, 119(2998): 558.

[71] de Broglie L . Nature, 1923, 112(2815): 540.

[72] Schrödinger E. Butsuri, 1926, 1(6): 1049.

[73] Hund F. Linienspektren und Periodisches System der Elemente. Berlin: Springer, 1927.

[74] Pauli W. Zeitschrift für Physik A Hadrons and Nuclei, 1925, 31(1): 765.

[75] Slater J C. Phys Rev, 1930, 35(5): 509.

[76] 徐光宪. 化学学报, 1956, 22(1): 80.

[77] Pauling L. The Nature of the Chemical Bond and the Structure of Molecules and Crystals. New York: Cornell University Press, 1939.

[78] Cotton A F, Wilkinson G, Gaus P L. Basic Inorganic Chemistry. New York: Wiley, 1995.

[79] Curtin D W, Gingerich O. Phys Today, 1987, 40(6): 68.

[80] Seaborg G T, Loveland W D. The Elements Beyond Uranium. New York: Wiley & Sons, 1990.

[81] Seaborg G T. 人造超铀元素. 魏明通, 译. 台北: 台湾中华书局, 1973.

[82] 克勒尔. 超铀元素化学. 北京: 原子能出版社, 1977.

[83] 戈尔丹斯基 В И, 波利卡诺夫 С М. 超铀元素. 盛正真, 译. 北京: 科学出版社, 1984.

[84] Seaborg G T. Contemp Phys, 1987, 28(1): 33.

[85] Teller E, Wheeler J A. Phys Rev, 1938, 53(10): 778.

[86] Wheeler J A. Phys Rev, 1939, 56(5): 426.

[87] Mayer M G. Phys Rev, 1948, 74(3): 235.

[88] Haxel O, Jensen J H D, Suess H E. Phys Rev, 1949, 75(11): 1766.

[89] Mayer M G. Phys Rev, 1950, 78(1): 16.

[90] Meldner H. Ark Fys,1968, 53(1): 195.

[91] Myers W D, Swiatecki W J. Nucl Phys, 1966, 81(1): 1.

[92] Nilsson S G, Nix J R, Sobiczewski A, et al. Nucl PhysA, 1968, 115(3): 545.

[93] Strutinsky V M. Nucl Phys A, 1967, 95(2): 420.

[94] Seaborg G T. J Chem Educ, 1969, 46(10): 626.

[95] Corish J, Rosenblatt G M. Pure Appl Chem, 2003, 75(10): 1613.

[96] Elding L I. Pure Appl Chem, 1994, 66(12): 2419.

[97] 秦芝, 范芳丽, 吴晓蕾, 等. 化学进展, 2011, 23(7): 1507.

[98] Tatsumi K, Corish J. Pure Appl Chem, 2010, 82(3): 753.

[99] Loss R D, Corish J. Pure Appl Chem, 2012, 84(7): 16669.

[100] 高胜利, 杨奇, 李剑利, 等. 解码化学元素周期表. 北京: 科学出版社, 2013.

[101] Grumann J, Mosel U, Fink B, et al. Z Phys, 1969, 228(5): 371.

[102] Fluck E. Pure Appl Chem, 1988, 60(3): 431.

[103] 梁树权. 化学通报, 1962, (2): 3.

[104] Brown H L, Biltz C, Anbar M. Int J Mass Spectrom, 1977, 25(2): 167.

[105] Lukaszew R A, Marrero J G, Cretella R N F, et al. Anal, 1990, 115(7): 915.

[106] Christie W H, Eby R E, Warmack R J, et al. Anal Chem, 1981,53(1): 13.

[107] Hieftje G M, Myers D P, Li G, et al. J Anal Atom Spectro, 1997, 12(3): 287.

[108] Schuette S, Vereault D, Ting B T G, et al. Analyst, 1988, 113(12): 1837.

[109] Whitley J E, Ni Z M, Hieftje G M, et al. J Anal Atom Spectrom, 1988, 3(1): 2.

[110] 刘炳寰. 质谱学方法与同位素分析. 北京: 科学出版社, 1983.

[111] Thomson J J. London Edinburgh Dublin Philos Mag J Sci, 1912, 24(140): 209.

[112] 吕家鸿. 同位素在生理学和生物化学上的应用. 北京: 科学出版社, 1958.

[113] Baillie T A. 稳定同位素——药理学、毒理学和临床研究中的应用. 上海: 上海科学技术出版社, 1983.

[114] Andreas B, Azuma Y, Bartl G, et al. Phys Rev, 2011, 106(3): 030801.

[115] Heumann K G. Mass Spectrom Rev, 1992, 11(1): 41.

[116] Coplen T B, Holden N. Chem Int, 2011, 33(2): 10.

[117] 张炜明. 稳定核素的应用. 北京: 科学出版社, 1983.

[118] 钱秋宇. 大学化学, 2001, (6): 1.

[119] Wieser M E, Berglund M. Pure Appl Chem, 2009, 81: 2131.

[120] Possolo A, van der Veen A M, Meija J, et al. Pure Appl Chem, 2018, 90(2): 395.

[121] Peiser H S, Holden N E, de Bièvre P, et al. Pure Appl Chem, 1984, 56(6): 695.

[122] Laeter J R D, Böhlke J K, de Bièvre P, et al. Pure Appl Chem, 2003, 75(6): 683.

[123] Walczyk T, Heumann K G. Int J Mass Spectrom, 1993, 123(2): 139.

[124] Mana G, Rienitz O. Int J Mass Spectrom, 2010, 291(1): 55.

[125] Johnson W H. Int J Mass Spectrom, 1977, 25(4): 455.

[126] Kipphardt H, Valkiers S, Henriksen F, et al. Int J Mass Spectrom, 1999, 189(1): 27.

[127] Meyer V R. Anal Bioanal Chem, 2003, 377(4): 775.

[128] de Laeter J, Peiser H. Anal Bioanal Chem, 2003, 375(1): 62.

[129] Budzikiewicz H, Grigsby R D. J Am Soc Mass Spectrom, 2006, 15(9): 1261.

[130] Bièvre P D, Lenaers G, Murphy T J, et al. Metrologia, 1995, 32(2): 103.

[131] Powell L, Murphy T, Gramlich J. NBS J Res, 1982, 87: 9.

[132] Böhlke J K. Pure Appl Chem, 2014, 86(9): 1421.

[133] Richards T W. Determinations of Atomic Weights. Washington: Carnegie Institution of Washington, 1910.

[134] Baxter G P, Starkweather H W. P Natl Acad Sci, 1928, 14(1): 50.

[135] Thomson J J. J Philos Mag, 1910, 20(118): 752.

[136] Aston F W. Mass-spectra and Isotopes. London: Edward Arnold, 1933.

[137] Squires G. Dalton Trans, 1998, (23): 3893.

[138] 郭正谊. 无机化学丛书. 第十七卷. 稳定同位素化学. 北京: 科学出版社, 1984.

[139] 张青莲, 赵敦敏, 李文军, 等. 质谱学报, 2000, 21(2): 1.

[140] 肖明耀. 计量技术, 1994, 5: 28.

[141] 刘智敏. 现代不确定度方法与应用. 北京: 中国计量出版社, 1997.

[142] 周涛. 同位素丰度绝对测量方法研究与铽原子量的测定. 北京: 中国原子能科学研究院, 2004.

[143] 张青莲. 张青莲文集——北京大学院士文库. 北京: 北京大学出版社, 2001.

[144] Hönigschmid O, Liang S C. Z Anorg Allg Chem, 1939, 241(4): 361.

[145] 梁树权. 化学通报, 1955, (6): 7.

[146] Chang T, Qiao G. Chin Chem Lett, 1997, 8(9): 837.

[147] 赵墨田. 质谱学报, 2004, 25(B10): 167.

第**5**章

元素周期律的应用

　　周期律是把来自实验的总结经过科学的综合分析而形成的理论，它具有科学的预见性和创造性，可以帮助人们改进认识物质世界的思维方法，指导新的自然科学实验，具有应用的重要意义。

　　所谓周期律的应用，不应当只理解为对周期表形成和发展的内涵应用，如元素性质的周期性和规律性研究，新元素的发现和合成等，广义上应是对某些自然科学实验在周期表上体现的结果分类和提示的研究。本章选用一些研究成果在元素周期表中的反映实例，并尽可能用图示的方法展现，以示周期律的指导作用。

5.1　周期律对材料元素选择的指导作用

　　在元素周期表中位置靠近的元素性质相似，如前所述水平的、垂直的、对角的、区域的相似性和关联性，这就启发人们在元素周期表中一定的区域内寻找新的类似物质。

5.1.1　半导体材料元素的选择

1. 半导体材料的分类

　　半导体材料按照化学组分不同，可分为化合物、单质、固溶体等；按照不同的组分元素，可分为一元、二元、三元、多元半导体等；根据晶态不同，可分为单晶、多晶、非晶半导体；按照应用方式不同，又可分为薄膜材料和体材料。一般，第一代半导体材料是指硅和锗，第二代半导体材料包括磷化镓、磷化铟、砷化铟、砷化镓、砷化铝及其合金，第三代半导体材料包括硒化锌、碳化硅、氮化镓、金刚石等。

（1）第一代半导体材料实质是指本征半导体，它们是周期表中金属与非金属接界处的元素，即图 5-1 中用绿色表示的 7 种元素。

（2）杂质半导体的性能与掺杂物(dopant)和本征元素两者的原子特性有关。掺杂物依照其带给被掺杂材料的电荷正负而区分为施主(donor)与受主(acceptor)。例如，四价元素锗或硅晶体中掺入五价元素磷、砷、锑等杂质原子时，杂质原子的五个价电子中有四个与周围的锗或硅原子形成共价结合，多余的一个电子被束缚于杂质原子附近，产生类氢能级。杂质能

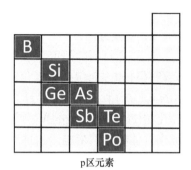

p区元素

图 5-1　半导体元素在周期表中的位置

级位于禁带上方靠近导带底附近。杂质能级上的电子容易激发到导带成为电子载流子。在锗或硅晶体中掺入微量三价元素硼、铝、镓等杂质原子时，杂质原子与周围四个锗或硅原子形成共价结合时缺少一个电子，因而存在一个空位，与此空位相应的能量状态就是杂质能级，通常位于禁带下方靠近价带处。价带中的电子容易激发到杂质能级上填补这个空位，使杂质原子成为负离子。价带中由于缺少一个电子而形成一个空穴载流子，在价带中形成一个空穴载流子所需能量比本征半导体情形要小得多。半导体掺杂后其电阻率大大下降。加热产生的热激发或光照产生的光激发都会使自由载流子数增加而导致电阻率减小，半导体热敏电阻和光敏电阻就是根据此原理制成的。

2. 半导体材料的研究进展

1）研究体系不断扩大

由于对半导体性能的严格要求，杂质半导体的成分较复杂。仅无机化合物半导体就分为二元系、三元系、四元系等。

二元系包括：IV-IV族/III-V族/II-VI族/I-VII族/V-VI族元素形成的化合物，以及第四周期中的 B 族和过渡族元素、某些稀土族元素形成的化合物。除这些二元系化合物外，还有它们与原子或它们之间的固溶体半导体，如 Si-AlP、Ge-GaAs、InAs-InSb、AlSb-GaSb、InAs-InP、GaAs-GaP 等。研究这些固溶体可以在改善单一材料的某些性能或开辟新的应用范围方面发挥很大作用。

三元系包括：由一个 II 族和一个 IV 族原子替代 III-V 族中两个 III 族原子所构成的半导体，如 $ZnSiP_2$、$ZnGeP_2$、$ZnGeAs_2$、$CdGeAs_2$、$CdSnSe_2$ 等；由一个 I 族和一个 III 族原子替代 II-VI 族中两个 II 族原子所构成的半导体，如 $CuGaSe_2$、$AgInTe_2$、$AgTlTe_2$、$CuInSe_2$、$CuAlS_2$ 等；由一个 I 族和一个 V 族原子替代族中两个 III 族原子所组成的半导体，如 Cu_3AsSe_4、Ag_3AsTe_4、Cu_3SbS_4、Ag_3SbSe_4 等。

另外,还有结构基本为闪锌矿的四元系(如 Cu_2FeSnS_4)和更复杂的无机化合物。

2) 主攻方向

半导体材料的研究进展取决于研究能力的提升和产业化的需求[1]。近年的研究新材料和方向包括以氮化镓(GaN)为代表的Ⅲ族氮化物宽禁带(GaN 3.39 eV,AlN 6.1 eV)半导体[2-5],以具有直接带隙的能带结构的硒化铅(PbSe)、硫化铅(PbS)、碲化铅(PbTe)为代表的Ⅳ-Ⅵ族化合物窄禁带(0.2~0.4 eV)半导体材料[6-8],以及二维半导体材料纳米电子器件和光电器件[9-11]。

5.1.2 耐高温、耐腐蚀特种合金材料元素的选择

耐高温、耐腐蚀的特种合金材料是制造火箭、导弹、宇宙飞船、飞机、坦克等不可缺少的。周期表中ⅢB~ⅥB族的过渡元素如钛、钽、钼、钨、铬是制作特种合金的优良材料。它们的熔点高,分别是 1660℃、3017℃、2617℃、3410℃、1907℃。有良好的抗腐蚀能力:钛与海水、王水及氯气都不反应;钽无论是在冷还是热的条件下,与盐酸、浓硝酸及王水都不反应;钼在常温下不与 HF、HCl、稀 HNO_3、稀 H_2SO_4 及碱溶液反应;钼只溶于浓 HNO_3、王水或热而浓的 H_2SO_4、煮沸的 HCl 中;钨常温时不与空气和水反应,不加热时,任何浓度的盐酸、硫酸、硝酸、氢氟酸及王水对钨都不起作用,当温度升至 80~100℃时,上述各种酸中,除氢氟酸外,其他酸对钨可发生微弱作用;铬只能缓慢地溶于稀盐酸、稀硫酸。它们最大的特点是掺入合金中会使合金耐腐蚀性大大提高。

5.1.3 催化剂元素的选择

人们在长期的生产实践中发现,过渡元素对许多化学反应有良好的催化性能。进一步研究发现,这些元素较高的催化活性与电子容易失去、容易得到或容易由一个能级迁移至另一能级的事实有关。例如,V_2O_5催化 SO_2 氧化的反应,可能涉及 V(+5)与 V(+4)氧化态之间的转换(图 5-2):

$$\frac{1}{2}O_2 + 2V(Ⅳ) \Longrightarrow O^{2-} + 2V(V)$$

$$SO_2 + 2V(V) + O^{2-} \Longrightarrow 2V(Ⅳ) + SO_3$$

$$\frac{1}{2}O_2 + SO_2 \Longrightarrow SO_3 \tag{5-1}$$

再如,石油的催化裂化、重整等反应,广泛采用过渡元素作催化剂,如 $RhCl(PPh_3)_3$ 对烯烃的催化加氢反应[12](图 5-3);人们发现少量稀土元素能大大改善催化剂的性能,如汽车尾气处理器中的催化剂就是稀土化合物(图 5-4)。

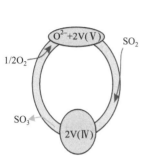

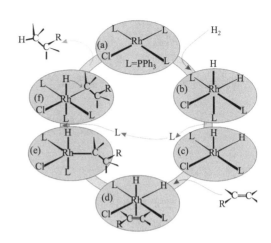

图 5-2　V_2O_5 催化 SO_2 氧化循环　　　　图 5-3　$RhCl(PPh_3)_3$ 催化烯烃加氢反应

于是，人们努力在过渡元素包括稀土元素中寻找各种优良催化剂。例如，目前人们已能用催化剂制备金刚石相[13]：

$$CCl_4(l) + Na(s) \xrightarrow[\text{Ni-Co-Mn 合金催化剂}]{\text{水热,100℃}} C(金刚石) + NaCl(s) \qquad (5\text{-}2)$$

铂系金属也是优良的无机和金属有机工业用催化剂。其催化活性的配位点位于不饱和配合物中金属原子的配位空位上。例如，$PdCl_4^{2-}$ 离解一个 Cl^- 生成 $PdCl_3^-$，导致 Pd 原子配位不饱和，所有的 $PdCl_3^-$ (实际起催化作用物种)具有相同的活性中心，即配位空位，是导致高选择性的一个重要原因。铂系金属催化活性高的另一个原因是，这些金属相应于表面物种稳定性居中，而 Fe、W、Co、Ni 等相对较低的催化活性是由于形成了过于稳定的表面物种，较低的生成热是吸附能力较弱的标志[14](图 5-5)。

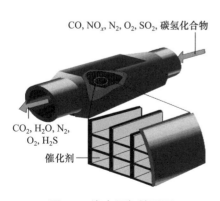

图 5-4　汽车尾气处理器

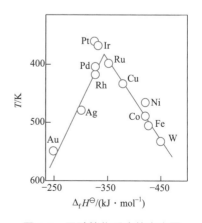

图 5-5　甲酸催化反应的火山图

近年来，人们已广泛地把这些原理应用在热点催化反应研究中，如利用太阳能光催化分解水制氢[15-17]、电解水制氢[18-19]、电催化氮气还原合成氨[20-21]及制备锂硫电池电极材料[22-23]等，贵金属电极材料均显示出优良的催化性能。又如，Pt 单原子光催化成为异相催化领域中的宠儿[24-25]，引发了国际上单原子催化剂的研究热潮。

5.2　元素周期表在地质中的应用

5.2.1　矿物元素在周期表中的分布

地球上化学元素的分布与它们在元素周期表中的位置有密切的联系[26-28]。科学实验发现如下规律：

(1) 原子量较小的元素在地壳中含量较多，原子量较大的元素在地壳中含量较少。

(2) 偶数原子序数的元素含量较多，奇数原子序数的元素含量较少(图 5-6)。

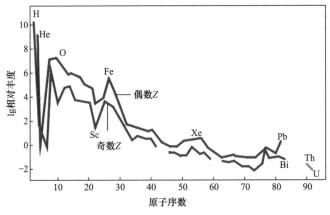

图 5-6　元素丰度与原子序数的关系

(3) 处于地球表面的元素多数呈现高价，处于岩石深处的元素多数呈低价。

(4) 碱金属一般是强烈的亲石元素，主要富集于岩石圈的最上部。

(5) 熔点、离子半径、电负性大小相近的元素往往共生在一起，同处于一种矿石中。

(6) 在岩浆演化过程中，电负性小、离子半径较小、熔点较高的元素和化合物往往首先析出，进入晶格，分布在地壳的外表面。

5.2.2　矿物元素共生的启示

1. 矿物元素分类

具有相似性质的元素往往聚集在一起。苏联科学院院士查瓦里茨基(A. H.

Заварицкий)将化学元素分成 12 类，并将其制成地质专用周期表(图 5-7)：

(1) 氢。

(2) 惰性族气体(He、Ne、Ar、Kr、Xe、Rn)。

(3) 造岩元素族(Li、Be、Na、Mg、Al、Si、K、Ca、Rb、Sr、Cs 和 Ba)，汽化剂或挥发元素族。

(4) 岩浆射气元素(B、C、N、O、F、P、S、Cl)。

(5) 铁族元素(Ti、V、Cr、Mn、Fe、Co、Ni)。

(6) 稀土、稀有元素族(Sc、Y、Zr、Nb、Ta、Hf、RE 等)。

(7) 放射性元素族(Fr、Ra、Ac、Th、Pa、U 等)。

(8) 钨钼族元素(Mo、Tc、W、Re)。

(9) 铂族元素(Ru、Rh、Pd、Os、Ir、Pt)。

(10) 硫化类成矿元素族(Cu、Zn、Ga、Ge、Ag、Cd、In、Sn、Au、Hg、Tl、Pb 等)。

(11) 半金元素族(As、Sb、Bi、Se、Te、Po)。

(12) 重卤素族(Br、I、At)。

	H																
He	Li	Be	B	C	N	O	F										
Ne	Na	Mg	Al	Si	P	S	Cl										
Ar	K	Ca	Sc	Ti	V	Cr	Mn	Fe	Co	Ni	Cu	Zn	Ga	Ge	As	Se	Br
Kr	Rb	Sr	Y	Zr	Nb	Mo	Tc	Ru	Rh	Pd	Ag	Cd	In	Sn	Sb	Te	I
Xe	Cs	Ba	RE	Hf	Ta	W	Re	Os	Ir	Pt	Au	Hg	Tl	Pb	Bi	Po	At
Rn	Fr	Ra	Ac	Th	Pa	U											

图 5-7 查瓦里茨基矿物元素周期表

2. *利用矿物共生找矿*

矿物共生组合反映了一些共生矿物的成因。矿物共生组合一定程度上取决于元素的地球化学性质和地质作用中的物理化学条件(如温度、压力、组分浓度、pH、E_h 等)。因此，研究矿物共生组合规律可以预测某些地质环境中可能的有用矿物，以指导找矿，还有助于阐明成矿规律、确定矿石类型、推断矿床成因以及研究和鉴别矿物共生组合的矿物。

类质同象现象在天然矿物和人工合成物中都很常见。同一类质同象系列中的混晶的晶胞参数和物理性质如密度、折射率等彼此相近，而且都随组分含量比的连续递变而呈线性变化。两种组分能以任何比例相互混溶，从而形成连续的类质同象系列，称为完全类质同象。例如，在菱镁矿 $Mg[CO_3]$和菱铁矿 $Fe[CO_3]$之间，由于镁和铁可以互相代替，可以形成各种 Mg、Fe 含量不同的类质同象混合物，构成镁与铁呈各种比值的连续的类质同象系列：

$$Mg[CO_3] \;—\; (Mg,Fe)[CO_3] \;—\; (Fe,Mg)[CO_3] \;—\; Fe[CO_3]$$

　　菱镁矿　　　　含铁的菱镁矿　　　含镁的菱铁矿　　　菱铁矿

其分散、集中的规律往往也可以在周期表中得到体现。

　　3. 矿床与元素周期表

　　(1) 周期表的副族元素，从左到右熔点降低，从上到下熔点降低，构成成矿系列。例如，第一、第二、第三过渡系列元素。

　　(2) 第一过渡系列元素基本上与基性、超基性岩矿床有关；从左到右为氧化物到硫化物。

　　(3) 稀土元素性质相似，均为氧化物。

　　(4) 铜镍硫矿床伴生铂钯钴。

　　(5) 镉作为锌矿的前缘晕元素是化探找锌的重要指示元素。

　　(6) ⅥB 族元素从上到下，铬、钼、钨表现出从基性到酸性成矿系列。

　　(7) 稀散金属通常是指由镓(Ga)、铟(In)、铊(Tl)、锗(Ge)、硒(Se)、碲(Te)和铼(Re)7 种元素组成的一组化学元素。但也有人将铷、铪、钪、钒和镉等包括在内。铼主要由钨钼矿伴生，镓、铟、锗主要由锡矿伴生，锆、铪主要由铌钽矿床伴生，镉主要由锌矿伴生。

　　(8) 与碱性岩有关的有经济价值的成矿矿物主要为 Nb、Ti、Zr、Re、Al、Be 的氧化物、硅酸盐。

　　(9) 如果在伟晶岩中发现钠长石、锂云母、粉红色绿柱石和红色电气石，就可能还会有铯榴石，因为根据 Na、Li、Cs、Be、B 在周期表上的位置，再加上人们在实际中积累的经验，这些元素是密切共生的，而电气石和绿柱石所具有的红色也是含铯的一种标志。

　　(10) 在自然界中可以找到一些典型的元素组合来说明这种分类是符合自然规律的。例如，伟晶岩就是亲石元素的典型组合，多金属矿床是亲铜元素的典型组合，含有 Fe、Ir、Os 等杂质的自然铂是亲铁元素的典型组合。因此，人们可以依据矿物在周期表中的分布，按图索骥，利用某种矿物的指示找到另一种共生矿。例如，用银晕找铜，用镉晕找铅、锌等。人们还建立了一些地域性矿物找矿模型[29-30]。

5.3　矿物浮选与元素周期表

5.3.1　以硫化物或硫代酸酐形式沉淀金属离子

　　周期表中的许多金属离子都可以与多种试剂形成沉淀。研究沉淀形成的条件，对于金属离子的分离具有重要意义。图 5-8 表示以硫化物或硫代酸酐的形式沉淀的离子在周期表中的分布信息：黑线框中的离子可从 0.3 mol · L^{-1} 的 HCl 溶液中沉淀出来。

Ⅰ
Ⅱ
Ⅲ
Ⅳ
Ⅴ
Ⅵ
Ⅶ
Ⅷ
Mn²⁺ 16
Fe²⁺, 19
Co²⁺, 26
Ni²⁺ 27
Cu²⁺ 40
Zn²⁺ 26
Ga³⁺
Geᴵⱽ
Asᴵᴵᴵ, ⱽ 29(Ⅲ)
(Seᴵⱽ)
Moⱽᴵ
Tc
Ru,
Rh,
Pd
Ag⁺ 50
Cd²⁺ 28
In³⁺
Sn Ⅱ,Ⅳ 25(Ⅱ)
Sb Ⅲ, Ⅴ
(Teᴵⱽ)
Wⱽᴵ
Re
Os
Ir
Pt
Au Ⅲ
Hg Ⅰ, Ⅱ 52(2)
Tl⁺ 20
Pb²⁺ 28
Bi³⁺

图 5-8　以硫化物或硫代酸酐的形式沉淀的离子在周期表中的分布

数字为硫化物的 p$K_{sp}^{\ominus}$

5.3.2　矿物浮选

1. 羟氨及其衍生物作用的金属离子

一些试剂与金属离子之间具有特殊作用，这些金属离子在周期表中分布有一定规律，可以利用这些规律指导矿物浮选相关研究。朱一民和周菁等曾以“矿物浮选与元素周期表”为题进行许多相关研究[31-38]，其结果有助于矿物工程学科的发展。例如，他们就 25 种羟氨及其衍生物化学试剂作为氧化矿浮选剂的研究，为氧化矿浮选提供了新技术。图 5-9 表示羟氨及其衍生物与金属离子作用在化学元素周期表上的对应关系。图中阴影内元素即为羟氨及其衍生物作用的金属离子，这些金属离子的矿物用羟氨及其衍生物均可以捕收，如羟肟酸可浮选捕收氧化铁、白钨矿、百铅矿、氧化铜矿、铌钽矿、黑钨矿等。

H He
Li Be B C N O F Ne
Na Mg Al Si P S Cl Ar
K Ca Sc Ti V Cr Mn Fe Co Ni Cu Zn Ga Ge As Se Br Kr
Ru Sr Y Zr Nb Mo Tc Ru Rh Pd Ag Cd In Sn Sb Te I Xe
Cs Ba La Hf Ta W Re Os Ir Pt Au Hg Tl Pb Bi Po At Rn
Fr Ra
Ce Pr Nd Pm Sm Eu Gd Tb Dy Ho Er Tm Yb Lu
Th Pa U Np Pu Am Cm Bk Cf Es Fm Md No Lr

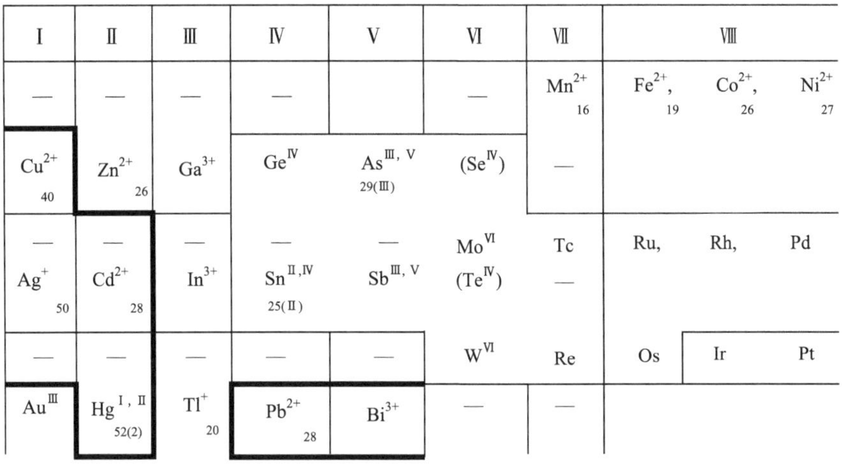

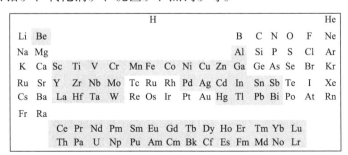

图 5-9　羟氨及其衍生物与金属离子作用在化学元素周期表上的对应关系

2. 我国矿物浮选的新进展

研究表明，浮选(flotation)工艺取得突破性进展的关键在于高效螯合选矿药剂的精准构建。在原生矿物(primary mineral)金属浮选回收及捕收剂的研究方面，国内外学者开展了大量的工作。

(1) 高效、低毒和有选择性地从金矿和电子废物中提取金对于采矿工业和电子垃圾回收是至关重要的[39]。当前主流的浸金方法是碱性氰化法(alkaline cyanidation)，该方法高毒、高能耗和不环保的缺点制约着采矿工业和电子垃圾回收产业的发展。陕西师范大学杨鹏课题组[40-41]专注于 N-溴代丁二酰亚胺/吡啶(NBS/Py)体系对贵金属金快速刻蚀研究，将该体系应用在金矿和电子废物中金的提取。NBS/Py 体系的最佳浸出 pH 为 8，接近于中性，且相比于传统的硫代硫酸盐体系、碘-碘化物体系和硫脲体系有更高的浸出率，浸出率近 90%，并有很好的选择性(图 5-10)。稀释液对哺乳类和水生动物的毒性比较中，NBS/Py 体系表现出了明显的优势，体现了低毒、温和的特点。

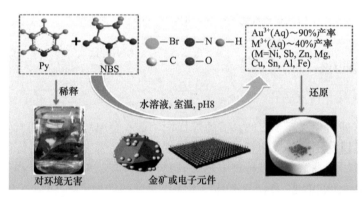

图 5-10　利用 NBS/Py 方法从矿石中浸出金的示意图

(2) 方铅矿是重要的载银矿物，含银方铅矿的浮选分离是获得银金属的主要途径。广西民族大学蓝丽红课题组采用密度泛函理论研究银在方铅矿中的结构及化学状态，考察银杂质对方铅矿晶体及电子结构的影响，研究了浮选药剂分子及官能团如黄药、乙硫氮、黑药、氢氧根、羟基钙、铬酸根和高锰酸根在不同银含量方铅矿表面的吸附过程，多角度解释了含银方铅矿与浮选药剂作用机理及其浮选行为[42-43]，为含银方铅矿的浮选分离提供了理论依据。

(3) 随着钛工业的飞速发展，高品级金红石的需求量日益增加。与国外金红石资源主要来源于海滨砂矿不同，国内主要以原生金红石矿为主，海滨砂矿仅占我国金红石资源总储量的 14%。在国内原生金红石浮选回收及捕收剂(collector)的研发方面[44]，中南大学、昆明理工大学等高校和科研院所开展了大量的工作[45-48]，结果表明：相对于传统的脂肪酸类、肿酸类、膦酸类等药剂，作为双齿配体的含苯环螯合捕收剂在对金红石的捕收能力、选择性及对环境的友好程度等方面均显示出了独特的优势。商洛学院刘明宝课题组依据配位化学理论，构筑具有明显可比性的含苯环螯合捕收剂进行与金红石的作用特性研究，筛选出了高效螯合捕收剂并且其对实际矿石的选别效果良好[49-51]。

思考题

5-1　以你对上述三例利用配位化学理论进行贫瘠矿物浮选事实的了解，你认为有无可能开辟一条新的贫瘠矿物浮选新路径？

5.4　生物元素在周期表中的分布

生物无机化学(bioinorganic chemistry)是一门介于无机化学与生物化学之间，与化学、生物学、医学、食品营养学、环境化学等密切相关的交叉学科。生物化学家依靠生物化学理论和新技术，结合物理和无机化学的理论和方法，研究生物体中的元素和化合物，更多地侧重从生物学的角度研究这些物质对生物体的生理和病理作用。无机化学家则用自己熟悉的化学理论和方法研究无机分子在生物体中的功能和作用。

5.4.1　化学元素与人体之间的关系

毋庸置疑，化学元素与人体之间的关系非常密切。人和自然环境间存在着某种本质的联系，其物质基础就是自然界中的化学元素。以下三点足以说明这种密切关系。

1. 地壳中化学元素和人体中化学元素含量的一致性

由于环境地球化学的发展，精确测定不同地区人体中化学元素含量的结果显示：人体中不仅几乎能找到地壳中所有的化学元素，而且这些元素平均含量的相对大小和地壳内的情况十分相似，变化趋势也很吻合[52](图 5-11)。

2. 人体同地壳物质保持着动态平衡

人在地球表面繁衍生息，因而在进化过程中同周围环境保持着极为密切的关系，这种关系同地壳物质始终保持着一定的动态平衡[53]。当一个地区的某种元素缺乏或过多时，会直接或间接地引起这种动态平衡失调，引发地方病。常见的地方病有碘缺乏病(iodine deficiency disorder，IDD)、地方性氟中毒(endemic fluorosis，简称地氟病)、地方性硒中毒(endemic selenosis)、伊朗村病(Iranian villager disease)等。

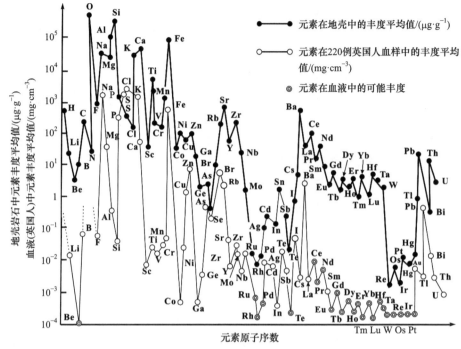

图 5-11　人体血液和地壳中元素含量的相关性

(1) IDD。由于人体内缺碘影响甲状腺功能、脑功能而导致的某些疾病统称IDD，主要是地方性甲状腺肿(endemic goiter)和地方性克汀病(endemic cretinism)。IDD 是目前导致人类智力障碍的主要原因之一。

(2) 地方性氟中毒。长期摄入过量氟而引起的慢性全身性疾病，主要表现为氟斑牙和氟骨症。

(3) 地方性硒中毒。硒是人体必需的微量元素，具有重要的生理功能，能防治多种疾病。硒摄入过多或过少都会对人体造成伤害。克山病和大骨节病都是缺硒引起的流行性地方病，而蹒跚病和碱毒病是由于土壤、饮水、食物中硒含量过高引起的地方性硒中毒。

(4) 伊朗村病。伊朗村病是缺少微量元素锌而引起的地方性侏儒症，因 1958年在伊朗锡拉兹地区发现而称为伊朗村病。主要症状是生长发育迟缓，身材矮小，有的甚至伴有严重贫血、生殖腺功能不足、皮肤粗糙干燥。我国四川省中部资中市东南的阳鸣村也曾发现了伊朗村病。

3. 环境—化学元素—人体健康

元素在环境与人体中的循环见图 5-12。人类在生活过程中会对环境施加影响，有时会改变周围环境，这种环境的变化又会发生反馈作用，影响人体的健康：一方面某些微量元素特别是有害元素过多会造成环境污染，另一方面某些必需微量元素的减少又会引起人体病变。因此，提倡绿色工业、治理环境污染、保护环境，建立人与环境的和谐非常重要。

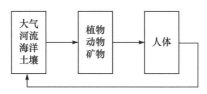

图 5-12　元素在环境与人体中的循环

5.4.2　生物元素图谱与化学元素周期表之间的关系

1. 生物元素分类

生物元素可分为必需元素(essential element)、有益元素(beneficial element)、有毒元素(toxic element)等[53]。

(1) 必需元素：必需元素是构成机体组织，维持机体生理功能、生化代谢所需的元素。这些元素为人体(或动物)生理所必需，在组织中含量较恒定，它们不能在体内合成，必须从食物和水中摄入。

(2) 有益元素：是指必需营养元素之外的虽非生物体必需但对生物生长具有良好作用的元素。

(3) 有毒元素：对生物(人体)有毒性而无生物功能的元素，如锗、铅、锑、碲、镉、汞、铝、镓、铟、铊、砷等。

按照在生物体中的含量，生物元素可分为大量元素和微量元素两类。前者包括 O、C、H、N、P、S、Ca、K、Cl、Na、Mg 11 种元素，构成人体总质量的 99.95%，后者包括 Fe、Zn、Cu、V、Cr、Mn、Co、Mo、Ni、Cd、F、Br、I、Se、Si、Sn、Pb、Hg、Li、B 等元素，它们在生物体中的总质量不大于 0.05%，但起着重要的作用。

关于生物元素在生物体中的功能，可参考有关生物化学原理的书籍[53-55]。

2. 生物元素在生物体中的分布

从一定意义上讲，生物元素在生物体中的分布就是生命元素图谱(atlas of life elements，图 5-13)，它展示了化学元素与生物体作用的规律性。刘元方等[56-58]选用一种世界性的淡水纤毛虫——上海株梨形四膜虫作为实验材料，测定以稳态离子形式存在的各种元素对促进虫群生长分裂浓度和抑制浓度的两种参数，得到的实验结果表明：主族元素同一周期从左至右，同一族内自上而下，元素的毒性增加而营养作用减弱(图 5-14)，从而提出了化学元素对生物真核细胞的作用与元素周期律密切相关的论据；对副族元素的研究表明，这些元素对细胞生长分裂的促进浓度与它们在海水中的丰度之间存在着相互呼应消涨的关系，从而支持了生命起源和进化的海洋学说，并从金属离子的水解形式和离子势方面，阐述了第一过渡系元素在低浓度时的生化促进作用与周期表中原子序数的依存关系；对稀土元素的研究发现，轻稀土的营养促进作用优于重稀土，呈现出有益生化的效能(图 5-15)。唐任寰[59]采用莱哈衣藻进行植物细胞模型的实验，进一步证实了上述结果。

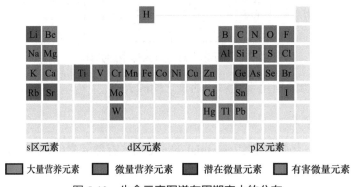

图 5-13　生命元素图谱在周期表中的分布

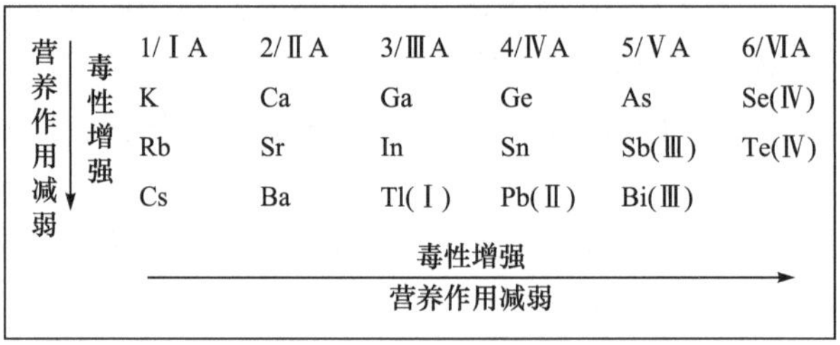

图 5-14　主族元素毒性和营养作用变化趋势

图 5-15　稀土元素毒性和营养作用变化趋势

　　了解并分析生物元素在周期表中的分布可发现一些规律。11 种宏量元素全部集中在周期表中最前面的 20 种元素内，它们主要分布在周期表中 s 区上方和 p 区上方。必需微量元素有集中在第四周期尤其是第四周期 d、ds 区的趋势。已知的有害元素除了 Be、Ba 外，多数集中在 p 区下方。多数必需微量元素位于周期表前部位置，除碘、钼外，它们在前 34 个元素(Se 之前)中。有害元素几乎全部位于周期表下部尤其是第五、第六周期后段。

　　铷($Z = 37$)位于周期表前部位置，恰好处于人体必需微量元素集中区域的中间部位，这是显示其具有生物学作用及生理功能的主要信息。从这个推断出发，人们做了多方面的探索和研究，研究表明铷与生命过程有关，它很有可能是人体必需微量元素：① 某些疾病的发生与发展与 Rb 的缺乏或过量有关。② 一般情况下 Rb 对人体没有毒害作用，在活的机体内用 Rb^+ 代替 K^+ 在生物功能上不会引起重大干扰[60]。③ 大豆、牛肉以及灵芝、天麻等的含铷量均较高。④ 人体的含铷量随年龄增长而逐渐降低，没有储存现象。⑤ 在人与人、器官与器官以及同一器官的不同部位，铷的含量相差很小，这是构成必需微量元素的另一重要条件，而非必需微量元素在上述情况下含量往往相差很大。⑥ 铷存在于生物机体内的所有组织之中，其含量与各种组织器官中的 Fe、Zn、Co、Se 等微量元素的含量呈正相关性。这显示出铷与这些必需微量元素一样，在生物体内的转运过程属于主动转动机制。这种从低浓度区向高浓度区逆浓度梯度的转运过程，正是生命有机体内必需微量元素代谢的重要特征，而非必需微量元素均是借助于扩散和渗透作用从高浓度区向低浓度区做被动转运的。⑦ 动物试验也表明，动物的肝、脑、肾、脾、睾丸及血液中的含铷量，随时间的不同会发生一定的波动。⑧ 铷的摄入量和排泄量相等以及没有在生物体内发生积蓄作用，证明人体内有调节及平衡铷代谢的机制，这是生物体内必需微量元素的另一个主要表现。

以上这些研究表明，铷已经具备了成为必需微量元素的基本条件。但要得到人们的公认，还需做进一步的研究。

3. 讨论生物元素时要注意的问题

讨论生物元素与周期表的关系时，还应注意以下几个问题：

(1) 必需元素和有益元素之间、中性元素和有毒元素之间的界限并不是十分固定的。同一种元素有时是有益的，有时又会成为有害的，这与元素在生物体内的浓度和存在形式有关。例如，三价铬对防治心血管病有重要作用，而六价铬有致癌作用。又如，在生物体中，硒含量为 0.1 ppm 时是有益的，可当含量达 10 ppm 时则是致癌的。

(2) 最适营养浓度定律。某种元素在体内的"身份"可由其存在浓度决定。法国科学家伯特兰德(G. Bertrand)在研究金属锰对植物生长的影响后提出了一个生物体都适用的定律，可用图 5-16 表示。

(3) 元素的致癌和抗癌作用根本区别在于其价态。考察致癌元素在周期表中的位置(图 5-17)会发现，第四周期既是必需微量元素的集中周期，又是发现致癌元素较多的周期；许多元素既是致癌元素，又有抗癌作用。当金属与正常组织结合时，就呈现致癌现象。相反，如果金属与异常组织如癌细胞结合就呈现抗癌作用。可以认为，同样的金属离子既有致癌作用又有抗癌性的现象，可能对人们理解致癌机理提供了重要线索，有助于人们寻找和合成抗癌药物。这里的关键是金属离子的形态。

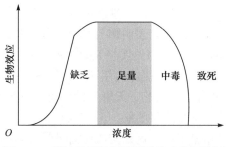

图 5-16　伯特兰德最适营养浓度定律示意图

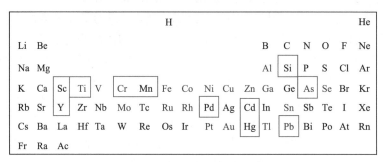

图 5-17　致癌元素在周期表中的分布

方框内为确认或可疑致癌元素，蓝色元素为抗癌元素

5.5　氢化物在周期表中的分布

广义上讲，含有氢的化合物都称为氢化物(hydride)，这里特指氢的二元化合物。大多数二元化合物可归于下述分子型氢化物(molecular hydrogen compound)、似盐型氢化物(saline hydride)和金属型氢化物(metallic hydride)三大类之一。

1. 分子型氢化物

除铝、铋和钋外，第 13～17 族元素都能形成迄今人们最熟悉的一类氢化物。分子型氢化物以其分子能够独立存在为特征，并且常以氢化合物代替氢化物。可以将分子型氢化物分为三个亚类。

1) 缺电子化合物

缺电子化合物指分子中的键电子数不足，从而不能写出正常路易斯结构的化合物。第 13 族元素形成缺电子化合物，一个有代表性的例子是乙硼烷 B_2H_6 [图 5-18(a)]。根据路易斯结构的要求，B_2H_6 分子中的 8 个原子结合在一起时，至少需要 14 个键电子，而实际上只有 12 个。正是为了解决这个矛盾，3c-2e 键的概念才应运而生。

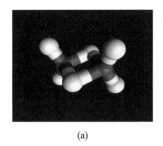 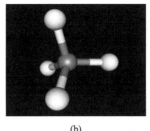 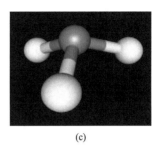

$$(a) \qquad\qquad (b) \qquad\qquad (c)$$

图 5-18　B_2H_6(a)、CH_4(b)和 NH_3(c)的分子结构

2) 足电子化合物

足电子化合物指所有价电子都与中心原子形成化学键，并满足了路易斯结构要求的一类化合物。第 14 族元素形成足电子化合物，如甲烷分子 CH_4[图 5-18(b)]，分子中的键电子对数恰好等于形成的化学键数。

3) 富电子化合物

富电子化合物指价电子对的数目多于化学键数目的一类化合物。第 15～17 族元素形成富电子化合物，如氨分子 NH_3[图 5-18(c)]，4 个原子结合只用了 3 对价电子，多出的两个电子以孤对形式存在。

2. 似盐型氢化物

似盐型氢化物由 s 区金属和电正性高的几个碱土金属形成，其中氢以 H^- 形式存在。像典型的无机盐一样，似盐型氢化物是非挥发性、不导电并具有明确结构的晶形固体化合物。这些氢化物中 H^- 离子半径变化在 126 pm(LiH)到 154 pm(CsH)之间。如此大的变化幅度说明 H^- 中原子核对核外电子的控制较松弛。如果考虑到 H^- 的核外电子数比核的质子数超出一倍的事实，这一现象就不难理解了。似盐型氢化物与水反应生成金属氢氧化物同时放出 H_2。例如，在实验室用来除去有机溶剂和稀有气体(如 N_2、Ar)中的微量水时往往选用 CaH_2。若溶剂中含大量水，则不能采用这种方法脱除，因为反应中放出的大量热会使产生的 H_2 燃烧。

3. 金属型氢化物

金属型氢化物指氢与 d 区和 f 区金属元素形成的一类二元氢化物，其中大多数显示金属导电性。这类化合物的一个重要特征是具有非化学计量组成，即它们是 H 原子与金属原子之间比值不固定的一类化合物。例如，在 550℃，化合物 ZrH_x 的组成变化在 $ZrH_{1.30}$ 与 $ZrH_{1.75}$ 之间。

各类氢化物在周期表中的分布大体可用图 5-19 表示。复合氢化物氢含量高、种类繁多、性能多样。自 1997 年被发现可作为储氢材料之后，复合氢化物已被应用于能量存储、转化和利用等各个领域。

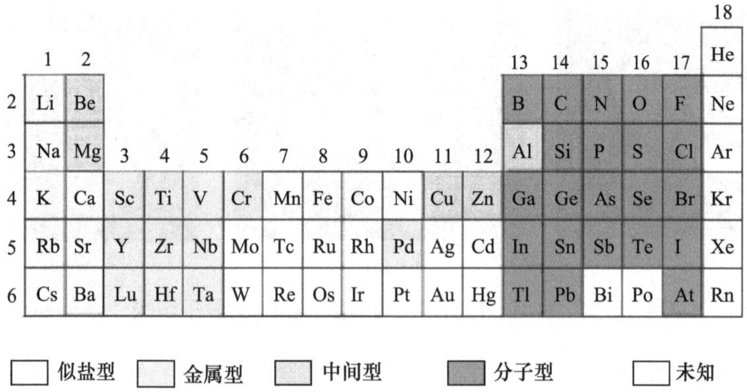

似盐型　　　金属型　　　中间型　　　分子型　　　未知

图 5-19　氢化物在周期表中的分布

5.6　碳化物在周期表中的分布

5.6.1　二元金属碳化物的分类

碳化物(carbide)通常指金属或非金属元素与碳组成的二元化合物，可从元素的属性划分为金属碳化物和非金属碳化物两类。这里指的是碳与金属或类金属形成的二元化合物，通常可分为如下三类。

1. 似盐型碳化物

似盐型碳化物(saline carbide)是第 1、2 族元素以及元素 Al 形成的离子型固体化合物。这些固体化合物大体可看作离子型化合物。似盐型碳化物又可细分为三个亚类。

1) 石墨嵌入化合物

片状石墨晶体分子可以像其他片状化合物如黏土矿物，与电子给予体(donor)和电子受体(acceptor)型有机、无机分子发生嵌入反应，形成石墨嵌入化合物(graphite intercalation compound，GIC，图 5-20)[61]。这种化合物晶体结构上的特点是嵌入剂在石墨层间形成独立的嵌入物层。因此从结构上讲，GIC 是一种纳米复合材料。

研究表明，这些化合物具有石墨本身无法比拟的物理化学性能。例如，导电方面，KC_8-GIC 化合物的导电行为已接近金属导体[62]，AsF_5-GIC 的导电率则达到了 6.2×10^5 S·cm^{-1}，比铜的值(5.8×10^5 S·cm^{-1})[61]还高；超导方面，高压熔融法制得的 KC_6、KC_4 及 CsC_4-GIC 的超临界温度分别达到 1.45～1.55 K、5.5 K、6 K[63]。此外，碱金属-石墨嵌入化合物在低温下对氢气、低分子有机化合物还具有很好的吸收性能，甚至与 $LaNi_5$ 的吸收能力相当[64]。

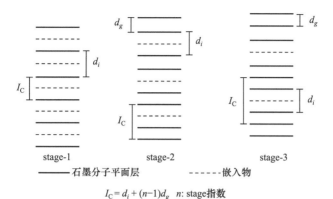

$$I_C = d_i + (n-1)d_g \quad n: \text{stage指数}$$

图 5-20 石墨嵌入化合物的结构示意图

2) 甲烷型碳化物

由于甲烷型碳化物中存在形式上的 C^{4-}，因此很难将其确定为像 B_2C 和 Al_4C_3 之类的似盐型碳化物。甲基物的晶体结构表明碳化物中的碳原子存在方向性成键作用，而球形离子的简单堆积不可能存在这种成键作用。

3) 二碳化物

CaC_2 就是二碳化物，因此又称乙炔化物，其中的 C_2^{2-} 相应于乙炔中的 $(C\equiv C)^{2-}$(图 5-21)，其结构与 NaCl 结构相类似，只是哑铃形的 C_2^{2-} 使晶体沿哑铃轴的方向拉长。

2. 金属型碳化物

许多 d 区和 f 区元素形成金属型碳化物(metallic carbide)。它们保持了金属的光泽和导电性，其中的 C

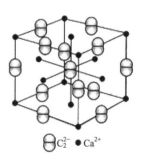

图 5-21 CaC_2 的结构

原子处于金属晶格的八面体空隙中，因而又称间隙型碳化物(interstitial carbide)。后一名称给人以错误印象，似乎它们不能算作正统的化合物。事实上，这类化合物的机械硬度和许多性质都表明存在强的金属-碳键。金属特别是第 4、5、6 族金属的碳化物(氮化物、硼化物)是很有前途的硬质材料，但目前大量生产的只有钨和钛的碳化物。碳化钛是金属碳化物中最硬的(莫氏硬度 9~10)，但由于含氧量高而易变脆，通常制成(Ti, W)C、(Ti, Ta, W)C 等混合晶体使用。WC 是工业上最重要的金属型碳化物(弹性模量 71.0 GPa，抗压强度 56 MP，热膨胀系数 $3.84 \times 10^{-6}°C^{-1}$)，用于制造刀具、矿山工具和耐高压装置，如生产金刚石的装置。

3. 类金属碳化物

类金属碳化物(metalloid carbide)是由 B 和 Si 形成的机械硬度很大的共价型固

体化合物。其中以共价型的碳化硼和碳化硅(俗名金刚砂)最为重要，两者都是优良的硬质材料。图5-22给出某些无机硬质材料的磨损硬度与各自的晶格焓密度(晶格焓除以物质的摩尔体积)之间的关系，图中的C表示金刚石，BN表示闪锌矿结构的氮化硼。

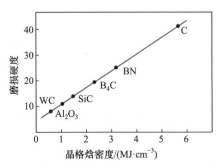

图 5-22 某些无机硬质材料的磨损硬度与晶格焓密度之间的关系

5.6.2 各类碳化物在周期表中的分布

图5-23示出各类碳化物在周期表中的分布，为完整起见，图中也包括碳的分子化合物(它们不属于碳化物)。这种分类方法对研究碳化物的物理性质和化学性质十分有用，但各类之间的分界线有时并不十分清楚，无机化学中经常会遇到这种情况。

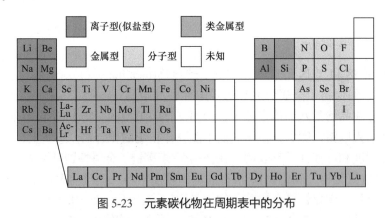

图 5-23 元素碳化物在周期表中的分布

5.7 超导元素在周期表中的分布

超导(superconductivity)是指某些导电材料在极低温度(温度接近绝对零度)时，材料的电阻趋近于零的性质。超导体电阻为零的温度称为超导临界温度(critical temperature)，用 T_c 表示。超导体(superconductor)是指能进行超导传输的导电材料。零电阻和抗磁性是超导体的两个重要特性，必须同时出现。

目前已知在常压下具有超导性的元素有 28 种，加上在高压下具有超导性的元素共 50 多种。研究表明能显示超导性的元素在周期表中有某些规律[65]：铁磁性金属 Fe、Co 和 Ni 不显示超导性，碱金属和钱币金属 Cu、Ag 和 Au 也没有超导性；任何金属本身不可能既具有铁磁性又具有超导性。一些金属元素的 T_c 见表 5-1。

表 5-1　一些金属元素的超导临界温度[66]

元素	W	Be	Ir	α-Hf	α-Ti	Ru	Cd	Os	α-U	α-Zr
T_c/K	0.012	0.026	0.14	0.165	0.49	0.49	0.515	0.65	0.68	0.73
元素	Zn	Mo	Ga	Al	α-Th	Pa	Re	Tl	In	β-Sn
T_c/K	0.0844	0.92	1.1	1.174	1.37	1.4	1.7	2.39	3.416	3.72
元素	α-Hg	Ta	V	β-La	Pb	Tc	Nb	Rh		
T_c/K	4.15	4.48	5.3	5.98	7.201	8.22	9.26	0.0002		

历史事件回顾

3　超导和超导体简介

超导磁体的核磁共振成像已被广泛应用于医疗检测和医学诊断中，利用超导材料的迈斯纳效应(Meissner effect)可以制造磁悬浮列车，人们对超导和超导体已不再陌生。百年来，超导和超导体在理论、性质研究、应用等各方面都在飞速发展。超导现象的发现不仅是物理学领域具有里程碑意义的事件，扩展了人类对物质物理性质的认识，而且推动了工业技术的发展。介绍超导和超导体研究飞速发展的书籍和文章铺天盖地，本专题拟以另一种方法对其进行简介。

一、超导体的特性

(一) 零电阻效应

零电阻效应(zero resistance effect)指当材料在低于 T_c 时，其电阻突变为零的现象，即当外界温度低于 T_c 时，材料处于超导态，而当外界温度高于 T_c 时，材料处于正常态。

(二) 迈斯纳效应

1933 年, 德国物理学家迈斯纳(W. Meissner)和奥森菲尔德(R. Ochsebfekd)[1]在测量锡单晶球超导体样品的磁场分布时发现, 当降温到 T_c 以下时, 样品体内的磁力线被排除, 不能穿越样品体, 即超导态时超导体内部的磁场恒为零。而在正常态时, 磁通量可以穿过样品(图 5-24)。这就是迈斯纳效应。对于这一现象的解释是: 当处于超导态的超导体与外磁场靠近时, 超导体表面会在磁场的作用下产生超导电流, 此超导电流会形成磁场, 磁场大小与外部磁场大小相同, 方向相反, 因此产生抵消, 使超导体内部的磁感应强度 B 等于零, 即超导体排斥体内的磁场。进一步研究表明, 只要温度低于 T_c, 超导体内部的磁场恒等于零, 与是否施加外加磁场无关, 这一现象又称为超导体的完全抗磁性。例如, 将超导体钇钡铜氧(YBCO)块材放在一个体积很小的永久磁铁上, 用液氮降低 YBCO 温度至超导态, YBCO 块材就离开永久磁体并悬浮在空中(图 5-25)。

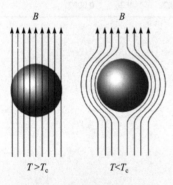

图 5-24　迈斯纳效应示意图　　　　图 5-25　YBCO 块材抗磁性实验

(三) 约瑟夫森效应

约瑟夫森效应(Josephson effect)又称为超导体的隧道效应, 指电子能够通过两块超导体之间的薄绝缘层的量子隧穿效应。

(四) 元素替代效应

超导材料的元素替代效应(element substitution effect)又称为超导同位素效应, 指 T_c 随着其原子量的增加而减小。

(五) 超导临界参数

在超导体基本特性的基础上, 超导态依赖于 3 个相关的物理参数: 温度、外加磁场及电流密度，每个参数都有一个临界值区分超导态和正常态，这 3 个参数称为超导临界参数(superconducting critical parameter)，它们是彼此关联的[67](图 5-26)。

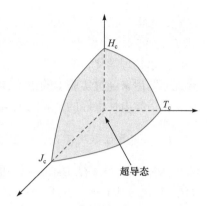

图 5-26　温度、外加磁场和电流密度的超导相图

二、超导与诺贝尔物理学奖

超导材料的发现与发展不仅丰富了物理领域的基础研究，而且扩展了材料领域的应用研究。作为凝聚态物理前沿领域之一，百余年来长盛不衰，相关研究促成了至少 5 次诺贝尔物理学奖，获奖人数至少 10 人[67](图 5-27)。

(一) 发现零电阻效应获奖

1908 年，荷兰物理学家昂纳斯(H. K. Onnes，1853—1926)经过好友范德华(1910 年获诺贝尔物理学奖)的指点，实现了氦气的液化，获得常压下沸点为 4.2 K 的液态氦。利用液氦进一步减压制冷，可以达到约 1.5 K 的低温环境，而 He-3 制冷则可以达到 0.1 K 以下的低温，由此开启了低温物理科学研究的新篇章。1911 年，在研究低温下金属的电阻行为时，昂纳斯等将金属汞降温到 4.2 K 以下时，惊奇地发现汞的电阻值突然下降到测量仪器的最低值以下(10^{-5} Ω)，基本可认为其电阻降到了零(图 5-28)[68]。昂纳斯将这个物理现象称为超导，寓含"超级导电"

图 5-27　超导研究中获诺贝尔物理学奖的 10 位科学家

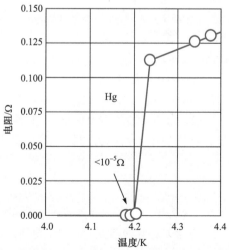

图 5-28　金属 Hg 的超导转变情况

之意，从此开辟了一个新的领域。金属汞也因此成为第一个被人类发现的超导体，其 T_c 为 4.2 K。昂纳斯本人也因为成功地液化氦气及发现超导现象获得了 1913 年的诺贝尔物理学奖，成为超导领域第一个获此殊荣的人，而 1911 年也被称为"超导元年"。后来经过实验上的论证，可以确定的是超导体的电阻率要小于 $10^{-18}\ \Omega \cdot m$，比室温下导电性最好的金属的电阻率($10^{-8}\ \Omega \cdot m$)低了整整 10 个数量级。

(二) 超导性微观理论——BCS 获奖

1957 年，巴丁(J. Bardeen，1908—1991)、库珀(L. N. Cooper，1930—)与施里弗(J. R. Schrieffer，1931—)提出了解释常规金属超导体的超导性微观理论——BCS(Bardeen-Cooper-Schrieffer)[69]，在微观上说明了超导的形成机理。该理论认为：费米面附近的正常态电子通过交换声子过程产生吸引的相互作用，从而两两形成库珀对，而超导性是库珀对在低温下发生玻色-爱因斯坦凝聚而表现出的一种宏观量子现象。BCS 理论不仅成功地解释了一些已经观察到的实验现象，而且预言了许多新的实验现象并被后来的实验所证实。通过 BCS 理论，可以导出相干长度、磁场穿透超导体表面的穿透深度、下临界磁场和上临界磁场(H_c)、临界电流密度(J_c)等一系列超导体特征物理量。更重要的是，它预言了常规超导体临界转变温度的麦克米兰极限[70]，即 $T_c^{max} = 40\ K$ 的上限。巴丁、库珀与施里弗由此获得了 1972 年的诺贝尔物理学奖。

(三) 约瑟夫森效应获奖

1962 年，英国剑桥大学的约瑟夫森(B. D. Josephson，1940—)在研究超导体能隙性质时预言，在两块超导体之间夹着薄绝缘层所构成的隧道结中(S-I-S 结构的约瑟夫森结[71])：

(1) 当超导结两端电压值 V 等于零时，结中存在由超导库珀对的隧穿效应引起的超导电流，这就是直流约瑟夫森效应。

(2) 当超导结两端电压值 V 不等于零时，通过结的是一个交变的振荡超导电流，且振荡频率 f(称为约瑟夫森频率)与电压成正比，并满足如下关系：

$$f = \frac{2eV}{h} \tag{5-3}$$

式中，e 为电子电量；h 为普朗克常量。

约瑟夫森效应就是指电子能够通过两块超导体之间的薄绝缘层的量子隧穿效应，这是约瑟夫森在理论上关于超导结隧道效应的预言，在提出后不到一年的时间里被安德森(P. R. Andetson)与罗厄尔(J. M. Rowell)等在实验上证实[72]，为超导体中的电子对运动提供了证据，使人们对超导现象的本质有了更加深入的认识和理解。约瑟夫森由此获得了 1973 年的诺贝尔物理学奖。

(四) 发现镧钡铜氧的高温超导电性获奖

1987 年，来自 IBM 公司的工程师柏诺兹(J. G. Bednorz，1950—)和缪勒(K. A. Müller，1927—)因发现镧钡铜氧(La-Ba-Cu-O)化合物的高温超导性($T_c = 35$ K)[73] 获得了当年的诺贝尔物理学奖。这一发现把超导体从金属、合金与化合物扩展到陶瓷氧化物材料，将人们的目光吸引到了铜氧化物上，在全球引发了高温超导的研究热潮。

(五) 超导性新理论获奖

2003 年，阿布里科索夫(A. A. Abrikosov，1928—2017)、金兹堡布尔格(V. L. Ginzburg，1916—2009)和利盖特(A. J. Leggett)因在超导体和超流体理论方面的工作获得 2003 年的诺贝尔物理学奖。他们在 1950 年京茨堡和朗道(L. D. Landau)的二级相变理论[74]基础上提出超导电性的唯象理论(Ginzburg-Landau 方程[75]，GL 理论)，成功预言相干长度和穿透深度这两个超导体的特征参量，还给出了区分第一类超导体与第二类超导体的判据。

简而言之，第一类超导体只有一个临界磁场，之上为有电阻的正常态，之下为零电阻的超导态；第二类超导体具有两个临界磁场，上临界场之上为有电阻、不抗磁的正常态，下临界场之下为零电阻、完全抗磁的超导态，中间则是具有零电阻但不具有完全抗磁性的混合态(图 5-29)。这个理论预言随后在实验上被直接观测到，证明了超导现象属于一种量子效应。超导磁通量子的存在，意味着超导体在很多时候电磁特性是非常复杂多变的,这既给超导的强电应用带来许多困难，也给超导的弱电应用带来许多机遇[72]。

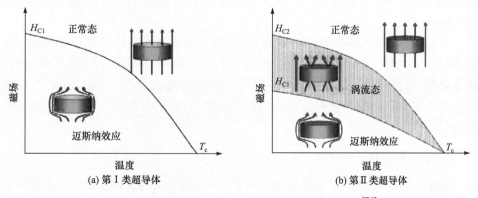

图 5-29　在外加磁场下两种类型超导体的性质差异[76]

三、超导研究发展的特点

超导研究领域充满了挑战和机遇。一个多世纪来的发展非常迅速。本书不做专门讲解，有许多综述和专著可供读者参考。这里仅从它的飞快发展特点进行简介。

(一) 研究对象不断扩展

至今已有 5000 多种超导化合物被合成和研究，超导材料已从单纯的金属发展到合金、化合物，按其化学成分可分为四大类。

1. 超导元素

在常压下具有超导性的元素有 28 种，其中金属 Nb 有最高的 T_c，为 9.26 K；加上高压下超导性的元素共有 50 多种(图 5-23)。

2. 合金材料

超导元素中加入其他元素形成合金，可以使超导材料的性能提高。例如，首先合成的 NbZr 合金，其 T_c 为 10.8 K，H_c 为 8.7 T。后又合成了 NbTi 合金，虽然 NbTi 合金的 T_c 比较低，但其 H_c 很高，在一定的磁场下可以承载更大的电流，是目前用于 7~8 T 磁场下的主要超导磁体材料。NbTi 合金中再加入 Ta 合成的三元合金，性能会进一步提高。

3. 超导化合物

超导元素与其他元素化合得到的超导化合物经常有很好的超导性能，如已大量使用的 Nb_3Sn，其 T_c = 18.1 K，H_c = 24.5 T。其他重要的超导化合物还有 V_3Ga，T_c = 16.8 K，H_c = 24 T；Nb_3Al，T_c = 18.8 K，H_c = 30 T。

4. 超导陶瓷、有机超导体及半导体或绝缘超导材料

超导陶瓷包括铜基氧化物和铁基化合物。1987 年，中国科学家赵忠贤等[77]和美籍华人科学家朱经武等[78]同期独立发现 T_c 在液氮温度(77.3 K)以上的 Y-Ba-Cu-O 超导体。

早在 1964 年，Little 提出一定的有机分子在室温或者更高的温度下可能出现超导性[79]，1980 年丹麦学者 Bechgssrd 等[80]发现了第一个有机超导体 $(TMTSF)_2PF_6$。碳基超导体的研究发展很快(图 5-30)[81]，包括碱金属掺杂苯环类化合物[82-84]、盐类及有机复合物类超导体[85]、C_{60} 类超导体[86-87]、金刚石类超导体[88-91]、淬火碳超导体等[92]。

(二) 临界温度逐步上升

过低的 T_c 会极大地限制超导体的应用，因为超导态的实现需要依赖于昂贵而稀有的液氦才能获得低温环境，所以高温超导材料面世一直是超导科学家的追求之一。超导体临界温度逐步上升的趋势大致可用图 5-31 表示。因为液氮低廉易制

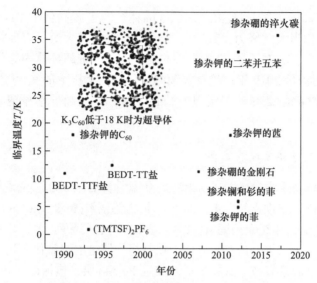

图 5-30　不同年份的有机超导体的临界温度

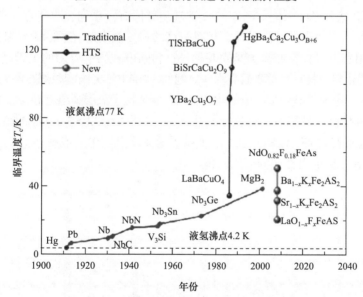

图 5-31　超导体临界温度逐步上升的趋势示意图

和使用方便,所以高温超导材料定义为临界温度在 77 K 以上,电阻接近零的超导材料。1986 年, $T_c = 35$ K 的 La-Ba-Cu-O 超导体出现[73], 1987 年 Y-Ba-Cu-O 超导体($T_c > 90$ K)的合成[77-78]才真正开启了高温超导时代,为超导体的广泛应用打下了基础。之后, Bi-Sr-Ca-Cu-O 氧化物的 T_c 达到 110 K, 1988 年 Tl-Ba-Ca-Cu-O 的 T_c 位于 120~125 K[93], 1993 年 Hg-Ba-Ca-Cu-O 体系中发现了 $T_c = 135$ K 的超导

体[94]，1994 年高压条件下 $Hg_2Ba_2Ca_2Cu_3O_{10}$ 体系的 T_c 提高到了 164 K[95]。尽管科学家们进行了相当大的努力，其后的 25 年间 T_c 的最大值一直保持不变。2015 年，H_3S 高压下 203 K 高温超导性[96]的发现为在传统超导体中寻找高温超导性提供了另一条途径。2019 年理论计算预测氢化镧在高压下的 T_c 可达 250 K[97-98]，2020 年在 230 GPa、250 K 下实现了 LaH_{10}(氢化镧)的超导性显现，与计算结果一致[99]。

(三) 高温超导体系逐步完善

高温超导体系主要分为两类。第一类有镧铜氧(La-Cu-O)、钕铜氧(Nd-Cu-O)、锶铜氧(Sr-Cu-O)、钇钡铜氧(Y-Ba-Cu-O)、铋锶钙铜氧(Bi-Sr-Ca-Cu-O)、汞钡钙铜氧(Hg-Ba-Ca-Cu-O)和铊钡钙铜氧(Tl-Ba-Ca-Cu-O)七大系列[100]，并由此衍生出了数百种超导体。第二类是铁基超导体。铁基超导体是继铜氧化合物高温超导体发现后的第二类高温超导体，其超导活性层是 Fe_2As_2 层，包括以 LaFeAsO 为代表的 "1111" 体系、$BaFe_2As_2$ 为代表的 "122" 体系、LiFeAs 为代表的 "111" 体系和 FeSe 为代表的 "11" 体系(图 5-32)。铁基超导体有一系列突出优点，如超过 100 T 的上临界场、较小的各向异性、相对较高的转变温度等，预示着铁基超导材料有重要应用潜力。高性能薄膜是铁基超导材料强电和弱电应用的关键基础，涂层导体是实用化超导材料的重要研究方向。例如，2008 年美国能源部布鲁克海文国家实验室的科学家成功利用多种铜氧化物材料，制造出了双层高温超导薄膜[101]。尽管其任何一层材料本身都不具有超导电性，二者的界面在 2～3 nm 厚的范围内却展现出了一个超导区域。他们还进一步证实了暴露于臭氧中的该材料其 T_c 可以提升到超过 50 K，显示出潜在的应用价值。

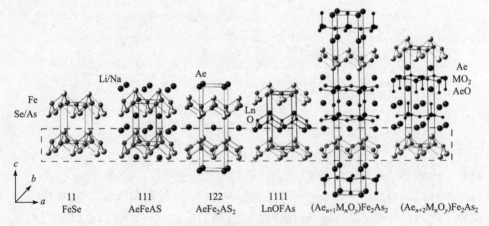

图 5-32　几种铁基超导体的典型晶体结构示意图

　　分析高温超导体系逐步完善的原因，大致可归纳如下：① 理论发展密切指导研究。约瑟夫森效应引导了第二类高温超导体的不断创新设计，元素替代效应指导了其不断被制备。② 高温超导体晶体结构的培养和解析缩短了科学家的研究过程，促进了使用归纳法揭示其本质。③ 先进的科学技术支撑，例如，对氢化镧的超导性质研究，利用了量化计算和无机制备的高温高压技术。

思考题

　　5-2 超导体的生成是一个复杂的物理化学变化过程。由于太空中的极端环境，陨石可以包含多种物质相，是寻找自然超导现象的理想候选者。有研究报道[Wampler J, Thiemens M, Cheng S, et al. 2020. Proc Natl Acad Sci USA, 117(14): 7645-7649]：经过对两块陨石超导相的鉴定，发现了陨石中的超导现象。你对这一事件有何看法？

四、中国超导科学家对世界的贡献

　　虽然我国的超导研究始于 20 世纪 50 年代后期，研究水平却走在世界前列，斐然成绩引起世界瞩目，这得益于获得 2016 年国家最高科学技术奖、被国际业界称为"北京的赵"的赵忠贤院士及其团队。

　　(一) 原创的思想

　　1974 年，赵忠贤在剑桥大学进修期间，在导师艾维兹(J. Evetts)的实验组开展了有关第 II 类超导体中磁通流动问题的研究。1975 年 9 月回国，1976 年决定从事探索高临界温度超导体研究。1977 年，赵忠贤在《物理》上发表了"探索高临界温度超导体"一文[102]，阐述了他对传统超导理论发展趋势的概括和独到的见解，认为"结构不稳定性有利于高临界温度"，"麦克米兰极限 40 K 是有可能被突破的"，他赞同国际上某些科学家的观点"如果有很强的结构不稳定性又能保持不发生结构相变，超导临界温度能够达到 40～55 K"。他认为"复杂的结构或新机制有可能达到 80 K 临界温度"，这在当时是相当大胆的观点，他强调的"超导性可以来源于不同机制"观点至今仍被广泛认同。

赵忠贤

　　(二) 人才的培养

　　1975 年，赵忠贤回国后敦促中国科学院物理研究所从事探索高临界温度超导体研究，推进并组织了全国性的"探索高临界温度超导体讨论会"。1987 年，赵忠贤和陈立泉联名向国务院建议成立了国家超导实验室(后改名为超导国家重点实验室)，赵忠贤担任首届实验室主任，他们为建设在国际上综合实力领先的超导研究基地做出了贡献。他领导的研究团队为后来我国的高温超导研究汇聚了一批人才，在 20 世纪 80 年代改革开放初期实验条件相当落后的条件下，使我国在高温超导领域取得突破并处于国际领先地位。

我国超导研究方面居领先地位的研究机构有中国科学院物理研究所、中国科技大学、复旦大学、清华大学、南京大学、浙江大学等，北京大学量子材料中心也积聚了一大批优秀的青年科学家。

(三) 创新的成果

中国科学家最早实践了"麦克米兰极限 40 K 是有可能被突破"的想法。1986 年底，赵忠贤领导的研究小组成功合成了 T_c 超过 40 K 的 Sr(Ba)-La-Cu-O 超导体，引起了国际上的高度关注。1987 年第三世界科学院 Salam 院长在人民大会堂给赵忠贤颁发 TWAS 物理奖，奖励他在高温超导研究中做出的基础性和先驱性贡献，特别是在 Ba-Y-Cu-O 体系中实现了液氮温度以上的超导性。

2008 年，日本科学家发现掺杂了氟的镧氧铁砷化合物(LaOFeAs)能够在 26 K (−247.15℃)的温度下显示出超导特性[103]。随后一个多月时间里，中国科学技术大学的陈仙辉、中国科学院物理研究所的赵忠贤等领导科研小组不断刷新铁基超导材料超导温度的最高纪录，从 43 K 提高到 52 K，再提高到 55 K。

2009 年浙江大学袁辉球的研究成果[104]显示：具有二维层状晶体结构的铁基超导材料钡铁砷在低温的临界磁场具有各向同性的特征，即该材料的超导上临界磁场不依赖于外加磁场的方向，与先前二维层状超导体中所观察到的现象完全不同。这是首次在二维层状的超导材料中报道三维的超导特性。研究表明，低维的晶体结构可能更有利于高温超导的形成，但它并不是形成高温超导的唯一因素。袁辉球指出，铁基超导材料虽然也具有二维层状的晶体结构，但其电子结构可能更接近于三维，铁基高温超导的形成应该与其独特的电子结构有关。

2009 年，中国科技大学陈仙辉课题组通过氧和铁同位素交换，研究 SmFeAsO$_{1-x}$ 和 Ba$_{1-x}$K$_x$Fe$_2$As$_2$ 两个体系中 T_c 和自旋密度波转变温度(TSDW)的变化，发现 T_c 的氧同位素效应非常小，但是铁同位素效应非常大。令人惊奇的是，该体系铁同位素交换对 T_c 和 TSDW 具有相同的效应[105]。这表明在该体系中，电-声子相互作用对超导机制起到了一定的作用，但可能还存在自旋与声子的耦合。该发现表明，探寻晶格与自旋自由度之间的相互作用对理解高温超导性机理是非常重要的。

中国科学院物理研究所郑国庆研究组与日本冈山大学、德国马克斯-普朗克研究所合作，利用中国科学院物理研究所的 15 T 强磁场核磁共振装置，通过对高温超导体 $Bi_2Sr_{2-x}La_xCuO_6$ 的研究发现[106]，在超导出现的低掺杂浓度范围内，取代自旋有序态的是长程电荷密度波有序态。在常规的超导体里，超导出现之前的物态是电子之间无相互作用的费米液态。研究团队发现，电荷密度波有序态的临界温度是自旋有序态临界温度的连续延伸，随着载流子的上升而减小，最后在载流子浓度为 0.14 附近消失。同时，它与高温存在的赝能隙温度呈比例关系(图 5-33)。这个新发现揭示了电荷在产生超导中的重要作用，为研究高温超导机制提供了崭新的视角。研究团队推测，过去 20 多年人们注意研究但还没有定论的赝能隙现象就是长程电荷密度波有序态的某种涨落形式。

图 5-34 给出了铁基超导的发现时间及其临界温度，从中可以看出中国超导科学家对世界超导研究的贡献。

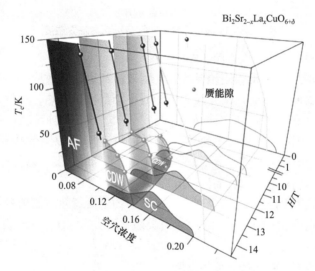

图 5-33　磁场调控的 $Bi_2Sr_{2-x}La_xCuO_6$ 的相图

(四) 超导体应用简介

超导体的应用着重在高温超导体的应用，它优异的物理性能预示着广阔的实际应用前景。超导材料、超导技术、超导应用的一步步产业化、规模化，必将使超导行业发展成为改变世界的高新科技产业。超导体在电力、通信、医疗、国防、能源、航空航天等诸多领域已表现出了很多优势。超导材料最诱人的应用是发电、输电和储能，均来源于超导体的本征性质，强烈地表现在强电、弱电和抗磁性应用三个方面。

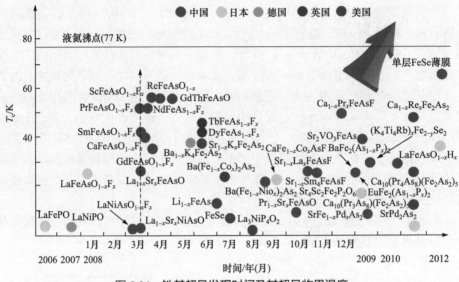

图 5-34 铁基超导发现时间及其超导临界温度

1. 高温超导材料在强电方面的应用

这方面的应用主要是利用超导的零电阻效应和迈斯纳效应，一方面，低温下的零电阻效应意味着电流在超导线圈传导时不会产生焦耳热，这样可以降低输电过程中的损耗；另一方面，闭合的超导线圈在通电后能够维持较强的恒磁场，可用来作超导磁体。因此，利用高温超导材料的强电特性，可以用于高温超导电缆、高温超导限流器、高温超导变压器、超导电机、超导储能装置、超导磁悬浮列车等。

2. 高温超导材料在弱电方面的应用

高温超导材料弱电特性的应用主要是基于约瑟夫森效应制成各种超导电子器件，可进行高精度、弱信号的探测，具有灵敏度高、响应快、能耗低、噪声小等特点，主要有超导量子干涉仪、高温超导滤波器、超导计算机、超导高频探测器等。

3. 高温超导材料在抗磁方面的应用

高温超导材料在抗磁方面主要应用于磁悬浮列车和热核聚变反应堆等(图 5-35)。超导列车是在车上安装强大的超导磁体，地上安放一系列金属环状线

(a) 磁悬浮列车　　　　　(b) 超导磁流体推进器　　　　(c) 超导托卡马克核聚变实验装置

图 5-35　超导体的抗磁性应用

圈。当车辆行进时，车上的磁体在地上的线圈中感应出相反的磁极，两者的斥力使列车浮出地面。车辆在电机牵引下无摩擦地前进，时速可高达 500 km。

参 考 文 献

[1] Shen S S, He C H, Li Y H. Acta Phys Sin, 2018, 67(18).

[2] 荣新, 李顺峰, 葛惟昆. 物理与工程, 2017, (6): 6.

[3] Deshpande S, Heo J, Das A, et al. Nat Commun, 2013, 4: 1675.

[4] Xu K, Wang J F, Ren G Q. Chin Phys B, 2015, 24(6).

[5] Krames M. Laser Focus World, 2013, 49(9): 37.

[6] Ren Y X, Dai T J, Luo W B, et al. Vacuum, 2018, 149: 190.

[7] Ren Y X, Dai T J, He B, et al. Mater Lett, 2019, 236: 194.

[8] Ren Y X, Dai T J, Luo W B, et al. J Alloys Compd, 2018, 753: 6.

[9] 王根旺, 侯超剑, 龙昊天, 等. 物理化学学报, 2019, 35(12): 1319.

[10] Krätschmer W, Lamb L D, Fostiropoulos K, et al. Nature, 1990, 347: 354.

[11] Iijima S, Ichihashi T. Nature, 1993, 363(6430): 603.

[12] Knowles W S. Acc Chem Res, 1983, 16(3): 106.

[13] Li Y. Science, 1998, 281(5374): 246.

[14] Rootsaert W J M, Sachtler W M H. Z Phys Chem, 1960, 26(12): 16.

[15] Wang Y, Vogel A, Sachs M, et al. Nat Energy, 2019, 4(9): 746.

[16] Chen S, Takata T, Domen K. Nat Rev Mat, 2017, 2(10): 17050.

[17] Lu Y, Yin W J, Peng K L, et al. Nat Commun, 2018, 9(1): 1.

[18] Li J S, Wang Y, Liu C H, et al. Nat Commun, 2016, 7(1): 1.

[19] Lu Q, Hutchings G S, Yu W, et al. Nat Commun, 2015, 6(1): 1.

[20] Chen J G, Crooks R M, Seefeldt L C, et al. Science, 2018, 360(6391): 873.

[21] Bao D, Zhang Q, Meng F L, et al. Adv Mater, 2017, 29(3): 1604799.1.

[22] Liu J, Galpaya D G D, Yan L, et al. Energy Environ Sci, 2017, 10(3): 750.

[23] Zhang J, Wang J. Angew Chem Int Ed, 2018, 57(2): 465.

[24] Han B, Lang R, Qiao B, et al. Chin J Catal, 2017, 38(9): 1498.

[25] 靳永勇, 郝任军. 化学进展, 2015, 27(12): 1689.

[26] 钱建平. 地质与勘探, 2009, 45(2): 60.

[27] 姜启明, 魏邦龙. 地球化学找矿. 哈尔滨: 哈尔滨工程大学出版社, 2014.

[28] 龚鹏, 胡小梅, 李娟, 等. 地质通报, 2013, 32(10): 1601.

[29] 董昕昱. 桂东北锡矿床地球化学找矿模型. 北京: 中国地质大学, 2016.

[30] 于明雷. 滇西锡矿床地球化学找矿模型. 北京: 中国地质大学, 2016.

[31] 周菁, 朱一民. 湖南有色金属, 1989, (4): 35.

[32] 朱一民. 湖南冶金, 1990, (6): 28.

[33] 朱一民. 湖南有色金属, 1991, (5): 275.

[34] 朱一民. 有色矿冶, 1992, (2): 17.

[35] 朱一民. 湖南冶金, 1992, (4): 41.

[36] 朱一民, 周菁. 湖南有色金属, 1989, (5): 28.

[37] 朱一民, 周菁. 有色矿山, 2001, (1): 28.

[38] 朱一民, 周菁. 湖南有色金属, 2002, (5): 7.

[39] Konyratbekova S S, Baikonurova A, Akcil A. Miner Process Extr Metall Rev, 2015, (36): 198.

[40] Yang P, Zhang X. Chem Commun, 2012, 48(70): 8787.

[41] Yue C, Sun H, Liu W J, et al. Angew Chem Int Ed, 2017, 129(32): 9459.

[42] Chen Y, Chen J, Lan L, et al. Miner Eng, 2012, 27: 65.

[43] 艾光湧, 蓝丽红, 王佳琪, 等. 有色金属(选矿部分), 2017, (4): 87.

[44] Connor P A, Dobson K D, McQuillan A J. Langmuir, 1995, 11(11): 4193.

[45] 王军, 程宏伟, 刘贝, 等. 有色金属(选矿部分), 2014, (4): 53.

[46] Wang J, Cheng H W, Zhao H B, et al. Rare Metals, 2016, 35(5): 419.

[47] 李欣欣. 单羧基三羟肟酸类化合物对铝硅矿物的浮选性能及理论分析. 长沙: 中南大学, 2012.

[48] 刘养春. 羟肟酸捕收剂的合成及其浮选性能研究. 长沙: 中南大学, 2013.

[49] 刘明宝, 强旭旭, 印万忠. 有色金属工程, 2018, 8(5): 44.

[50] 刘明宝, 鱼博, 强旭旭, 等. 表面技术, 2018, 47(4): 236.

[51] 刘明宝. 有色金属工程, 2017, 7(2): 53.

[52] Hamilton E I, Minski M J, Cleary J J. Sci Total Environ, 1973, 1(4): 341.

[53] 杨频, 高飞. 生物无机化学原理. 北京: 科学出版社, 2002.

[54] 石巨思, 廖展如. 生物无机化学. 武汉: 华中师范大学出版社, 2001.

[55] 谭钦德. 生物无机化学导论. 广州: 广东高等教育出版社, 1993.

[56] 刘元方, 唐任寰, 张庆喜, 等. 北京大学学报, 1986, (3): 101.

[57] 刘元方, 石进元, 罗志福, 等. 科学通报, 1984, (4): 235.

[58] 唐任寰, 石进元, 刘元方, 等. 北京大学学报, 1985, (1): 58.

[59] 唐任寰. 百科知识, 1994, (4): 42.

[60] Pimentel G C, Coonrod J A, 华彤文. 化学中的机会——今天和明天. 北京: 北京大学出版社, 1990.

[61] Dresselhaus M S, Dresselhaus G. Adv Phys, 1981, 30(2): 139.

[62] Akuzawa N, Amari Y, Nakajima T, et al. J Mater Res, 1990, 5(12): 2849.

[63] Komarneni S. J Mater Chem, 1992, 2(12): 1219.

[64] Enoki T, Suzuki M, Endo M. Graphite Intercalation Compounds and Applications. Oxford: Oxford University Press, 2003.

[65] Beasley M R, Geballe T H. Phys Today, 1984, 37(10): 60.

[66] 管惟炎. 超导电性: 物理基础. 北京: 科学出版社, 1981.

[67] 罗会仟. 自然杂志, 2017, 39(6): 427.

[68] Onnes H K. Commun Phys Lab Univ Leiden, 1911, 12: 120.

[69] Bardeen J, Cooper L N, Schrieffer J R. Phys Rev, 1957, 108(5): 1175.

[70] McMillan W L. Phys Rev, 1968, 167(2): 331.

[71] Josephson B D. Phys Lett, 1962, 1(7): 251.

[72] Anderson P W, Rowell J M. Phys Rev Lett, 1963, 10(6): 230.

[73] Bednorz J G, Müller K A. Z Phys B Condens Matter, 1986, 64(2): 189.

[74] Haar D T. Men of Physics. Oxford: Pergamon Press Ltd, 1965.

[75] Ginzburg V, Landau L. Zh Eksperiment Teoret Fiz, 1950, 50: 1064.

[76] 李文献. 二硼化镁的超导机理和性能研究. 上海: 上海大学, 2011.

[77] 赵忠贤, 王连忠, 郭树权, 等. 科学通报, 2017, 62(34): 3923.

[78] Wu M K, Ashburn J R, Torng C J, et al. Phys Rev Lett, 1987, 58(9): 908.

[79] Little W A. Phys Rev, 1964, 134(6A): A1416.

[80] Ribault M, Benedek G, Jérome D, et al. Jour Phys Lett, 1980, 41(16): L397.

[81] 张洁, 刘其娅, 赵婷. 低温物理学报, 2017, 6(39): 48.

[82] Kambe T, He X, Takahashi Y, et al. Phys Rev B, 2012, 86(21): 214507.

[83] Xue M, Cao T, Wang D, et al. Sci Rep, 2012, 2(1): 1.

[84] Wang X F, Luo X G, Ying J J, et al. J Phys Condens Matter, 2012, 24(34): 345701.

[85] Hebert C D, Semon P, Tremblay A M S. Phys Rev B, 2015, 92(19): 195112.

[86] Hoshino S, Werner P. Phys Rev Lett, 2017, 118(17): 177002.

[87] Guan J, Tománek D. Nano Lett, 2017, 17(6): 3402.

[88] Klemencic G M, Mandal S, Werrell J M, et al. Sci Technol Adv Mat, 2017, 18(1): 239.

[89] Kardakova A, Shishkin A, Semenov A, et al. Phys Rev B, 2016, 93(6): 064506.

[90] Okazaki H, Wakita T, Muro T, et al. Appl Phys Lett, 2015, 106(5): 542.

[91] Abdel-Hafiez M, Kumar D, Thiyagarajan R, et al. Phys Rev B, 2017, 95(17): 174519.

[92] Bhaumik A, Sachan R, Narayan J. ACS Nano, 2017, 11(6): 5351.

[93] Sheng Z Z, Hermann A M. Nature, 1988, 332(6160): 138.

[94] Schilling A, Cantoni M, Guo J D, et al. Nature, 1993, 363(6424): 56.

[95] Chu C W, Gao L, Chen F, et al. Nature, 1993, 365(6444): 323.

[96] Nagamatsu J, Nakagawa N, Muranaka T, et al. Nature, 2001, 410(6824): 63.

[97] Somayazulu M, Ahart M, Mishra A K, et al. Phys Rev Lett, 2019, 122(2): 027001.

[98] Drozdov A P, Kong P P, Minkov V S, et al. Nature, 2019, 569(7757): 528.

[99] Errea I, Belli F, Monacelli L, et al. Nature, 2020, 578(7793): 66.

[100] 周午纵, 梁维耀. 高温超导基础研究. 上海: 上海科学技术出版社, 1999.

[101] Gozar A, Logvenov G, Kourkoutis L F, et al. Nature, 2008, 455(7214): 782.

[102] 赵忠贤. 物理, 1977, (4): 211.

[103] Ishibashi S, Terakura K, Hoson H. J Phys Soc Jpn, 2008, 77(5): 53709.

[104] Yuan H Q, Singleton J, Balakirev F F, et al. Nature, 2009, 457(7229): 565.

[105] Liu R H, Wu T, Wu G, et al. Nature, 2009, 459(7243): 64.

[106] Kawasaki S, Li Z, Kitahashi M, et al. Nat Commun, 2017, 8(1): 1267.

练 习 题

第一类：学生自测练习题

1. 是非题(判断下列各项叙述是否正确，对的在括号中填"√"，错的填"×")

(1) 元素原子的核外电子层数与该元素在周期表中所处的周期数相等，最外层电子数与该元素在周期表中所处的族数相等。 （ ）

(2) 电子的发现打开了人类通往原子科学的大门，标志着人类对物质结构的认识进入了一个新的阶段。 （ ）

(3) 核聚变又称核融合、融合反应或聚变反应，是使两个较轻的核在一定条件下发生原子核互相聚合作用，生成新的质量更重的原子核并伴随着巨大的能量释放的一种核反应形式。 （ ）

(4) 元素周期表第七周期元素全部为核物理学家和核化学家人工合成。 （ ）

(5) 物理学上的三大发现(X射线、放射性和电子)否定了自道尔顿以来一种元素是一种原子的观点。 （ ）

(6) 所有副族元素都是从上至下，元素的原子半径依次递减。 （ ）

(7) 基态气体原子的电离能数值关系为 $I_1 < I_2 < I_3 \cdots$，是因为从阳离子电离出电子比从电中性原子电离出电子难得多，而且离子电荷越高电离越困难。 （ ）

(8) 副族元素中，同一族元素原子的第一电离能的变化趋势一般与主族元素中的变化趋势不同。 （ ）

(9) 电离能和电子亲和能都是从一个方面反映孤立气态原子失去和获得电子的能力，电负性则反映了化合态原子吸引电子的能力。 （ ）

(10) 电负性是综合考虑电子亲和能和电离能的量，后两者都是能量单位，所以前者也用能量作单位。 （ ）

2. 选择题

(1) 关于核素的概念，下列说法不正确的是 （ ）

A. 核素的概念界定了一种原子　　　　B. 绝大多数元素都包括多种核素

C. 核素的种类多于元素的种类　　　　D. 核素中的质子数和中子数总是相等的

(2) 相较于核裂变发电，核聚变发电明显的优势不包括　　　　　　　　　（　　）

A. 核聚变释放的能量更大　　　　　　B. 无高端核废料，不对环境造成大的污染

C. 形成链式反应，放出大量热　　　　D. 燃料供应充足

(3) 第三周期元素第一电离能呈现规律正确的是　　　　　　　　　　　　（　　）

A. Na > Mg > Al > P > S　　　　　　B. Na < Mg > Al < P > S

C. Na < Mg < Al < P < S　　　　　　D. Na < Mg > Al > P < S

(4) 在周期表中，同一主族从上到下，金属性增强，其原因是　　　　　（　　）

A. 有效核电荷数增加　　　　　　　　B. 外层电子数增加

C. 元素的电负性增大　　　　　　　　D. 原子半径增大使核对电子吸引力下降

(5) 下列各组原子和离子半径变化的顺序，不正确的是　　　　　　　　（　　）

A. $P^{3-} > S^{2-} > Cl^- > F^-$　　　　　　B. $K^+ > Ca^{2+} > Fe^{2+} > F^-$

C. $Co^{2+} > Ni^{2+} > Cu^{2+} > Zn^{2+}$　　　　D. $V > V^{2+} > V^{3+} > V^{4+}$

(6) 关于下列元素第一电离能大小的判断，正确的是　　　　　　　　　（　　）

A. B > Be　　　　B. C > N　　　　C. B > C　　　　D. N > O

(7) 下列原子中，第一电子亲和能最大(放出能量最多)的是　　　　　　（　　）

A. N　　　　　　B. O　　　　　　C. P　　　　　　D. S

(8) 下列各组元素中，电负性依次增大顺序正确的是　　　　　　　　　（　　）

A. S<O<N<F　　　B. S<N<O<F　　　C. Si<Na<Mg<Al　　D. Br<H<Zn

(9) 周期表中第五、六周期的ⅣB、ⅤB、ⅥB族元素的性质非常相似，其主要影响因素是　　　　　　　　　　　　　　　　　　　　　　　　　　　　　　（　　）

A. s 区元素的影响　　B. p 区元素的影响　　C. d 区元素的影响　　D. 镧系元素的影响

(10) 镧系收缩表现为　　　　　　　　　　　　　　　　　　　　　　　（　　）

A. 镧系元素的电负性逐渐减小　　　　B. 镧系元素的密度逐渐减小

C. 镧系元素的原子半径逐渐减小　　　D. 镧系元素的原子量逐渐减小

3. 填空题

(1) 核反应包括＿＿＿＿＿＿和＿＿＿＿＿＿两部分。

(2) 根据发射射线的性质可将最常见的核衰变方式分为＿＿＿＿＿＿、＿＿＿＿＿＿和＿＿＿＿＿＿三大类。

(3) 根据重离子熔时形成的复合核的激发能不同，重离子熔合反应分为三种，即＿＿＿＿＿＿、＿＿＿＿＿＿和＿＿＿＿＿＿。

(4) 化学元素是根据＿＿＿＿＿＿对原子进行分类的一种方法，把＿＿＿＿＿＿的一类原子称为一种元素。

(5) 在 1860 年历史上第一次国际化学科学会议，也是世界上第一次国际科学会议上，化学家就_____、_____、_____、_____等化学科学的基础性问题达成一致意见。

(6) 元素周期表的格局是它的基本结构，包括_____、_____和_____。

(7) 化学元素周期表中最活泼的金属元素是_____，最活泼的非金属元素是_____。

(8) 化学元素周期表中前六周期元素中电负性最大的元素是_____，电负性最小的元素是_____；非金属元素的电负性通常在_____以上。

(9) d 区同族元素原子半径由上至下_____。但第二过渡系元素与第三过渡系元素原子半径相差_____，这是_____影响的结果。

(10) 周期表中，处于斜线位置的 B 与 Si、Be 与 Ai、Li 与 Mg 性质十分相似，人们习惯上把这种关系称为_____。

4. 简答题

(1) 核反应与化学反应有什么不同？

(2) 有人建议氢可排在周期表的ⅦA族，请给出支持的论据。

(3) 说明锂、铍与本族元素性质反常性的原因。

(4) 什么是元素周期表中的第二周期性？

(5) 元素 X、Y、Z 有下列电离能值

$I/(\text{kJ} \cdot \text{mol}^{-1})$	I_1	I_2	I_3	I_4
X	738	1451	7733	10540
Y	496	4562	6912	9544
Z	801	2427	3660	25026

其中：哪种元素能形成共价型氯化物？哪种元素能形成离子型氯化物？哪种元素能形成+2 价氧化态？

(6) 说明镧系收缩及其产生的原因与特点。

(7) 什么是元素的电负性？元素的电负性在周期表中呈现怎样的递变规律？按电负性减小的顺序排列下列元素：Be、B、Mg、Al。

(8) 已知四种元素：A $_{55}$Cs，B $_{38}$Sr，C $_{34}$Se，D $_{17}$Cl，试回答下列问题：

① 原子半径由小到大的顺序；

② 第一电离能由小到大的顺序；

③ 电负性由小到大的顺序；

④ 金属性由弱到强的顺序。

(9) 与普通化学反应相比，核反应有哪些不同点？

(10) 常见的地方病如碘缺乏病、地方性氟中毒、地方性硒中毒、伊朗村病是由什么原因引起的？

5. 计算题

(1) 已知硼有两种天然同位素 ^{10}B 和 ^{11}B，硼元素的原子量是 10.8，计算 ^{10}B 的丰度。

(2) 由下列反应计算 Cl 的电子亲和能： $\Delta_r H_m^{\ominus}/(kJ \cdot mol^{-1})$

   ① $Rb(s) + 1/2\ Cl_2 === RbCl(s)$ −433

   ② $Rb(s) === Rb(g)$ 86.0

   ③ $Rb(g) === Rb^+(g) + e^-$ 409

   ④ $Cl_2(g) === 2\ Cl(g)$ 242

   ⑤ $Cl^-(g) + Rb^+(g) === RbCl(s)$ −686

(3) 钠原子的第一电离能为 495.9 kJ $\cdot$ mol^{-1}，计算能使钠原子电离的光辐射最低频率和相应的波长(nm)。(阿伏伽德罗常量为 6.022×10^{23} mol^{-1}，普朗克常量 $h = 6.626 \times 10^{-34}$ J $\cdot$ s，光速 $c = 2.998 \times 10^8$ m $\cdot$ s^{-1})

(4) LaNi$_5$ 是一种储氢材料。在室温和 250 kPa 压强下，每摩尔 LaNi$_5$ 可吸收 7 mol H 原子。当其组成为 LaNi$_5$H$_6$ 时，储氢密度为 6.2×10^{22} H 原子 $\cdot$ cm^{-3}。20 K 时液氢密度为 70.6 g $\cdot$ L^{-1}，试比较二者的含氢密度。(H 原子量 1.008)

(5) 锶在自然界主要以 SrSO$_4$ 形式与 BaSO$_4$ 共存于天青石中。试根据下列溶度积数据，通过计算讨论用加入 Na$_2$CO$_3$ 进行沉淀转化的方法，除钡提纯锶化合物的可能性及条件。[已知：$K_{sp}^{\ominus}(SrSO_4) = 3.4 \times 10^{-7}$，$K_{sp}^{\ominus}(BaSO_4) = 1.1 \times 10^{-10}$，$K_{sp}^{\ominus}(SrCO_3) = 5.6 \times 10^{-10}$，$K_{sp}^{\ominus}(BaCO_3) = 2.6 \times 10^{-9}$]

第二类：课后习题

1. 区分电离能、电子亲和能和电负性的概念。
2. 说明元素原子半径和离子半径变化规律。
3. 运用所学知识判断第三周期元素的电离能和电子亲和能的变化趋势。
4. 根据元素在周期表中的位置和电子层结构，判断下列各对原子(或离子)哪一个半径较大。写出简要的解释。

  (1) H 与 He   (2) Ba 与 Sr   (3) Sc 与 Ca

  (4) Cu 与 Ni   (5) Zr 与 Hf   (6) S^{2-} 与 S

  (7) Na 与 Al^{3+} (8) Fe^{2+} 与 Fe^{3+} (9) Pb^{2+} 与 Sn^{2+}

5. 电负性是综合比较元素的金属性和非金属性的参数，它的标度方法主要有哪些？推算的基本依据是什么？应用时要注意哪些问题？

6. 配平下列人工核反应方程式。

(1) $^{4}_{2}He + ^{9}_{4}Be \longrightarrow ^{12}_{6}C + ?$ (2) $^{16}_{8}O + ^{1}_{0}n \longrightarrow ? + ^{16}_{7}N$

(3) $^{30}_{14}Si + ^{1}_{1}H \longrightarrow ^{1}_{0}n + ?$ (4) $^{19}_{9}F + ? \longrightarrow ^{16}_{8}O + ^{4}_{2}He$

(5) $^{23}_{11}Na + ? \longrightarrow ^{26}_{12}Mg + ^{1}_{1}H$ (6) $? + ^{1}_{0}n \longrightarrow ^{2}_{1}H + ^{4}_{2}He$

7. 由下列反应计算 Rb 的第一电离能。 $\Delta_r H_m^{\ominus}/(kJ \cdot mol^{-1})$

     (1) $Rb(s) + 1/2\, Cl_2 \Longrightarrow RbCl(s)$ -433

     (2) $Rb(s) \Longrightarrow Rb(g)$ 86.0

     (3) $Cl_2(g) \Longrightarrow 2\, Cl(g)$ 242

     (4) $Cl(g) \Longrightarrow Cl^-(g)$ -363

     (5) $Cl^-(g) + Rb^+(g) \Longrightarrow RbCl(s)$ -686

8. 根据电离能或电子亲和能推测下列气相反应哪些是自发的。

     (1) $Kr + He^+ \longrightarrow Kr^+ + He$

     (2) $Si + Cl^+ \longrightarrow Si^+ + Cl$

     (3) $Cl^- + I \longrightarrow Cl + I^-$

9. 将下列原子按指定性质的大小顺序排列，并简要说明理由。

     (1) 电离能：Mg   Al   P   S

     (2) 电子亲和能：F   Cl   N   C

     (3) 电负性：P   S   Ge   As。

10. 教材中给出各物质的第一电离能数据如下图。

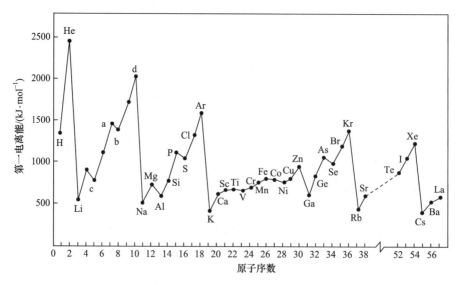

(1) a 点代表的元素是_____。a 点的第一电离能比 b 点高的理由是：_____。

(2) d 点代表的元素的第一电离能处在峰顶的原因是_____。稀有气体中的 Xe 能形成氧化物 XeO_3，已知该氙原子上有 1 对孤对电子，则 XeO_3 分子构型为_____型；Xe 的杂化类型为_____。

(3) 图中给出了过渡元素的第一电离能数据，它们都与核外电子的排布有关，则 Cu 的价电子排布式为_____。

(4) Mn 元素的外围电子排布式为 $3d^5 4s^2$，Fe 元素的外围电子排布式为 $3d^6 4s^2$，Mn 的第三电离能比 Fe 的第三电离能大的原因是_____。

第三类：英文选做题

1. Compare the radius.
   (1) F^-, O^{2-} and S^{2-} (2) K, Ca and Ca^{2+} (3) Co^{3+}, Co^{2+} and Co

2. Why the first ionization energy of N is greater than that of C and O?

3. What are the applications of electronegativity of elements?

4. As you move down a group of the periodic table, does electron affinity increase or decrease, why?

5. Which would you expect to have the highest first ionization energy: Mg, Al, or Si? Which would you expect to have the highest third ionization energy? Why?

参考答案

学生自测练习题答案

1. 是非题

(1) ×   (2) √   (3) √   (4) √   (5) ×

(6) ×   (7) √   (8) √   (9) √   (10) ×

2. 选择题

(1) D   (2) C   (3) B   (4) D   (5) C

(6) D   (7) D   (8) B   (9) D   (10) C

3. 填空题

(1) 自发核反应；诱导核反应

(2) α 衰变；β 衰变；γ 衰变

(3) 热熔合；冷熔合；温熔合

(4) 原子核电荷的多少；核电荷数相同

(5) 原子与分子的概念；化学命名法；化学反应当量；化学符号

(6) 周期；族；区

(7) Fr；F

(8) F；Cs；2.0

(9) 增加；很小；镧系收缩

(10) 对角线规则

4. 简答题

(1) 核反应与化学反应的根本不同表现在：① 化学反应涉及核外电子的变化，但核反应的结果是原子核发生了变化；② 化学反应不产生新的元素，但在核反应中一种元素嬗变为另一种元素；③ 化学反应中各同位素的反应是相似的，而核反应中各同位素的反应不同；④ 化学反应与化学键有关，核反应与化学键无关；⑤ 化学反应吸收和放出的能量为 $10\sim10^3$ kJ·mol^{-1}，而核反应的能量变化在 $10^8\sim10^9$ kJ·mol^{-1}；⑥ 在化学反应中反应物和生成物的质量数相等，但在核反应中会发生质量亏损。

(2) ① 氢原子得到一个电子后最外层电子达到稳定结构；② 氢分子的结构式为 H—H；③ 与碱金属元素形成离子化合物 MH。

(3) 主要源于 Li、Be 的原子半径很小，使得许多化合物中的化学键具有了一定的"共价性"。

(4) 族内元素随着 Z 递增，其参数和性质的递变规律不仅呈现出单调的增减递变，还有的呈现出波动交替的增减递变，即呈现"锯齿"形的交错变化现象，称为第二周期性，或次周期性或副周期性，即族内元素的某些性质从上到下出现第二、四、六周期相似和第三、五周期相似的现象。

(5) 元素 Z 能形成共价型氯化物，元素 Y 能形成离子型氯化物，元素 X 能形成+2 价氧化态。

(6) 镧系元素的原子半径和离子半径随原子序数的增加而依次缓慢缩小的现象称为镧系收缩。在镧系元素中，随核电荷数递增，新增电子填充在外数第三层的 f 轨道上，虽然不能完全屏蔽核电荷，但其屏蔽作用比最外层和次外层电子的大，所以造成有效核电荷递增十分缓慢，半径收缩也缓慢(从 La 到 Lu 共价半径共减小 11 pm)。镧系收缩的特点是：① 原子半径收缩缓慢，相邻元素原子共价半径之差为 1 pm 左右。② 由于镧系元素较多，因此整个镧系的金属半径总减小量达 14 pm。③ 离子半径比原子半径收缩大得多(共减小 22 pm)。因为 Ln^{3+} 失去了 6s 电子层，4f 轨道变成了外数第二层，它对核电荷的屏蔽作用变小(屏蔽常数只有 0.85)，所以 Ln^{3+} 收缩比 Ln 明显。④ 镧系元素收缩中出现两个"峰值"，即 Eu 和 Yb 的原子半径反常地大，它们分别具有 4f^7 和 4f^{14} 的半满和全满构型，这些构型有较大屏蔽作用，导致它们的原子半径变大。

(7) 元素的原子在分子中把电子吸引向自己的能力称为元素的电负性。在周期表中，同周期元素中从左至右电负性递增；同主族元素从上至下电负性递减；同副族元素从上至下电负性缺乏明显规律性。根据上述规律，Be、B、Mg、Al 按电负性减小的顺序排列如下：B > Be ≈ Al > Mg。其中 Be 和 Al 电负性相近，是由于半径的增大抵消了有效核电荷增大的影响，这就是对角线规则的表现。

(8) ① 原子半径由小到大：D、C、B、A。
    ② 第一电离能由小到大：A、B、C、D。
    ③ 电负性由小到大：A、B、C、D。
    ④ 金属性由弱到强：D、C、B、A。

(9) ① 核反应发生原子核改变，由一种元素变为另一种元素，普通化学反应只是核外电子运动状态发生改变，元素的种类不变；② 核反应中同位素性质的差异起决定性作用，只有核不稳定的同位素才发生核反应，而普通化学反应中，同位素的核外电子排布相同，因此所发生的化学反应也相同；③ 核反应与元素的氧化态无关，而普通化学反应与元素的氧化态有关；④ 核反应速率不受外界条件的影响，而普通化学反应速率受外界条件的影响；⑤ 核反应释放的是核结合能，而普通化学反应释放的是化学键的键能，两者相差很大。

(10) 人体内缺碘影响甲状腺功能、脑功能而导致的某些疾病统称地方性缺碘病；长期摄入过量氟而引起氟斑牙和氟骨症为地氟病；土壤、饮水、食物中硒含量过高导致人体硒摄入过多会引起地方性硒中毒；伊朗村病是缺少微量元素锌而引起的地方性侏儒症。

5. 计算题

(1) 设 ^{10}B 的丰度为 x，则 ^{11}B 的丰度为 $1-x$

$$10x + 11 \times (1-x) = 10.8$$
$$x = 0.2$$

则 ^{10}B 的丰度为 20%。

(2) 设计一个玻恩-哈伯循环：

$$\text{Rb(s)} \quad + \quad \frac{1}{2}\,\text{Cl}_2 \longrightarrow \text{RbCl(s)} \quad ①$$

Rb(s) ↓② ½Cl₂ ↓④ ⑤

Rb(g)   Cl(g)

Rb(g) ↓③   Cl(g) ↓⑥

$$\text{Rb}^+\text{(g)} \quad + \quad \text{Cl}^-\text{(g)}$$

$$⑥ = ① - ② - \frac{1}{2} \times ④ - ③ - ⑤$$

$$= (-433) - 86 - (\frac{1}{2} \times 242) - (-686) - 409$$

$$= -363 \,(\text{kJ} \cdot \text{mol}^{-1})$$

(3) 一个钠原子的第一电离能为

$$I_1 = \frac{495.9 \times 10^3}{6.022 \times 10^{23}} = 8.235 \times 10^{-19}\,(\text{J})$$

因为 $$\Delta E = h\nu$$

所以 $$\nu = \frac{\Delta E}{h} = \frac{8.235 \times 10^{-19}}{6.626 \times 10^{-34}} = 1.243 \times 10^{15}\,(\text{s}^{-1})$$

又因为 $\qquad\qquad\qquad\qquad c = \lambda\nu$

所以 $\lambda = \dfrac{c}{\nu} = \dfrac{2.998\times10^{8}}{1.243\times10^{15}} = 2.412\times10^{-7}(\text{m}) = 241.2\times10^{-9}(\text{m}) = 241.2(\text{nm})$

(4) $70.6 \div 1.008 = 70.04(\text{mol}\cdot\text{L}^{-1})$

　　LaNi$_5$ 储氢密度为 6.2×10^{22} H 原子·cm^{-3}，可换算为

$$6.2\times10^{22}\times1000\div(6.02\times10^{23}) = 103.0(\text{mol}\cdot\text{L}^{-1})$$

计算表明 LaNi$_5$ 含氢密度比液氢大得多，相当于液氢的

$$103.0\div70.04 = 1.47(\text{倍})$$

(5) 沉淀转化反应为

$$SrSO_4 + CO_3^{2-} \rule[0.5ex]{2em}{0.4pt} SrCO_3 + SO_4^{2-} \qquad\qquad ①$$

$$BaSO_4 + CO_3^{2-} \rule[0.5ex]{2em}{0.4pt} BaCO_3 + SO_4^{2-} \qquad\qquad ②$$

$$K_1^{\ominus} = \frac{[SO_4^{2-}]}{[CO_3^{2-}]} = \frac{K_{sp}^{\ominus}(SrSO_4)}{K_{sp}^{\ominus}(SrCO_3)} = \frac{3.4\times10^{-7}}{5.6\times10^{-10}} = 607$$

$$K_2^{\ominus} = \frac{[SO_4^{2-}]}{[CO_3^{2-}]} = \frac{K_{sp}^{\ominus}(BaSO_4)}{K_{sp}^{\ominus}(BaCO_3)} = \frac{1.1\times10^{-10}}{2.6\times10^{-9}} = 0.04$$

计算结果表明：SrSO$_4$ 转化为 SrCO$_3$ 比较完全，而 BaSO$_4$ 转化为 BaCO$_3$ 的量很少。因此可以通过控制 CO$_3^{2-}$ 或 SO$_4^{2-}$ 的离子浓度抑制 BaSO$_4$ 转化，从而达到从天青石中除钡提纯锶化合物的目的。

(Ⅰ) 假定溶液中 $[CO_3^{2-}] = 1.0\ \text{mol}\cdot\text{L}^{-1}$，计算 $[SO_4^{2-}]$ 控制范围：

对于反应①：$\qquad\qquad K_1^{\ominus} = \dfrac{[SO_4^{2-}]}{[CO_3^{2-}]} = 607$

则 $\qquad\qquad [SO_4^{2-}] = 607\times[CO_3^{2-}] = 607(\text{mol}\cdot\text{L}^{-1})$

即当溶液中 $[SO_4^{2-}]<607\ \text{mol}\cdot\text{L}^{-1}$ 时，反应①向右进行，可转化为 SrCO$_3$。

对于反应②：$\qquad\qquad K_2^{\ominus} = \dfrac{[SO_4^{2-}]}{[CO_3^{2-}]} = 0.04$

则 $\qquad\qquad [SO_4^{2-}] = 0.04\times[CO_3^{2-}] = 0.04(\text{mol}\cdot\text{L}^{-1})$

即当溶液中 $[SO_4^{2-}]>0.04\ \text{mol}\cdot\text{L}^{-1}$ 时，反应②向左进行，BaSO$_4$ 难转化。

结论：当溶液中 $[CO_3^{2-}] = 1.0\ \text{mol}\cdot\text{L}^{-1}$，控制 $[SO_4^{2-}]$ 在 0.04～607 mol·L^{-1}，则 SrSO$_4$ 可转化为 SrCO$_3$ 而 BaSO$_4$ 难转化为 BaCO$_3$。

(Ⅱ) 假定溶液中 $[SO_4^{2-}] = 1.0\ \text{mol}\cdot\text{L}^{-1}$，计算 $[CO_3^{2-}]$ 控制范围：

对于反应①：
$$K_1^\ominus = \frac{[SO_4^{2-}]}{[CO_3^{2-}]} = 607$$

则
$$[CO_3^{2-}] = \frac{[SO_4^{2-}]}{607} = \frac{1.0}{607} = 1.65 \times 10^{-3} (mol \cdot L^{-1})$$

即$[CO_3^{2-}] > 1.65 \times 10^{-3}$ mol·L^{-1}，反应①向右进行，可转化为 $SrCO_3$。

对于反应②：
$$K_2^\ominus = \frac{[SO_4^{2-}]}{[CO_3^{2-}]} = 0.04$$

则
$$[CO_3^{2-}] = \frac{[SO_4^{2-}]}{0.04} = \frac{1.0}{0.04} = 25 (mol \cdot L^{-1})$$

即$[CO_3^{2-}] < 25$ mol·L^{-1} 时，反应②向左进行，$BaSO_4$ 难转化。

结论：当溶液中$[SO_4^{2-}] = 1.0$ mol·L^{-1}，控制$[CO_3^{2-}]$在 $1.65 \times 10^{-3} \sim 25$ mol·L^{-1}，则 $SrSO_4$ 可转化为 $SrCO_3$ 而 $BaSO_4$ 难转化为 $BaCO_3$。

上述两种控制条件在生产上都是可以实现的。

课后习题答案

1. 基态气体原子失去最外层一个电子成为气态+1 价离子所需的最小能量称为第一电离能，再从阳离子逐个失去电子所需的最小能量则称为第二电离能、第三电离能……各级电离能分别用符号 I_1、I_2、I_3…表示。

   电子亲和能是指一个气态原子得到一个电子形成负离子时放出或吸收的能量，常用符号 E_A 表示。像电离能一样，电子亲和能也有第一、第二……之分。

   电负性是原子吸引电子的倾向，表达分子中原子对成键电子的相对吸引力，用 χ 表示。原子的电负性越高，元素就越易吸引电子。

   由元素的电离能可比较元素的金属性和非金属性强弱、得失电子能力，可以将电离能看作原子失电子难易程度的度量，而电子亲和能则是原子得电子难易程度的量度。元素的电子亲和能越大，原子获取电子的能力就越强(非金属性越强)；电子亲和能和电负性都能表示原子吸引电子的难易程度，但电子亲和能是讨论孤立原子获得电子的能力，电负性则是讨论原子在分子中吸引电子的能力，与该原子在分子中所处的环境和状态有关，表达的是对电子的相对吸引力。

2. 原子半径变化规律表现为：① 同周期元素原子半径表现出自左向右减小的总趋势，但主族元素、过渡元素和内过渡元素减小的快慢不同，主族元素减小最快，内过渡元素减小最慢，表现为镧系收缩；② 同族元素的原子半径自上而下增大，只有极少数例外，其中第三过渡系与第二过渡系同族元素半径相近的现象称为镧系效应。

离子半径变化规律表现为：① 对同一主族具有相同电荷的离子而言，半径自上而下逐渐增大；② 对同一元素的正离子而言，半径随离子电荷升高而减小；③ 对等电子离子而言，半径随负电荷的降低和正电荷的升高而减小；④ 相同电荷的过渡元素和内过渡元素正离子的半径均随原子序数的增加而减小。

3. (1) 第三周期的电离能变化趋势为自左向右逐渐增大，即金属活泼性按照同一方向降低。钠的电离能最小，氩的电离能最大。铝的电离能小于镁的电离能，这是因为镁的 s 亚层全满，需要额外的能量抵消电子成对能，而铝的 p 亚层只有一个单电子较容易失去。

(2) 第三周期的电子亲和能变化趋势为自左向右逐渐增大，到稀有气体时突然减小为负值。其中镁的电子亲和能为负值，因为外来电子只能进入 3p 轨道，受到核的束缚较弱，造成亲和能较小。磷的电子亲和能小于硅的电子亲和能，这是因为硅的最外层有一个空的 3p 轨道，容易接受外来电子，而磷的最外层 3p 轨道半充满，比较稳定，外来电子进入时要克服额外的电子成对能，所以磷的电子亲和能比硅的小。

4. (1) $r_{He} > r_H$，r_{He} 测定的是范德华半径，因此比较大；(2) $r_{Ba} > r_{Sr}$，它们同为 II A，Ba 比 Sr 多一层电子；(3) $r_{Ca} > r_{Sc}$，两者同为第四周期，Sc 的核电荷数大；(4) $r_{Cu} > r_{Ni}$，d 区元素在 d 电子即将填满时屏蔽作用有所增大，原子半径出现回升；(5) $r_{Zr} \approx r_{Hf}$，镧系收缩造成的影响；(6) $r_{S^{2-}} > r_S$，S^{2-} 的电子数多；(7) $r_{Na} > r_{Al^{3+}}$，它们处于同一周期，Al^{3+} 的核电荷数多，外层电子数少；(8) $r_{Fe^{2+}} > r_{Fe^{3+}}$，同一元素，电子数越少，半径越小；(9) $r_{Pb^{2+}} > r_{Sn^{2+}}$，它们处于同一族，$Pb^{2+}$ 比 Sn^{2+} 多一层电子。

5. 电负性的标度方法主要有以下三种：

(1) 鲍林标度。从键能的热化学数据进行推算，并以 F 的电负性为 3.98，求出其他元素的相对电负性。

(2) 密立根标度。以电离能与电子亲和能之和的平均值推算。因电子亲和能数据不完全而且精度较差，所以应用有限。

(3) 阿莱-罗周标度。根据原子核对电子的静电引力进行推算，以 F 的电负性为 4.20，求出其他元素的相对电负性。

由于电负性的数据不够严密，因此仅供定性估计，不宜用作定量计算。在应用时应选择某一套标度进行比较，不能把两套标度混合使用。

6. (1) $^{4}_{2}He + ^{9}_{4}Be \longrightarrow ^{12}_{6}C + ^{1}_{0}n$ (2) $^{16}_{8}O + ^{1}_{0}n \longrightarrow ^{1}_{1}H + ^{16}_{7}N$

(3) $^{30}_{14}Si + ^{1}_{1}H \longrightarrow ^{1}_{0}n + ^{30}_{15}P$ (4) $^{19}_{9}F + ^{1}_{1}H \longrightarrow ^{16}_{8}O + ^{4}_{2}He$

(5) $^{23}_{11}Na + ^{4}_{2}He \longrightarrow ^{26}_{12}Mg + ^{1}_{1}H$ (6) $^{5}_{3}Li + ^{1}_{0}n \longrightarrow ^{2}_{1}H + ^{4}_{2}He$

7. 设计一个玻恩-哈伯循环:

$$\text{Rb(s)} + \frac{1}{2}\text{Cl}_2\text{(g)} \xrightarrow{\text{①}} \text{RbCl(s)}$$

（图中标注 ②、③、⑤ 箭头，Rb(g)、Cl(g)，⑥、④ 箭头，$\text{Rb}^+\text{(g)} + \text{Cl}^-\text{(g)}$）

根据赫斯定律,对于化学反应的热效应:

$$① = ② + \frac{1}{2} \times ③ + ④ + ⑤ + ⑥$$

则 $⑥ = ① - ② - \frac{1}{2} \times ③ - ④ - ⑤$

$$= (-433) - 86 - \frac{1}{2} \times 242 - (-363) - (-686)$$

$$= 409(\text{kJ} \cdot \text{mol}^{-1})$$

8. (1) 因为 $I_1(\text{Kr}) < I_1(\text{He})$,$\text{He}^+$ 加合一个电子放出的能量超过 Kr 失去一个电子所需能量,所以反应是自发的。

(2) 同理,因为 $I_1(\text{Si}) < I_1(\text{Cl})$,所以反应是自发的。

(3) 因为 I 的电子亲和能小于 Cl 的电子亲和能,I 加合一个电子放出的能量不能弥补 Cl^- 失去一个电子所需吸收的能量,所以反应是非自发的。

9. (1) 电离能:P > S > Mg > Al。它们是同周期元素,P 和 S 的有效核电荷数高于 Mg 和 Al。P 的电子构型是 p 轨道半满,比较稳定,电离能偏高,而 S 是失去一个电子后变成较稳定的 p 轨道半满构型,电离能偏低;Mg 是 s 轨道全满,电离能偏高,Al 是失去一个电子后变成 s 轨道全满,电离能偏低。

(2) 电子亲和能:Cl > F > C > N。F 的原子半径特别小,电子密度特别大,对外来电子的排斥力特别大,所以加合一个电子放出的能量反而不如 Cl;C 的半径大于 F,有效核电荷数不如 F;N 的电子构型是 p 轨道半满,加合电子要消耗电子成对能,而 C 是加合一个电子才达 p 轨道半满,无需消耗电子成对能。

(3) 电负性:S > P > As > Ge。P 和 S 都是第三周期元素,S 的核电荷数大于 P,而原子半径小;P 和 As 都是 V A 族元素,As 虽然核电荷数较多,但原子半径大许多;Ge 和 As 是同周期元素,As 的原子半径小于 Ge,核电荷数大于 Ge。

10. (1) N;N 中 2p 轨道半充满,失去一个电子较难。

(2) d 为 Ne 元素,最外层是 8 电子稳定结构;三角锥,sp^3 杂化。

(3) $3d^{10}4s^1$。

(4) 原子轨道处于半满、全满时能量更低更稳定。

英文选做题答案

1. (1) $r_{F^-} < r_{O^{2-}} < r_{S^{2-}}$　　　(2) $r_K > r_{Ca} > r_{Ca^{2+}}$　　　(3) $r_{Co} > r_{Co^{2+}} > r_{Co^{3+}}$

2. The electrons in the atomic orbital are more stable when they are half filled and full filled. The electron configuration of N is $2s^2 2p^3$, making it a half-filled set of orbitals, so the first ionization energy of N is greater than that of C and O.

3. Electronegativity of elements can be used to compare the relative size of metallic and nonmetallic properties of an element, estimating the type of bond, determining the polarity of the covalent bond and the molecule, and explaining the type of chemical reaction that occurs.

4. As you move down a group on the periodic table, electron affinity decreases. First, the electrons are placed in energy levels further away from the nucleus, which results in electrons not having a strong attraction to the nucleus; second, the atom does not want gain electrons because there is minimal charge on the outer energy levels from the nucleus; final, the shielding effect increases, causing repulsion between the electrons, thus they move further from each other and the nucleus itself.

5. Electron configurations: Mg, $1s^2 2s^2 2p^6 3s^2$; Al, $1s^2 2s^2 2p^6 3s^2 3p^1$; Si, $1s^2 2s^2 2p^6 3s^2 3p^2$. First ionization energies increase across the row due to a steady increase in effective nuclear charge. Thus, Si has the highest first ionization energy. The third ionization energy corresponds to removal of a 3s electron for Al and Si, but for Mg it involves removing a 2p electron from a filled inner shell. Consequently, the third ionization energy of Mg is the highest.

附　　录

附表 1　原子半径(R_{vdW} 为范德华半径，R_{cov} 为金属半径)

元素英文名	符号	R_{vdW}/Å	R_{cov}/Å	元素英文名	符号	R_{vdW}/Å	R_{cov}/Å
actinium	Ac	2.47	2.01	curium	Cm	2.45	1.68
aluminum	Al	1.84	1.24	darmstadtium	Ds	1.28	
americium	Am	2.44	1.73	dubnium	Db	1.49	
antimony	Sb	2.06	1.40	dysprosium	Dy	2.31	1.80
argon	Ar	1.88	1.01	einsteinium	Es	2.45	1.65
arsenic	As	1.85	1.20	erbium	Er	2.29	1.77
astatine	At	2.02	1.48	europium	Eu	2.35	1.83
barium	Ba	2.68	2.06	fermium	Fm	2.45	1.67
berkelium	Bk	2.44	1.68	flerovium	Fl	1.43	
beryllium	Be	1.53	0.99	fluorine	F	1.47	0.60
bismuth	Bi	2.07	1.50	francium	Fr	3.48	2.42
bohrium	Bh	1.41		gadolinium	Gd	2.34	1.82
boron	B	1.92	0.84	gallium	Ga	1.87	1.23
bromine	Br	1.85	1.17	germanium	Ge	2.11	1.20
cadmium	Cd	2.18	1.40	gold	Au	2.14	1.30
calcium	Ca	2.31	1.74	hafnium	Hf	2.23	1.64
californium	Cf	2.45	1.68	hassium	Hs	1.34	
carbon	C	1.70	0.75	helium	He	1.40	0.37
cerium	Ce	2.42	1.84	holmium	Ho	2.30	1.79
cesium	Cs	3.43	2.38	hydrogen	H	1.10	0.32
chlorine	Cl	1.75	1.00	indium	In	1.93	1.42
chromium	Cr	2.06	1.30	iodine	I	1.98	1.36
cobalt	Co	2.00	1.18	iridium	Ir	2.13	1.32
copernicium	Cn	1.22		iron	Fe	2.04	1.24
copper	Cu	1.96	1.22	krypton	Kr	2.02	1.16

续表

元素英文名	符号	R_{vdW}/Å	R_{cov}/Å	元素英文名	符号	R_{vdW}/Å	R_{cov}/Å
lanthanum	La	2.43	1.94	radon	Rn	2.20	1.46
lawrencium	Lr	2.46	1.61	rhenium	Re	2.16	1.41
lead	Pb	2.02	1.45	rhodium	Rh	2.10	1.34
lithium	Li	1.82	1.30	roentgenium	Rg	1.21	
livermorium	Lv	1.75		rubidium	Rb	3.03	2.15
lutetium	Lu	2.24	1.74	ruthenium	Ru	2.13	1.36
magnesium	Mg	1.73	1.40	rutherfordium	Rf	1.57	
manganese	Mn	2.05	1.29	samarium	Sm	2.36	1.85
meitnerium	Mt	1.29		scandium	Sc	2.15	1.59
mendelevium	Md	2.46	1.73	seaborgium	Sg	1.43	
mercury	Hg	2.23	1.32	selenium	Se	1.90	1.18
molybdenum	Mo	2.17	1.46	silicon	Si	2.10	1.14
moscovium	Mc	1.62		silver	Ag	2.11	1.36
neodymium	Nd	2.39	1.88	sodium	Na	2.27	1.60
neon	Ne	1.54	0.62	strontium	Sr	2.49	1.90
neptunium	Np	2.39	1.80	thorium	Th	2.45	1.90
nickel	Ni	1.97	1.17	sulfur	S	1.80	1.04
nihonium	Nh	1.36		tantalum	Ta	2.22	1.58
niobium	Nb	2.18	1.56	technetium	Tc	2.16	1.38
nitrogen	N	1.55	0.71	tellurium	Te	2.06	1.37
nobelium	No	2.46	1.76	tennessine	Ts	1.65	
oganesson	Og	1.57		terbium	Tb	2.33	1.81
osmium	Os	2.16	1.36	thallium	Tl	1.96	1.44
oxygen	O	1.52	0.64	thulium	Tm	2.27	1.77
palladium	Pd	2.10	1.30	tin	Sn	2.17	1.40
phosphorus	P	1.80	1.09	titanium	Ti	2.11	1.48
platinum	Pt	2.13	1.30	tungsten	W	2.18	1.50
plutonium	Pu	2.43	1.80	uranium	U	2.41	1.83
polonium	Po	1.97	1.42	vanadium	V	2.07	1.44
potassium	K	2.75	2.00	xenon	Xe	2.16	1.36
praseodymium	Pr	2.40	1.90	ytterbium	Yb	2.26	1.78
promethium	Pm	2.38	1.86	yttrium	Y	2.32	1.76
protactinium	Pa	2.43	1.84	zinc	Zn	2.01	1.20
radium	Ra	2.83	2.11	zirconium	Zr	2.23	1.64

资料来源: Haynes W M, Lide D R, Bruno T J. CRC Handbook of Chemistry and Physics. 97th ed. Boca Raton: CRC Press, 2017: 9-57.

附表 2　电负性

Z	元素	χ	Z	元素	χ	Z	元素	χ
1	H	2.20	33	As	2.01	65	Tb	
2	He		34	Se	2.55	66	Dy	1.22
3	Li	0.98	35	Br	2.96	67	Ho	1.23
4	Be	1.57	36	Kr		68	Er	1.24
5	B	2.04	37	Rb	0.82	69	Tm	1.25
6	C	2.55	38	Sr	0.95	70	Yb	
7	N	3.04	39	Y	1.22	71	Lu	1.0
8	O	3.44	40	Zr	1.33	72	Hf	1.3
9	F	3.98	41	Nb	1.6	73	Ta	1.5
10	Ne		42	Mo	2.16	74	W	1.7
11	Na	0.93	43	Tc	2.10	75	Re	1.9
12	Mg	1.31	44	Ru	2.2	76	Os	2.2
13	Al	1.61	45	Rh	2.28	77	Ir	2.2
14	Si	1.90	46	Pd	2.20	78	Pt	2.2
15	P	2.19	47	Ag	1.93	79	Au	2.4
16	S	2.58	48	Cd	1.69	80	Hg	1.9
17	Cl	3.16	49	In	1.78	81	Tl	1.8
18	Ar		50	Sn	1.96	82	Pb	1.8
19	K	0.82	51	Sb	2.05	83	Bi	1.9
20	Ca	1.00	52	Te	2.10	84	Po	2.0
21	Sc	1.36	53	I	2.66	85	At	2.2
22	Ti	1.54	54	Xe	2.60	86	Rn	
23	V	1.63	55	Cs	0.79	87	Fr	0.7
24	Cr	1.66	56	Ba	0.89	88	Ra	0.9
25	Mn	1.55	57	La	1.10	89	Ac	1.1
26	Fe	1.83	58	Ce	1.12	90	Th	1.3
27	Co	1.88	59	Pr	1.13	91	Pa	1.5
28	Ni	1.91	60	Nd	1.14	92	U	1.7
29	Cu	1.90	61	Pm		93	Np	1.3
30	Zn	1.65	62	Sm	1.17	94	Pu	1.3
31	Ga	1.81	63	Eu				
32	Ge	2.01	64	Gd	1.20			

资料来源: Haynes W M, Lide D R, Bruno T J. CRC Handbook of Chemistry and Physics. 97th ed. Boca Raton: CRC Press, 2017: 9-103.

附表3　电离能

Z	元素	I	II	III	IV	V	VI	VII	VIII
1	H	13.598443							
2	He	24.587387	54.417760						
3	Li	5.391719	75.6400	122.45429					
4	Be	9.32270	18.21114	153.89661	217.71865				
5	B	8.29802	25.1548	37.93064	259.37521	340.22580			
6	C	11.26030	24.3833	47.8878	64.4939	392.087	489.99334		
7	N	14.5341	29.6013	47.44924	77.4735	97.8902	552.0718	667.046	
8	O	13.61805	35.1211	54.9355	77.41353	113.8990	138.1197	739.29	871.4101
9	F	17.4228	34.9708	62.7084	87.1398	114.2428	157.1651	185.186	953.9112
10	Ne	21.56454	40.96296	63.45	97.12	126.21	157.93	207.2759	239.0989
11	Na	5.139076	47.2864	71.6200	98.91	138.40	172.18	208.50	264.25
12	Mg	7.646235	15.03527	80.1437	109.2655	141.27	186.76	225.02	265.96
13	Al	5.985768	18.82855	28.44765	119.992	153.825	190.49	241.76	284.66
14	Si	8.15168	16.34584	33.49302	45.14181	166.767	205.27	246.5	303.54
15	P	10.48669	19.7695	30.2027	51.4439	65.0251	220.421	263.57	309.60
16	S	10.36001	23.33788	34.79	47.222	72.5945	88.0530	280.948	328.75
17	Cl	12.96763	23.8136	39.61	53.4652	67.8	97.03	114.1958	348.28
18	Ar	15.759610	27.62966	40.74	59.81	75.02	91.009	124.323	143.460
19	K	4.3406633	31.63	45.806	60.91	82.66	99.4	117.56	154.88
20	Ca	6.11316	11.87172	50.9131	67.27	84.50	108.78	127.2	147.24
21	Sc	6.56149	12.79977	24.75666	73.4894	91.65	110.68	138.0	158.1
22	Ti	6.82812	13.5755	27.4917	43.2672	99.30	119.53	140.8	170.4
23	V	6.74619	14.618	29.311	46.709	65.2817	128.13	150.6	173.4
24	Cr	6.76651	16.4857	30.96	49.16	69.46	90.6349	160.18	184.7
25	Mn	7.43402	15.6400	33.668	51.2	72.4	95.6	119.203	194.5
26	Fe	7.9024	16.1877	30.652	54.8	75.0	99.1	124.98	151.06
27	Co	7.88101	17.084	33.50	51.3	79.5	102.0	128.9	157.8
28	Ni	7.6398	18.16884	35.19	54.9	76.06	108	133	162
29	Cu	7.72638	20.2924	36.841	57.38	79.8	103	139	166
30	Zn	9.394199	17.96439	39.723	59.4	82.6	108	134	174
31	Ga	5.999301	20.51515	30.7258	63.241	86.01	112.7	140.9	169.9
32	Ge	7.89943	15.93461	34.2241	45.7131	93.5			
33	As	9.7886	18.5892	28.351	50.13	62.63	127.6		
34	Se	9.75239	21.19	30.8204	42.9450	68.3	81.7	155.4	
35	Br	11.8138	21.591	36	47.3	59.7	88.6	103.0	192.8
36	Kr	13.99961	24.35984	36.950	52.5	64.7	78.5	111.0	125.802

续表

Z	元素	I	II	III	IV	V	VI	VII	VIII
37	Rb	4.177128	27.2895	40	52.6	71.0	84.4	99.2	136
38	Sr	5.69485	11.0301	42.89	57	71.6	90.8	106	122.3
39	Y	6.2173	12.224	20.52	60.597	77.0	93.0	116	129
40	Zr	6.63390	13.1	22.99	34.34	80.348			
41	Nb	6.75885	14.0	25.04	38.3	50.55	102.057	125	
42	Mo	7.09243	16.16	27.13	46.4	54.49	68.8276	125.664	143.6
43	Tc	7.28	15.26	29.54					
44	Ru	7.36050	16.76	28.47					
45	Rh	7.45890	18.08	31.06					
46	Pd	8.3369	19.43	32.93					
47	Ag	7.57623	21.47746	34.83					
48	Cd	8.99382	16.90831	37.48					
49	In	5.78636	18.8703	28.03	54				
50	Sn	7.34392	14.6322	30.50260	40.73502	72.28			
51	Sb	8.60839	16.63	25.3	44.2	56	108		
52	Te	9.0096	18.6	27.96	37.41	58.75	70.7	137	
53	I	10.45126	19.1313	33					
54	Xe	12.12984	20.9750	32.1230					
55	Cs	3.893905	23.15744						
56	Ba	5.211664	10.00383						
57	La	5.5769	11.059	19.1773	49.95	61.6			
58	Ce	5.5387	10.85	20.198	36.758	65.55	77.6		
59	Pr	5.473	10.55	21.624	38.98	57.53			
60	Nd	5.5250	10.72	22.1	40.4				
61	Pm	5.582	10.90	22.3	41.1				
62	Sm	5.6437	11.07	23.4	41.4				
63	Eu	5.67038	11.25	24.92	42.7				
64	Gd	6.14980	12.09	20.63	44.0				
65	Tb	5.8638	11.52	21.91	39.79				
66	Dy	5.9389	11.67	22.8	41.47				
67	Ho	6.0215	11.80	22.84	42.5				
68	Er	6.1077	11.93	22.74	42.7				
69	Tm	6.18431	12.05	23.68	42.7				
70	Yb	6.25416	12.176	25.05	43.56				
71	Lu	5.42586	13.9	20.9594	45.25	66.8			
72	Hf	6.82507	15	23.3	33.33				

续表

Z	元素	I	II	III	IV	V	VI	VII	VIII
73	Ta	7.54957							
74	W	7.86403	16.1						
75	Re	7.83352							
76	Os	8.43823							
77	Ir	8.96702							
78	Pt	8.9588	18.563						
79	Au	9.22553	20.20						
80	Hg	10.4375	18.7568	34.2					
81	Tl	6.108194	20.4283	29.83					
82	Pb	7.41663	15.03248	31.9373	42.32	68.8			
83	Bi	7.2855	16.703	25.56	45.3	56.0	88.3		
84	Po	8.414							
85	At								
86	Rn	10.7485							
87	Fr	4.072741							
88	Ra	5.278423	10.14715						
89	Ac	5.17	11.75						
90	Th	6.3067	11.9	20.0	28.8				
91	Pa	5.89							
92	U	6.1941	10.6						
93	Np	6.2657							
94	Pu	6.0260	11.2						
95	Am	5.9738							
96	Cm	5.9914							
97	Bk	6.1979							
98	Cf	6.2817	11.8						
99	Es	6.42	12.0						
100	Fm	6.50							
101	Md	6.58							
102	No	6.65							
103	Lr	4.9							
104	Rf	6.0							

资料来源：Haynes W M, Lide D R, Bruno T J. CRC Handbook of Chemistry and Physics. 97th ed. Boca Raton: CRC Press, 2017: 10-204.

新化学元素周期表

原子序数 →
元素中名名称 →
1s¹ ← 电子结构
¹氢H ← 元素符号
hydrogen ← 元素英文名称

【说明】
- 元素的底色表示原子结构分区：蓝色为s区，黄色为p区，淡色为d区，绿色为ds区。
- 元素的符号颜色：黑色为固体，蓝色为液体，绿色为气体，红色为放射性元素。
- 族号Ⅰ/ⅠA，前者为IUPAC推荐使用方法[Fluck E. Pure Appl. Chem., 1988, 60(3): 431]，后者为CAS表示法。
- 氢元素的位置要采用单独放在表的上方中央[Cronyn M W. J. Chem. Edu., 2003, 80(8): 947]

1/ⅠA	2/ⅡA	3/ⅢB	4/ⅣB	5/ⅤB	6/ⅥB	7/ⅦB	8/Ⅷ	9/Ⅷ	10/Ⅷ	11/ⅠB	12/ⅡB	13/ⅢA	14/ⅣA	15/ⅤA	16/ⅥA	17/ⅦA	18/ⅧA
[He]2s¹ ³锂Li lithium	[He]2s² ⁴铍Be beryllium											[He]2s²2p¹ ⁵硼B boron	[He]2s²2p² ⁶碳C carbon	[He]2s²2p³ ⁷氮N nitrogen	[He]2s²2p⁴ ⁸氧O oxygen	[He]2s²2p⁵ ⁹氟F fluorine	1s² ²氦He helium / [He]2s²2p⁶ ¹⁰氖Ne neon
[Ne]3s¹ ¹¹钠Na sodium	[Ne]3s² ¹²镁Mg magnesium											[Ne]3s²3p¹ ¹³铝Al aluminum	[Ne]3s²3p² ¹⁴硅Si silicon	[Ne]3s²3p³ ¹⁵磷P phosphorus	[Ne]3s²3p⁴ ¹⁶硫S sulfur	[Ne]3s²3p⁵ ¹⁷氯Cl chlorine	[Ne]3s²3p⁶ ¹⁸氩Ar argon
[Ar]4s¹ ¹⁹钾K potassium	[Ar]4s² ²⁰钙Ca calcium	[Ar]3d¹4s² ²¹钪Sc scandium	[Ar]3d²4s² ²²钛Ti titanium	[Ar]3d³4s² ²³钒V vanadium	[Ar]3d⁵4s¹ ²⁴铬Cr chromium	[Ar]3d⁵4s² ²⁵锰Mn manganese	[Ar]3d⁶4s² ²⁶铁Fe iron	[Ar]3d⁷4s² ²⁷钴Co cobalt	[Ar]3d⁸4s² ²⁸镍Ni nickel	[Ar]3d¹⁰4s¹ ²⁹铜Cu copper	[Ar]3d¹⁰4s² ³⁰锌Zn zinc	[Ar]3d¹⁰4s²4p¹ ³¹镓Ga gallium	[Ar]3d¹⁰4s²4p² ³²锗Ge germanium	[Ar]3d¹⁰4s²4p³ ³³砷As arsenic	[Ar]3d¹⁰4s²4p⁴ ³⁴硒Se selenium	[Ar]3d¹⁰4s²4p⁵ ³⁵溴Br bromine	[Ar]3d¹⁰4s²4p⁶ ³⁶氪Kr krypton
[Kr]5s¹ ³⁷铷Rb rubidium	[Kr]5s² ³⁸锶Sr strontium	[Kr]4d¹5s² ³⁹钇Y yttrium	[Kr]4d²5s² ⁴⁰锆Zr zirconium	[Kr]4d⁴5s¹ ⁴¹铌Nb niobium	[Kr]4d⁵5s¹ ⁴²钼Mo molybdenum	[Kr]4d⁵5s² ⁴³锝Tc technetium	[Kr]4d⁷5s¹ ⁴⁴钌Ru ruthenium	[Kr]4d⁸5s¹ ⁴⁵铑Rh rhodium	[Kr]4d¹⁰ ⁴⁶钯Pd palladium	[Kr]4d¹⁰5s¹ ⁴⁷银Ag silver	[Kr]4d¹⁰5s² ⁴⁸镉Cd cadmium	[Kr]4d¹⁰5s²5p¹ ⁴⁹铟In indium	[Kr]4d¹⁰5s²5p² ⁵⁰锡Sn tin	[Kr]4d¹⁰5s²5p³ ⁵¹锑Sb antimony	[Kr]4d¹⁰5s²5p⁴ ⁵²碲Te tellurium	[Kr]4d¹⁰5s²5p⁵ ⁵³碘I iodine	[Kr]4d¹⁰5s²5p⁶ ⁵⁴氙Xe xenon
[Xe]6s¹ ⁵⁵铯Cs cesium	[Xe]6s² ⁵⁶钡Ba barium	镧系元素 lanthanide 57~71	[Xe]4f¹⁴5d²6s² ⁷²铪Hf hafnium	[Xe]4f¹⁴5d³6s² ⁷³钽Ta tantalum	[Xe]4f¹⁴5d⁴6s² ⁷⁴钨W tungsten	[Xe]4f¹⁴5d⁵6s² ⁷⁵铼Re rhenium	[Xe]4f¹⁴5d⁶6s² ⁷⁶锇Os osmium	[Xe]4f¹⁴5d⁷6s² ⁷⁷铱Ir iridium	[Xe]4f¹⁴5d⁹6s¹ ⁷⁸铂Pt platinum	[Xe]4f¹⁴5d¹⁰6s¹ ⁷⁹金Au gold	[Xe]4f¹⁴5d¹⁰6s² ⁸⁰汞Hg mercury	[Xe]4f¹⁴5d¹⁰6s²6p¹ ⁸¹铊Tl thallium	[Xe]4f¹⁴5d¹⁰6s²6p² ⁸²铅Pb lead	[Xe]4f¹⁴5d¹⁰6s²6p³ ⁸³铋Bi bismuth	[Xe]4f¹⁴5d¹⁰6s²6p⁴ ⁸⁴钋Po polonium	[Xe]4f¹⁴5d¹⁰6s²6p⁵ ⁸⁵砹At astatine	[Xe]4f¹⁴5d¹⁰6s²6p⁶ ⁸⁶氡Rn radon
[Rn]7s¹ ⁸⁷钫Fr francium	[Rn]7s² ⁸⁸镭Ra radium	锕系元素 actinide 89~103	[Rn]5f¹⁴6d²7s² ¹⁰⁴𬬻Rf rutherfordium	[Rn]5f¹⁴6d³7s² ¹⁰⁵𬭊Db dubnium	[Rn]5f¹⁴6d⁴7s² ¹⁰⁶𬭳Sg seaborgium	[Rn]5f¹⁴6d⁵7s² ¹⁰⁷𬭛Bh bohrium	[Rn]5f¹⁴6d⁶7s² ¹⁰⁸𬭶Hs hassium	[Rn]5f¹⁴6d⁷7s² ¹⁰⁹鿏Mt meitnerium	[Rn]5f¹⁴6d⁸7s² ¹¹⁰𫟼Ds darmstadtium	[Rn]5f¹⁴6d⁹7s² ¹¹¹𬭞Rg roentgenium	[Rn]5f¹⁴6d¹⁰7s² ¹¹²鿔Cn copernicium	[Rn]5f¹⁴6d¹⁰7s²7p¹ ¹¹³鿭Nh nihonium	[Rn]5f¹⁴6d¹⁰7s²7p² ¹¹⁴𫓧Fl flerovium	[Rn]5f¹⁴6d¹⁰7s²7p³ ¹¹⁵镆Mc moscovium	[Rn]5f¹⁴6d¹⁰7s²7p⁴ ¹¹⁶𫟷Lv livermorium	[Rn]5f¹⁴6d¹⁰7s²7p⁵ ¹¹⁷鿬Ts tennessine	[Rn]5f¹⁴6d¹⁰7s²7p⁶ ¹¹⁸鿭Og oganesson

[Xe]5d¹6s² ⁵⁷镧La lanthanum	[Xe]4f¹5d¹6s² ⁵⁸铈Ce cerium	[Xe]4f³6s² ⁵⁹镨Pr protactinium	[Xe]4f⁴6s² ⁶⁰钕Nd neodymium	[Xe]4f⁵6s² ⁶¹钷Pm promethium	[Xe]4f⁶6s² ⁶²钐Sm samarium	[Xe]4f⁷6s² ⁶³铕Eu europium	[Xe]4f⁷5d¹6s² ⁶⁴钆Gd gadolinium	[Xe]4f⁹6s² ⁶⁵铽Tb terbium	[Xe]4f¹⁰6s² ⁶⁶镝Dy dysprosium	[Xe]4f¹¹6s² ⁶⁷钬Ho holmium	[Xe]4f¹²6s² ⁶⁸铒Er erbium	[Xe]4f¹³6s² ⁶⁹铥Tm thulium	[Xe]4f¹⁴6s² ⁷⁰镱Yb ytterbium	[Xe]4f¹⁴5d¹6s² ⁷¹镥Lu lutetium
[Rn]6d¹7s² ⁸⁹锕Ac actinium	[Rn]6d²7s² ⁹⁰钍Th thorium	[Rn]5f²6d¹7s² ⁹¹镤Pa protactinium	[Rn]5f³6d¹7s² ⁹²铀U uranium	[Rn]5f⁴6d¹7s² ⁹³镎Np neptunium	[Rn]5f⁶7s² ⁹⁴钚Pu plutonium	[Rn]5f⁷7s² ⁹⁵镅Am americium	[Rn]5f⁷6d¹7s² ⁹⁶锔Cm curium	[Rn]5f⁹7s² ⁹⁷锫Bk berkelium	[Rn]5f¹⁰7s² ⁹⁸锎Cf californium	[Rn]5f¹¹7s² ⁹⁹锿Es einsteinium	[Rn]5f¹²7s² ¹⁰⁰镄Fm fermium	[Rn]5f¹³7s² ¹⁰¹钔Md mendelevium	[Rn]5f¹⁴7s² ¹⁰²锘No nobelium	[Rn]5f¹⁴6d¹7s² ¹⁰³铹Lr lawrencium

高胜利 杨奇 编著
（2019年）
科学出版社